U0332441

☆ 本书为 2010 年贵州省哲学社会科学规划与贵州大学联合招标课题"西南山地人口资源环境问题研究"最终研究成果

☆ 本书为驻贵州省高校人文社科研究基地—中国西部发展能力研究中心期间完成

# 西南山地人口与资源环境研究

杨军昌　常　岚　著

知识产权出版社

全国百佳图书出版单位

内容提要：

　　西南山地是我国人口、资源与环境问题最为尖锐的地区之一，更是涉及当代地区可持续发展和科学发展的大问题，历来为政府所关注。成果在对西南山地人口与资源环境的相互关系进行讨论的基础上，较为系统地总结了西南山地人口、资源环境的基本现状和问题，综合分析了西南山地人口与资源环境协调可持续发展的关系与联系以及面临的问题与成因，思考了西南山地人口与资源环境协调发展的模式构建与战略选择。同时，还以专题的形式对西南山地人口资源环境发展密切相关的文化传统、民族人口生态文化、高龄人口与长寿文化、贫困与反贫困、可持续发展状况的生态足迹、石漠化及其综合治理等问题进行了专题研究。本书资料翔实，内容具体，针对性强，继承与创新并见，理论与实证共存，对于促进西南山地人口与资源环境协调可持续发展、统筹解决人口与发展问题具有一定的资治价值。

**责任编辑**:王　辉　　　　　　　　　　**责任出版**:刘译文

**图书在版编目(CIP)数据**

西南山地人口与资源环境研究/杨军昌,常岚著.—北京:知识产权出版社,2013.9
ISBN 978 - 7 - 5130 - 2298 - 9

Ⅰ.①西…　Ⅱ.①杨…　②常…　Ⅲ.①山地—人口—关系—环境资源—研究—西南地区　Ⅳ.①X24 ②C924.24

中国版本图书馆 CIP 数据核字(2013)第 223848 号

**西南山地人口与资源环境研究**

杨军昌　常　岚　著

**出版发行**: **知识产权出版社**有限责任公司

| | | | |
|---|---|---|---|
| 社　　址:北京市海淀区马甸南村 1 号 | 邮　　编:100088 |
| 网　　址:http://www.ipph.cn | 责编传真:010 - 82000860 - 8353 |
| 发行电话:010 - 82000893 82000860 转 8101 | 传　　真:010 - 82000893 |
| 责编电话:010 - 82000860 - 8381 | 责编邮箱:wanghui@ cnipr.com |
| 印　　刷:知识产权出版社电子制印中心 | 经　　销:新华书店及相关销售网点 |
| 开　　本:787 mm×1092 mm　1/16 | 印　　张:19.75 |
| 版　　次:2014 年 1 月第 1 版 | 印　　次:2014 年 1 月第 1 次印刷 |
| 字　　数:310 千字 | 定　　价:58.00 元 |

ISBN 978 - 7 - 5130 - 2298 - 9

# 前　言

　　可持续发展是当今社会热点问题之一,它是 20 世纪 80 年代随着人们对全球环境与共同发展问题的广泛讨论而提出的一个全新概念,是人类对传统发展模式进行长期深刻反思的结晶,它强调人口、资源、环境、社会经济等要素之间的整体发展和人的全面发展,在发展过程中,既满足当代人的需求又不损害后代人满足其需求的能力,并能为后代人的永续发展创造条件。而当今世界则正面临着人口、资源、生态环境和社会经济发展失衡的严峻挑战,促使人口、资源、生态环境与社会经济发展相协调,使社会、经济走向可持续发展的道路,已成为世界各国的共识。

　　在我国,人口与资源、环境、经济社会可持续协调发展,在改革开放后尤为受到政府重视。1994 年 3 月,中国政府通过了《中国 21 世纪议程》,将其作为中国 21 世纪人口、资源环境与发展的白皮书,这一议程提出了我国人口、经济、社会、资源和环境相互协调发展的战略、对策和行动方案。1995 年 9 月中国共产党十四届五中全会上,江泽民同志在《正确处理社会主义现代化建设中的若干重大关系》讲话中,概括地论述了经济建设和人口、资源、环境的关系。他指出:“在现代化建设中,必须把可持续发展作为一个重大战略。要把控制人口、节约资源、保护环境放到重要位置,使人口增长与社会生产力的发展相适应,使经济建设与资源、环境相协调,实现良性循环。”这是在党的重大纲领性文献中,第一次对全人类取得了共识的新发展观所作的明确表述。1997 年 9 月党的十五大报告又明确提出了“实施科教兴国战略和可持续发展战略”,强调“坚持计划生育和保护环境的基本国策,正确处理经济发展同人口、资源、环境的关系。”在世纪之交的 2000 年 3 月召开的中央人口资源环境工作座谈会上,江泽民同志曾指出:“切实做好计划生育、资源管理和环境保护的工作,对于实现我国跨世纪发展的宏伟目标具有全局性的重大意义。在改革开放和社会主义现代化建设的过程中,我们必须把经济发展与人口资源环境工作紧密结合起来,统筹安排,协调推进。”党的十六大把实施可持续发展战略,实现经济发展和人口、资源、环境相协调写入了党领导人民建设中国特色社会主义必须坚持的基本经验,强调实现全面建设小康社会的宏伟目标,必须使可持续发展能力不断增强,生态环境得到改善,资源利用效率显著提高,促进人与自然的和谐,推动整个社会走上生产发展、生活富裕、生态良好的文明发展道路。胡锦涛同志在 2003 年 3 月召开的中央人口资源环境工作座谈会上,强调切实做好人口资源环境工作,对保持国民经济持续快速健康发展、不断提高经济增长的质量和效益,对不断提高人民群众的生活质量、促进人的全面发展,对改善生态环境、促进人与自然的和谐的重大意义与价值。要求各地区各部门都要从确保实现全面建设小康社会宏伟目标的战略高度,进一步增强责任感和使命感,坚定不移地做好人口资源环境的各项工作。在十七大报告中,胡锦涛同志进一步指出,要坚持生产发展、生活富裕、生态良好的文明发展道路,建设资源节约型、环境友好型社会,实现速度和结构质量效益相统一、经济发展与人口资源环境相协调,使人民在良好生态环境中生产生活,实现经济社会永续发展。

《西南山地人口资源环境问题研究》课题界定的西南地区范围为贵州、广西、云南、重庆、四川五省市区,具体的研究视角是放置于西南辖区内的高原、山系、沟壑、丘陵为地貌特征的山地区域。这一区域西起藏东南部,横亘川西地区,延伸至云南中部和北部,约占中国地理面积的 10% ,是世界上三个连片喀斯特地区之一,地处我国长江和珠江两大水系的上游分水岭地区,地貌造型各异,但总体以山地、丘陵为主,山岭连绵、山体庞大、岭谷相间,山地、高原环绕其中,平原面积狭小,其中贵州更是没有平原支撑的省份。

西南山地是我国人口、资源与环境问题最为尖锐的地区之一,更是涉及当代地区可持续发展和科学发展的大问题,历来为政府所关注。在这样的一个有着特殊的山地资源和人口状况的地区,在发展过程中,人口与资源环境不协调的因素既具有一定的普遍性又有其特殊性。西南山地生态环境脆弱,基础设施落后,产业结构单一,人民生活困难,经济和社会发展水平大大落后于全国和东部地区。其人口与经济的矛盾,不仅加剧了资源紧缺和环境恶化,也给社会稳定和人们生活质量的提高造成了沉重的负担。由于山地环境的特殊性,使其人口在空间分布上存在着一系列与可持续发展不相适应的问题,这些问题同过多的人口数量、较低的人口质量以及不可理的人口结构交织在一起,给山区有限的资源和脆弱的生态环境造成了难以承受的巨大压力和破坏。因此,西南山地人口和资源环境问题,直接关系到本区域和长江、珠江下游经济带生态安全与经济可持续发展,是关系到西南山地社会经济发展的重要问题,更是西南山地实现可持续发展和科学发展的重要内容,必须寻求山区人口与资源环境协调发展的道路,采取有效措施减缓山区人口压力,实现山区人口合理分布和协调发展。而在学术界,对于人口资源环境宏观方面的理论研究和关系研究有不少成果面世,研究体系也比较健全,但区域性的实证研究却显得不多,尤其是针对特殊地貌环境区域的西南山地人口资源环境问题的总体研究更少。无疑,对西南山地人口和资源环境问题研究,极具时代特色和历史使命感。

正是基于上述背景,本成果在对西南山地人口与资源环境的相互关系进行讨论的基础上,较为系统地总结了西南山地人口、资源环境的基本现状和问题,综合讨论了西南山地人口与资源环境发展协调可持续发展面临问题与成因,定量分析了西南山地人口与资源环境协调可持续发展的关系与联系,思考了西南山地人口与资源环境协调发展的模式构建与战略选择。同时,还以专题的形式对西南山地人口资源环境发展密切相关的西南山地人口与资源环境发展的文化传统:民族人口生态文化、西南山区高龄人口与长寿文化、西南山地的贫困与反贫困——以贵州省为例、西南山地可持续发展状况的生态足迹、西南山地石漠化及其综合治理等问题进行了专题研究。

本书是2010年贵州省哲学社会科学规划与贵州大学联合招标课题"西南山地人口资源环境问题研究"最终研究成果。其中,杨军昌主持了项目的研究与全书的总体设计工作,并撰写了第一、第二、第三、第八章和专题一、专题二,常岚博士撰写了第四、第五、第六、第七章和专题三、四、五。但必须强调的是,在课题研究的3年余时日里,笔者得到了不少理论与实务工作者的指导与支持,同时在研究过程吸收、借鉴了不少前贤、俊学的相关研究面世成果。可以说,呈现于读者手上的这份成果凝聚了许多人的心血、智慧与艰辛劳动。在此谨一并致以深深的谢意!

由于笔者知识、实践有限,深知此研究肯定存在不少问题,研究的深度性和系统性都有待于继续加强和完善,一些观点也都还有值得探讨的地方,在此,真诚地希望我们的研究得到识者、读者们的批评指正,不吝赐教,以助于笔者在今后的相关研究中更有方向、更有信心、更有成绩。

# 目　录

# 上篇　综合研究报告

# 第一章 绪论

## 一、国内外研究现状综述

习惯上,我国西南地区包括四川省、云南省、贵州省、重庆市及西藏自治区共3省1市1区,总面积250万平方公里,习惯上称为"大西南"。2000年初,中央部署西部大开发战略时,将广西列入西部,自此,不少官方网站、政府组织、社会团体、学术科研单位称西南地区为三省一市二区,国土面积266万平方公里。由于西藏特殊的地理环境,即青藏高原具有地貌一体性的特点,因而课题在设计中关注的具体对象,是为西南贵州、云南、四川、重庆、广西3省1市1区的高原、山系、沟壑、丘陵为地貌特征的山地区域。而在研究中,鉴于资料的获取实际,同时又由于西南五省市区地形地貌的典型山地特征和平原面积的狭小有限,课题所探讨的西南山地人口、资源、环境问题基础素材实际上是为西南五省市区这一区域的人口资源环境行政区情。即实际上亦是西南五省区市。这一区域人口和资源环境问题历来为政府所关注,更是涉及当代地区可持续发展和科学发展的大问题。但就目前而言,省内学者专门对这一区域人口和资源环境问题立项研究尚无,甚至国内学者也鲜有集中关注这一地区的研究面世。庆幸的是,国内外学者已就人口和资源环境问题以及西南地区有关这些因素的问题做了系统或角度不同的研究探索,形成的一些重要成果可为西南山地人口与资源环境问题的研究作参考。

### (一)国外研究现状

由于人口与资源环境关系的研究涉及的内容之广泛,要素之众多,研究者的研究背景和领域之复杂,导致当前国外对人口与资源环境研究领域中的思想流派和观点众多,且各有不同,有些甚至对立。若从思想渊源和基本观点看来,可分为以下几大流派:

1. 从马尔萨斯主义到当代马尔萨斯主义的悲观论派

托马斯·马尔萨斯在 1798 年出版了著名的《人口原理》,提出了两个级数理论,即人口按照几何级数增长,而食物生产则按照算术级数增长,因此食物生产永远赶不上人口的增长。由于食物是维持人类生存的基础,因此自然界将通过饥饿、疾病、灾荒、战争等制约人口的增长。后来出现的新马尔萨斯主义观点,与马尔萨斯的基本观点一脉相承,但是在控制人口增长的方式上与马尔萨斯有所不同,即提倡采用避孕节育措施,因此被称为新马尔萨斯主义。第二次世界大战后,西方各国出现了一大批当代马尔萨斯主义的代表作品和人物。他们的主要观点与新老马尔萨斯基本一致,但已经扩展到不可再生资源与环境污染与人口的关系方面,而且所采用的方法也进一步复杂化。例如,美国的皮尔逊和哈伯的《世界的饥饿》(1948),美国赫茨勒的《世界人口危机》(1956),艾利奇的《人口爆炸》(1968)以及英国学者泰勒的《世界末日》(1970)等。他们普遍认为,世界人口如果按照原有的速度增长下去,势必造成粮食危机、自然资源枯竭,甚至面临"世界末日"。他们都把人口增长看作是目前资源危机和环境恶化的根本原因之一,认为要解决这些问题,必须减少人口的增长,尤其是第三世界国家人口的过快增长。1972 年,丹尼斯·梅多斯和他领导的罗马俱乐部发表了《增长的极限》,是当代马尔萨斯主义最有代表性的作品。他们预言,在正常方案下,矿物资源和土地将会在 21 世纪初出现戏剧性短缺,2025 年人口会出现崩溃。20 年后,梅多斯在这个书的基础上出版了《超越极限的增长》,增加了技术进步和经济与资源之间的限制。然而,有限的资源和指数增长的人口的假定未变,导致了同样的悲观结论。

2. 马克思主义者的观点

早在马克思时代,他就预见到了随着人与自然的发展将会带来一系列的环境问题。马克思认为,由于人类的增长,自然在人类的过度干预下,将会对人类进行惩罚。在原始社会和农业社会,人与自然之间总体上维持着大体的平衡。随着近代工业文明的兴起,人类只注重自然资源的使用价值,而忽略了自然永恒的内在价值,自然成了人随意索取的客体,人与自然的关系日益走向分离,人类对自然均衡状态的破坏达到了相当严重的程度,人与自然的不和谐与对立程度不断加剧,破坏了整体自然生态系统的稳定和平衡,出现了全球性的生态危机。恩格斯曾就此告诫过人们"不要过分陶醉于我们对自然界的胜利。对于每一次这样的胜利,自然界都报复了我们。每一次胜利,在第一步都确实取得了我们预期的结果,但是在第二步和第三步却有了完全不同的、出乎预料的影响,常常把第一个结果又取消了"。

3. 资源富饶论者的乐观主义观点

一些西方学者强调人口在促进资源有效利用和资源替代等技术上的促进作用,认为在一定的前提下,技术的进步将不会导致人口增长超过环境承载容量,对资源的未来持乐观态度。进入二十世纪六七十年代,一些学者进一步从技术进步等角度提出了有关资源环境的乐观观点,代表人物主要有美国的赫曼·凯恩、朱立安·西蒙等。凯恩在 1976 年出版的《下一个 200 年:美国和世界的方案》一书中,反驳了新马尔萨斯的观点。他提出了推进技术进步,可以推迟资源限制时间的到来,直到它们不再成为经济增长的限制为止,能源最终被清洁能源取代等。因此,他们认为限制人口是不道德的。西蒙 1981 年在《没有极限的增长》和后来的《人口增长经济学》中,提出人类智力是最终的资源,越多的人意味着更多的解决问题的头脑、更大的市场、更大的经济规模、更容易的交流和最终更大的资源。

4. 可持续发展观点

从 20 世纪 70 年代以来,随着可持续发展思想的提出,人口与环境关系的研究,也逐步进入一个新的阶段,与以往研究的不同在于:从可持续发展框架下研究人口与环境的关系,目的不仅仅在于说明人口对环境的作用和影响,而是寻求一种以可持续发展为目的的适宜的人口环境和条件,因此具有战略研究的意义。可持续发展的基本理念是:既不损害当代人的利益,也不损害子孙后代满足其需求能力的发展。在这个概念下,人们不再局限于强调人口与环境之间的关系,而是综合分析人口、环境、资源、经济、社会的关系,将人口与环境的协调放在可持续发展的大框架下进行,将研究的目标转向可持续发展目标实现所要求什么样的人口条件这样的问题上来。著名的如 1982 年联合国粮农组织(FAO)进行的关于《发展中国家土地的潜在支持能力》对肯尼亚等国家进行的研究,世界环境与发展委员会于 1987 年向联合国提交的《我们共同的未来》的报告,以及 1992 年在巴西召开的环境与发展大会通过的《里约宣言》认为环境保护应是可持续发展的一部分;岩左茂的《环境的思想》(1997)与罗尔斯顿的《哲学走向荒野》(2000)等都主张人类应当重视自然的价值,保持人类与自然的可持续发展。此外,还有很多著作就人口问题,生态环境恶化等问题进行分析,并提出相关对策。

**(二)国内研究现状**

1957年,马寅初在《人民日报》发表了题为《新人口论》的文章,分析我国人口状况,指出我国存在的人口问题,分析我国的人口状况同国民经济发展之间的矛盾,提出了一系列控制人口的建议。《新人口论》的提出,不仅对我国的人口发展具有重要的意义,而且对于我国的环境保护也有重要的作用,但是在当时却遭到了批判。1973年全国普遍推行计划生育以后,我国一些学者提出了马克思的"两种生产理论",即:社会生产不仅包括物质资料生产,还应当包括人类自身生产,二者构成了社会生产内部的矛盾,社会生产正是在互相依存、互相联系、互相制约、互相渗透中发展(张纯兀:1983;李竞能等:1982;梁文达:1980;曹明国:1982;刘洪康:1983)。他们通过对"两种生产理论"和计划生育"利国利民"的宣传,使全国各个阶层都充分认识到人口问题对于我国社会和经济发展的巨大压力。到20世纪80年代中期,当时政府和大多数学者一致认为,国家应该不惜一切代价,尽快把人口增长率降下来,以此减轻人口对各个方面的压力。20世纪90年代,环境灾害频繁爆发,我国人口与资源环境之间的矛盾越来越明显,一些学者开始思考如何使我国的人口与资源环境协调发展(穆光宗:1995;乔晓春:1996;朱国宏:1995)。基本观点是:人类的不合理发展将会带来很多严重后果,对这些后果政府要给予充分的重视,并及早采取措施。

1972年联合国召开的斯德哥尔摩人类环境会议标志着人类对环境问题的觉醒,对推动我国人口和环境关系的认识发挥了重要作用和影响;1992年6月联合国在巴西里约热内卢召开的环境与发展大会达成的对可持续发展的共识,对我国人口和环境逐步向可持续发展转变起到了重要的推动作用;2002年8月在南非约翰内斯堡举行的可持续发展世界首脑会议促使我国积极推行可持续发展战略,全面推进人口、资源、环境的协调发展。与此同时,一批支持人口与环境可持续发展的代表人物和著作出现,提出了怎样正确认识人与环境的问题。如乔晓春等主编的《超载的土地》中认为:对人类而言无非是"生存"和"发展"两大问题,在生存问题上,最直接的要数人的吃饭问题。随着人口的增加,耕地的减少,全球开始面临人口超过生态容量的威胁,为此人类社会要控制人口的增长,以保证人类社会能够更好的生存,人口过多和增长过快,将会对生态造成破坏和对资源的掠夺,破坏了人类的生存环境,从而影响发展问题。在李建新的《西部大开发中的人口与环境问题》中认为对西部相对贫困、生态环境脆弱的地区,实施西部大开发战略必将遇到贫困、人口压力和生态环境恶化之间的矛盾,以及开发、发展与环境破坏之间的矛盾,对如何解决这类两难问题作了探讨并提出了对策和建议。陈华,索朗仁青写的《西藏人口资源环境的可持续发展》中根据对西藏人口、资源与环境现状的分析,找出存在的问题,揭示人口与资源、人口与环境之间的相互关系及发展趋势;从而使人们对西藏目前的人口与资源、人口与环境及三者与可持续发展之间的关系有所了解,以求人口、资源、环境之间的协调与可持续发展。在周毅的《人口与环境的可持续发展》中认为人口环境系统是一个对立统一的自然社会系统,是人口和环境高度融合的有机整体,其基本矛盾是人口环境系统发展变化的基本动力,而人口环境的规律则规定了人口环境系统发展变化的方向。人口增长超出环境的人口承载力,地球环境系统将被人口压力突破,能源前景的不确定性也就意味着人类文明前途的不确定性。摒弃传统的非持续性发展模式,正确处理好经济建设、人口与环境的关系,加强对再生资源的开发利用和保护,实现人口与环境相协调的科学、合理的社会结构模式,实施可持续发展战略,是中国全面完成现代化的唯一选择。他们普遍主张人口与环境的可持续与和谐发展,以此促进我国经济社会的可持续发展。

同时,国内学者关于人口、资源环境与可持续发展以及相互关系的理论与实证问题也进行了研究。宏观理论研究方面,蔡昉早在 1996 年通过《人口、资源与环境:中国可持续发展的经济分析》一文从理论和历史的角度,对可持续发展观进行了经济学的诠释。认为人类达成共识的可持续发展观,其实质在于依靠人力资本的增进和技术的创新,实现经济和社会的发展。一方面批驳了利用可持续发展观鼓吹中国的发展可能成为世界的包袱或威胁的观点,另一方面剖析了中国现实中存在的人口、资源、环境之间关系上的政策扭曲现象,并提出相应的政策建议。时聪、姜承红(2004)在《人口、资源、环境与中国可持续发展》中指出中国人口规模过大,素质偏低,自然资源相对短缺,生态环境形势严峻,已不同程度影响了经济社会的可持续发展。为此,必须切实加强人口控制,节约珍惜一切资源,开发利用海洋资源和可再生性能源,坚持以防为主、防治结合原则,保护和改善生态环境,努力促进人口、资源、环境与经济、社会的可持续发展。类似的还有恕诚的《准确把握中国的人口、资源、环境问题的特点》，宋佩茹、田秀山《人口、环境、资源与可持续发展研究》，认为人口、环境、资源协调发展一直是各国科学家所关注的问题，人类进入 21 世纪的今天，人口数量以几何级数增长，人均占有资源的数量越来越少。目前，人类的生存环境日益恶化，自然灾害频繁发生，如泥石流、沙尘暴、干旱、洪涝等，已经对人类的生存提出了严峻的挑战，生态危机在我国更不容乐观。在人多地少的情况下，如何能使我国的人口、环境、资源协调和可持续发展是一个重大的问题，探讨了我国农业可持续发展与人口之间的相互关系，提出了对策。此外还有孙昱、杨滨的《浅谈人口、环境、资源一体化》、刘小林的《区域人口、资源、环境与经济系统协调发展的定量评价》都是对这一问题相关的论述和分析。

在区域实证研究方面，潘新华的《论西部地区人口、资源、环境与经济的协调发展》一文通过对西部地区人口、资源、环境与经济发展现状的分析，在阐述人口、资源、环境与经济发展之间关系的基础上，提出了实现经济协调发展的途径。陈孝胜的《中国西部地区人口、环境、资源与经济可持续发展对策》就如何协调中国西部人口、资源、环境与经济发展的关系，缓解资源总供给与总需求的矛盾，以促进西部社会经济的可持续发展，已成为西部建立和谐社会的关键做了分析。根据西部人口与生态环境现实状况以及人口、环境、资源与经济协调发展的重要性，提出了西部地区人口、生态、资源与经济协调发展的主要对策。张诗亚，贺能坤，周玉林等也共同探讨了西南与西南民族地区发展的问题。李旭东在其博士毕业论文《喀斯特高原山区人口空间结构及其对可持续发展的影响》中认为人口问题是可持续发展第一位的问题，引起了人们越来越多的关注，正确处理人口、资源、环境与社会经济发展之间的关系，走可持续发展道路已成为时代的最强音。

**（三）有关西南山地人口与资源环境问题方面的研究现状**

李萍的《贵州资源环境与人口的协调发展》中指明贵州的自然环境及丰富的地产资源是发展经济的优势，但是人口的增长及封闭传统文化限制了经济的发展，经济的落后又导致了人口的增长。因此，加快经济建设的步伐，首先必须加强人口的控制；有效地利用和保护资源环境使其得以合理的综合利用，是贵州民族经济可持续发展的重要课题。杨晓航的《贵州人口、资源、环境与发展问题研究》认为贵州有丰富的自然资源，充分利用这些资源可以取得经济发展,但同时又必须要处理好在经济发展过程中存在的生态破坏和环境污染问题。工业方面要发展循环经济,农业方面要发展生态农业,做到切实保护和合理开发资源,在发展中减少贫困,在发展中保护环境,在开发中保持良好的自然环境,从而为我们提供更多的发展机会,达到可持续发展。值得一提的是杨斌在《清代前期贵州各府人口资料辨析》中详细研究了关于清代前期的贵州各府人口在康熙《贵州通志》、乾隆《贵州通志》和《嘉庆重修一统志》的人口数,是我们今天用历史的眼光看待贵州人口问题的必要依据。李怡靖在"中国系统工程学会第12届年会"上提交的《云南省人口增长对资源、环境、经济和社会发展的影响分析和可持续发展研究》一文,分析了云南省人口、环境、资源、经济发展的现状,预测人口发展趋势,探讨人口增长对资源、环境的压力和对经济增长和社会发展的影响,提出社会、经济、生态、人口和环境可持续发展的建议和对策。唐伟光的《广西人口与资源、环境、经济发展问题及协调对策》较全面分析了广西人口发展现状、趋势及人口增长与资源、环境、经济发展的冲突,并提出相应协调发展的对策。阎革的《广西可持续发展的资源环境问题》针对广西的资源环境状况对可持续发展目前尚未构成严重威胁,但并不理想,主要表现为"三废"排放量的增长速度已超过20世纪90年代的现实,认为广西不能走"先污染、后治理"的老路,环境库兹涅茨曲线不适用于广西。要建设"生态广西",应转变以GDP增长为中心的发展理念和以投资为主拉动经济增长的发展模式,抓好产业结构特别是工业结构的调整,积极、稳步地发展循环经济和清洁生产,加大治理"三废"的资金投入。在处理经济发展和资源环境的关系中,各级政府负有重大责任。余娟、吴玉鸣的《广西人口、资源环境与经济系统协调发展评估与分析》一文通过建立综合评价指标体系,利用主成分分析法,对广西1990 - 2005年人口、资源环境与经济系统的综合发展水平进行了评估,并运用模糊数学模型测度了广西人口系统、资源环境系统与经济系统三者间的协调程度,进而评估分析了广西人口、资源环境与经济系统的协调发展水平。

总体而言,人口资源环境宏观方面的理论研究和关系研究较为成熟,体系也比较健全,但区域性的实证研究却显得凤毛麟角,尤其是针对特殊地貌环境区域的西南山地的人口资源环境问题的总体研究更少。西南山地人口和资源环境问题,是关系到西南山地社会经济发展的重要问题,更是西南山地实现可持续发展和科学发展的重要内容,对这一问题的研究,极具时代特色和历史使命感。而且,由于山地环境的特殊性,使其人口在空间分布上存在着一系列与可持续发展不相适应的问题,这些问题同过多的人口数量、较低的人口质量以及不合理的人口结构交织在一起,给山区有限的资源和脆弱的生态环境造成了难以承受的巨大压力和破坏。因此,寻求山区人口与资源环境的协调发展过程,采取有效措施减缓山区人口压力,实现山区人口合理分布和谐发展是一项关键性的工作。

## 二、研究内容与意义

### (一)研究内容

本课题所研究的主要是西南贵州、云南、四川、重庆、广西辖区内的高原、山系、沟壑、丘陵为地貌特征的山地区域的人口和资源环境问题。本书共分上下两篇,上篇为西南山地人口资源环境问题的总的研究报告,下篇为研究专题。

上篇从以下八章进行阐述:

第一章为绪论部分,主要介绍本研究的研究内容与意义、国内外研究现状及研究思路与方法等;第二章为西南山地人口与资源环境的相互关系,主要分析了人口与资源、环境、经济和社会发展的相互关系,西南山地人口与资源环境的特殊性以及西南山地人口与资源环境相互关系的作用机理;第三章为西南山地人口的现状和问题,主要分析了西南山地人口增长状况、少数民族人口状况、人口空间垂直分布状况以及人口发展中的主要问题,如稳定低生育水平面临压力,人口素质偏低,人口性别比失衡,老年抚养比持续升高,城市化水平较低,贫困现象突出等;第四章为西南山地资源环境的发展现状和问题,主要介绍了西南山地资源土地、水、矿产、生物、旅游资源的基本情况以及西南山地环境状况,分析了资源环境所面临的主要问题,如农业基础条件差和资源利用率低,石漠化等环境问题不断加剧,水土流失严重且治理难度大耗时长,频发的自然灾害应急治理措施相对滞后,水资源丰沛但开发利用率低制约经济发展等;第五章为西南山地人口与资源环境发展面临问题成因的综合分析,主要有人口增长对资源、环境的压力,人口贫困对生态环境的影响,历史人为活动的制约与影响,资源环境境况下的经济形态制约,自然条件与政策制度的制约与影响,区域合作发展上的体制机制约束影响深刻等;第六章为西南山地人口与资源环境协调可持续发展的定量分析,主要以贵州省为例,从经济增长与环境污染关系库兹涅茨曲线假说检验、能源消费与人口、经济增长关系、资源、环境与社会、经济协调发展评价、基于可持续发展的适度人口、人口与水资源可持续发展综合评价五个方面对人口资源环境协调发展进行了具体的量化分析;第七章为西南山地人口与资源环境协调发展的模式构建与战略选择,包含了西南山地人口与资源环境协调发展的必要性、SWOT 战略矩阵分析、原则与思路、发展的模式构建、战略选择以及促进西南山地人口与资源环境发展的对策建议;第八章为西南山地人口与资源环境发展研究余论,主要探讨了西南山地人口与资源环境协调发展和其他地区发展的关系与联系,西南山地人口与资源环境协调发展的伦理承接与观念创新,西南山地人口与资源环境协调发展的当前博弈与未来影响。

　　下篇是对西南山地人口资源环境发展的五个关键性问题进行的专题研究,分别是:专题一为西南山地人口与资源环境发展的文化传统:民族人口生态文化。该专题从观念层面、社会组织结构和制度层面、生产生活层面、禁忌习俗方面、乡规民约和习惯法方面、民间文学和艺术等方面阐述了西南民族人口生态文化的内容,论述了西南山地民族人口生态文化的价值,探讨了西南山地少数民族人口生态文化的嬗变,最后提出了西南山地民族人口生态文化的发展方向与路径;专题二为西南山区高龄人口与长寿文化——基于贵州黔东七个民族县的实证资料。该专题介绍了长寿文化的内涵及其喻意,分析了贵州高龄人口状况及特征,深入分析了贵州高龄人口折射出的长寿文化内涵,最后提出了贵州民族地区长寿文化发掘保护与开发弘扬的路径思考;专题三为西南山地的贫困与反贫困——以贵州省为例。该专题首先对贫困的内涵及测定标准进行了界定,然后分析了贵州省的贫困现状及特点、贵州省贫困的影响因素,概括了贵州省的扶贫开发进程及其成效,最后提出了加快贵州贫困地区发展的对策建议;专题四为西南山地可持续发展状况的生态足迹分析。该专题首先对生态足迹理论进行了概述,然后分析了西南地区生态足迹的历史动态及现状,并得出结论提出了相关的对策建议;专题五为西南山地石漠化及其综合治理。该专题界定了石漠化的含义,分析了西南喀斯特地区石漠化的现状与特点,探讨了西南岩溶山区石漠化的成因及危害,归纳了石漠化治理的实践与模式,分析了石漠化治理的效益、经验与存在的问题,最后提出了西南岩溶山区石漠化治理的原则、思路与对策。

**(二)研究意义**

**1. 理论意义**

本课题研究的理论意义主要体现在五个方面:一是本研究是对西南山地人口与资源环境问题的多学科综合研究,本身就是一种交叉学科的视角和方法,其研究方法和研究成果对丰富和发展这一交叉学科领域的理论具有重要的意义;二是就总体而言,人口资源环境宏观方面的理论研究和关系研究虽然较为成熟,体系也较为健全,但是区域性的实证研究却显得凤毛麟角,尤其是专门针对特殊地貌环境区域的西南山地的人口资源环境问题的研究相对很少,本研究专门性对西南山地人口和资源环境问题进行研究,填补了区域发展研究的此项空白;三是西南山地人口与资源环境发展之于西南地区发展影响重大,对此问题的研究对于其他影响西南山区发展的综合性研究具有一定的铺垫和探索作用;四是运用丰富的实际调查数据资料进行研究分析,这是对理论本身的检验和提升,这一研究有具有检验和修正某些理论假设的作用;五是人口和资源环境作为社会发展的重要因素,此研究有助于对科学发展观理论和区域发展理论的深化、丰富和发展。

**2. 现实意义**

本课题最终目的在于力图探求解决西南山地人口与资源环境之间的发展瓶颈,其研究成果除了专门的学术价值外,还有指导地区发展战略制定等层面的实践价值,具体体现在:一是对统筹西南地区人口与资源环境发展提供战略制定和决策参考;二是西南山地人口与资源环境问题的缓解有利于西南地区人口资源环境的全面发展与和谐发展,有助于地方经济、文化、社会和其他方面的协调发展;三是为保护脆弱的西南高原生态环境和合理高效开发利用西南地区资源环境提供了力量导向和约束;四是人口与资源环境和谐发展的最终目的是实现西南地区人口经济社会资源环境的可持续发展,并探求人口与资源环境科学发展的政策与法律制度及其实现的机制与文化。

## 三、研究思路与方法

**(一)研究思路**

本课题立足西南山地的实情,在人口学、环境学、生态学、地理学、经济学、民族学等多学科交叉的理论指导下,力图综合、系统、深入地就西南山地人口发展与资源环境问题进行实证和理论相结合的研究。研究的基本思路是运用辩证唯物主义和历史唯物主义的方法,对已有研究对象的历史和现状资料进行系统、全面的收集;根据研究方案,集中、深入地进行实地调查,获取第一手研究资料,在注重西南山地人口与资源环境问题普遍特征的前提下,结合有关的理论和方法,对课题进行全面系统研究,并通过各种形式对阶段性成果进行交流、讨论、评审和完善,力图体现西南山地人口与资源环境研究的系统性、全面性、深度性和可资性。具体而言,研究主要从三个层次和阶段逐步推进:一是实地调研阶段,即全面认识和了解掌握当前西南山地人口发展和资源环境的现状及其之间的关系;二是分析研究阶段,即深入分析西南山地人口与资源环境之间形成的各种矛盾状态和出现的各种问题;三是课题完成阶段,在此阶段要基于西南山地的实情,力图找到破解或缓解人口与资源环境发展矛盾的对策和方法。

**（二）研究方法**

本研究除综合运用人口学、生态学、地理学、环境学、民族学的相关理论和方法外,还注重经济学、历史学、人类学、社会学、法学、文化学等学科的理论和研究方法的运用,同时在研究中做到宏观与微观、理论与实证、定量与定性、静态与动态、历史与比较等研究方法并重,积极借鉴国内外相关的研究成果和方法,力争使研究成果具有较高的学术与资治价值。

第一,宏观分析与微观分析相结合的方法。本研究虽然以西南山地这样一个特殊的区域作为研究背景,外部难免会涉及到全国其他省份乃至是加上一些国家和地区的比较,内部则会对各省甚至各市县进行必要的区域划分,从而在宏观和微观上分析和研究西南山地人口与资源环境的总体现状特征和相互关系,最终达到人口与资源环境协调可持续发展。既要把握规律,又要重点突出,分析特殊问题,从而使整个研究体现"大"、"中"、"小"相结合,更好地解决问题。

第二,理论研究与实证分析相结合的方法。本研究是在相关理论研究的基础上探讨西南山地人口与资源环境的现状、特征、关系及存在的问题等。通过实证分析更能把握其人口发展与资源环境发展之间的相互影响,进一步指出其存在的问题,以便找到更好的、更符合当地实际的解决问题的对策和措施。

第三,定性分析与定量分析相结合的方法。本研究针对西南山地人口、资源环境的现状及基本特征,以定性分析为指导,结合有关人口、资源环境、经济数据,进行定量分析,既有对人口和资源环境现状的把握,又有资料的量化分析,以力求揭示问题的实质,深入探讨并得出其解决措施。

第四,静态描述与动态分析相结合、历史考察与比较分析相结合的方法。对西南山地人口与资源环境的研究不仅要停留在一个固定的截面上进行研究,还要从历史发展的角度进行研究;采用历史考察与比较分析相结合的方法,从其人口发展过程与资源环境社会经济发展历史过程入手,动态分析、比较人口发展与资源环境之间的关系和影响以及问题成因的机制。

# 第二章 西南山地人口与资源环境的相互关系

## 一、人口、资源、环境与社会经济发展的关系

人口赋予资源与环境之中,人口、资源、环境三者共同组成了一个相互联系、相互矛盾、相互制约的人类生存和发展的巨大系统。如果离开了资源与环境而去谈人口问题,无疑等于是隔靴搔痒,并不能从根本上彻底解决。近半个世纪以来,人口问题、资源问题、环境问题成为全球十分突出的三大问题,这三大问题实际上是人口、资源、环境系统的失衡问题,或者说是这三个问题的并发症。要想彻底解决人口、资源、环境问题就必须首先要弄清楚人口、资源、环境这三者之间的关系,这是解决问题的基本前提和关键。

马克思在《资本论》中指出:"劳动首先是人和自然之间的过程,是人类的自身的活动来引起、调整和控制人和自然之间的物质变换的过程。"①马克思在这里把自然作为自然资源与自然环境的一个整体,同时,马克思把人口、资源、环境作为经济系统中的三个最基本的内生变量,作为一个真题,作为一个系统,才会有"引起、调整和控制"其中的一部分有价值的资源为人类所利用。因此,人的劳动不但把人与资源,而且与环境结合在一起,使人口、资源、环境之间构成一个相互关联的网络关系,随着生产的发展和科学技术的进步,这种网络关系日益被人们所认识,所以说,人口、资源、环境成为经济系统中的内生变量和最基本的要素是符合自然发展的客观规律的。这些内生变量以及物质、资金、技术等各种要素在空间及时间上,以社会需求为动力,通过投入产出之间相互关联、相互作用构成一种有序、立体、网络化的关系。

在人口、资源、环境这个大系统中,人口是整个系统的核心和主体,是人

---

① 马克思《资本论》,马克思恩格斯全集,第22卷,北京:人民出版社,第201—202页。

类及其群体的泛称。资源是指在一定技术条件下,能为人类利用的物资、能量和信息,是人类生存发展的物质基础。环境是指人类周围一切物质、能量和信息要素的总合,是人类生存和发展的必备条件。由此可见,人口既是这个系统独立的基本要素,又是资源的重要组成部分(人力资源),还是重要的环境要素,三者呈同心圆状结构。同时三者之间又存在着十分密切的互动关系,也就是说人口数量、结构和质量的变化,必将引起资源与环境数量(绝对值和平均数)和质量的变化;另一方面,资源与环境数量和质量的变化,必然引起人类的生存条件和发展基础的变化。①

  同时,在探讨人口与资源环境的关系时,又不能仅仅只谈人口与资源环境而忽略经济所发挥的作用。在某种程度上可以说,人口、资源、环境三者之间的关系主要是通过经济过程才得以建立的。人类主要是通过生产和消费两大方面的物质生活而与资源、环境发生相互作用的,这也就是说,作为人类群体的数量抽象概念的人口与资源、环境之间关系的研究与探讨不能脱离经济过程来抽象空泛地谈。因为人类是通过其所进行的物质生活才与客观世界发生联系的,而其物质生活最主要也是最基本的部分便是经济生活。经济生活主要反映在两个方面,即生产和消费。因此,人类主要是通过生产和消费两大方面的物质生活而与资源、环境发生相互作用、产生相互影响的。人口中只有一部分人作为劳动力参加经济过程,其他物质资源为经济过程提供劳动对象,这是经济过程所必需的两种投入。而经济过程所产出的内容中既包括最终消费品,也包括其他物质形态的废弃物。最终消费品被人类所消费,而废弃物排放后则会影响环境。人类在生活过程中通过对最终消费品的消费而得以生存和繁衍,与此同时,人类在生活过程中又产生出生活废弃物,从而影响环境。当然,人类与环境的关系不仅仅是人类对环境的作用和影响,同时环境又反过来会对人类的生活产生影响,并导致人口数量的变化,包括人口的自然变化和机械变化。因此,人(而不是人口)作为社会发展的主体,主要是通过生产和消费这两种经济生活过程而与资源环境发生联系的,其数量(即人口,包括总量、结构和分布)当然对最终产品需求有重要影响,因此人口便对资源、环境起到重要作用,但就可持续发展而言更重要的是改变生产和消费方式。当前,人口无论是对经济发展还是

  ① 尹建中,李望. 论人口与资源环境的系统关系[J]. 西北人口,1996(2).

资源环境都已构成巨大威胁,造成巨大压力,而缓解这一矛盾就必须要严格控制人口。而且,从社会发展的目的和经济发展的内在规律来看,控制人口增长和人口规模也是非常重要的。但是可持续发展中更有作为的因素是改变经济增长方式,加快科技进步,提高人口素质。这些方面的能动性更强,而且具有广阔的发展前景。并且,在可持续发展的理论和实践中更带有普遍意义,也可以说是可持续发展的充分条件。

在一个地区的发展过程中,特别是要实现区域的协调可持续发展,就必须要正确处理好人口、资源环境与社会经济之间的关系。在人口、资源环境与社会经济协调发展的这个大系统中,人口是主体和核心,资源是物质基础,环境是必备条件,经济应是动力,在区域协调发展过程中,就是要协调人口经济发展与自然资源利用以及生态保护之间的关系。人口、资源、环境与社会经济相协调的协调发展观是从联系的观点出发的,即人口、资源、环境与社会经济发展都不是完全独立的系统或变量,恰恰相反,其作为一个有机整体相互之间存在着很密切的联系,在其发展演化的过程中,子系统之间不断相互促进、相互协同,由不协调—协调—高度协调发展。毫无疑问,持续健康的经济增长和发展是在一定的适度的人口、丰富的资源、良好的环境条件下实现的,所以,协调发展已被公认为是处理经济发展与环境保护之间关系的最佳选择,是保证人类社会可持续发展战略目标的必由之路。若四者之间相互促进、相互协调,其失调和阻碍因素被控制在最小范围和限度内,整个系统将呈现良性的循环和可持续性发展;若四者之间失调,则会危及或破坏整个系统的常态运行。

若从系统论的角度来看的话,人口、资源、环境、社会经济四者之间的协调性表现在以下几个方面:一是结构性协调,即四者之间的内在联系具有严密的多层次的组织结构、恰当的函数关系和高度的有序性;二是功能与特征性协调,即四者组成的系统中各内部各要素的相互配合与相互促进,是系统运行状态和发展过程的标志和体现;三是区域间的合作与协调,四者的构成是一个开放系统,任何区域都不能单独地达到理想目标,必须与周边地区协同发展,互利互惠,否则将发生区域间制约现象,进而不能走向良性循环;四是近期目标和远期目标的协调,四者所构成的系统发展具有时期性,为保证系统的可持续发展,应使不同的发展阶段达到不同的目标。

## 二、人口、资源、环境与经济相互关系的作用机理

正如前文所述,人口、资源、环境与经济各个系统最终都要统一到区域协调可持续发展这一大的系统当中来,所以,各个子系统之间的相互关系即是在协调发展这一大系统中的相互协调制约关系。

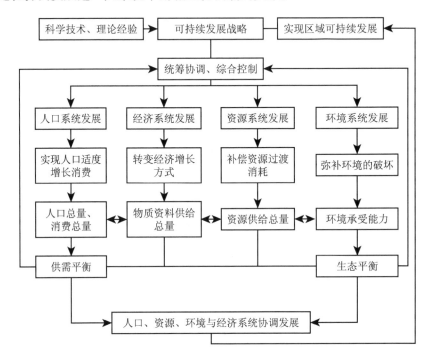

**图 2 - 1  人口、资源、环境与经济系统的相互作用机理**

如图 2 - 1 所示,要实现区域可持续发展,一是要制定可持续发展战略,这就要求有一定的科学技术和理论经验做基础和前提,同时要对四个子系统进行统筹协调、综合控制;二就是要实现人口、资源、环境和经济各个子系统之间的协调发展。要实现协调可持续发展,一是要实现人口的适度增长和适度消费,使之适应资源环境和经济的供给量;二要转变经济增长方式,在节约能源、降低环境破坏的基础上实现经济的持续增长;三是建立补偿机制,以补偿资源的过度消耗;四是在保护环境的基础上,弥补对环境的破坏。而人口总量以及人口的消费总量、物质资料的供给总量、资源的供给总量和

环境的承受能力四者之间是相互影响相互制约的关系。首先,人口是首要的因素,是占有资源的主要形式,人口本身与可持续发展就构成促进与制约关系,人口数量、质量和结构的变动、分布状况直接作用于资源、环境与经济系统,人口越多,对环境的压力越大,消耗的资源越多,人均占有的物质资料就相对较少。人口的快速增加必然导致对自然资源的过度索取,加重生态和环境的负担。良好的资源和环境状况能促进经济的可持续发展,恶化的环境和短缺的资源会对经济的发展起反作用。要实现可持续发展,就要达到供需平衡和生态平衡两个平衡,要协调好人口增长、经济发展与资源和环境承载能力的关系,使四者之间能够协调发展,最终达到实现区域可持续发展的终极目标。

## 三、西南山地人口与资源环境关系的特殊性

在整个西南山地区域,既存在着普遍的人口与资源环境的关系,又有其特殊的一面,这是由于西南山地自身的地理环境和历史环境,加之复杂的民族和人口原因客观决定的。

### (一)生态环境资源丰富性和脆弱性并存

西南地区是世界上三个连片喀斯特地区之一,地处我国长江和珠江两大水系的上游分水岭地区,地貌造型各异,但总体以山地、丘陵为主,山岭连绵、山体庞大、岭谷相间,山地、高原环绕其中,平原面积狭小。以贵州省为例,贵州是一个没有平原支撑的省份,全省山地占71.3%,丘陵占21%,平坝地仅占7.7%。地势崎岖不平,耕地破碎,大部分在缓坡、陡坡、丘陵、槽谷之中。水资源分布不平衡,陡坡急流河谷深切,有利于开发水利资源,但洪枯季节见水量变幅大,且岩溶遍布,开发难度大。全省为岩溶山区,岩溶面积占73%,主要表现为:一是坡陡土层薄,涵养水源的能力低,降水很快形成地表径流流失;二是溶洞等遍布,降水量中有相当大的比例很快渗漏到地层内形成岩溶地下水,而岩溶地下水运动规律十分复杂,水源大多埋藏较深,开发利用极为困难。森林覆盖率相对虽高,但土质较浅,容易破坏,森林复生周期长,植树造林难度大。总体看来,这一带主要是天然林为主,人工采伐破坏较为严重。近年来,随着过度砍伐等人为活动,造成石漠化等环境问题不断加剧,进而导致水土流失严重且治理难度大,自然灾害等频发。

### (二)脆弱生态环境的保护和民族生存资源需求协调难度大

西南山地地处我国西南边陲,主要以我国横断山脉大斜坡南段为界,西

为青藏高原,东南为云贵高原和喀斯特地形,山地为主,气候湿润,但地形突兀,即便是在高原一带,也是支离破碎,多石少土,森林覆盖率相对虽高,但土质较浅,容易破坏,森林复生周期长,植树造林难度大。总体看来,这一带主要是天然林为主,人工采伐破坏较为严重。更为主要的是,广泛分布在西南山地的少数民族,如云南的哈尼族、怒族、景颇族、普米族、独龙族,贵州的苗族、侗族、布依族、仡佬族等,以及广西的壮族、四川的彝族等,都是生活在农村地区的民族,这些民族在长期历史发展过程中,形成了依山傍水式的生计方式,他们的生活资源,大多直接来源于山林,如砍伐为柴,毁林为田,弃荒轮休等生计过程,对山区的生态环境已经造成了十分严重的破坏,在国家实施保护森林资源的政策以来,这一地区的民族群众忧心忡忡,进退两难。一方面森林资源的保护政策一视同仁,不允许再度砍伐和破坏;另一方面山区地理条件限制下交通运输和生活资源匮乏导致的生存难题,让他们无从选择,放弃林木和山林,就意味着放弃基本的生存资源。近几年,许多地方政府虽然也允许适当的生态供给性砍伐造田,但层层限制,进展十分困难。加之这些地区的交通运输能力和道路建设落后,山区经济条件限制,完全的现代化改造并不现实,难成气候,因此说西南山地生态环境和少数民族生存需要之间的矛盾,是讨论协调发展这一问题首先必须弄清楚,并引起重视的关键点。

**（三）人口发展受到地理环境条件的限制约束克服代价大**

从人口发展的角度看,人口的发展涉及人口素质的提高和生活质量的提高,以及生存环境的改善等内容。在西南山地,农村人口和民族人口既集中分布在山区,其具体的分布又相当不集中,基本上依照地理环境的变化,散居于各种环境之中,如贵州有"苗山林、水侗家"的说法,就是说苗族依山林而居,侗族则沿水源带居住;云南普米族、独龙族等民族,更是一定程度上还保持着山林狩猎型生计方式,离不开大山也离不开森林。此外,不同的民族往往不集中居住,依照民族特色自然形成的民族分布区,更加使得西南山地人口分布的情况复杂化。随着国家政策的倾斜和照顾,许多地区的少数民族虽然在经济、社会和教育方面有所改善,但整体落后的状况还无法彻底改变,人口发展面临的压力还很大。在人口控制方面,计划生育政策在少数民族地区的实施受到民族人口文化的影响,成效不突出,山林农田生产力的逐年退化以及现代化农业生产方式普及程度低的现实,山区农业发展程度还很低。部分交通便利的地区,民族文化旅游业和生态旅游业的发展虽然带来了经济上的略微提高,但对民族文化的冲击代价又使得这一发展方式备受争议。人口结构方面,简单的调整显然不现实,因为西南山地人口分布的特点,不能按照搬迁和迁移的方式进行整合,只能在原有现实基础上进行引导,支持和优化,如果采用生态移民的方式调整人口分布,首先经济代价太大,另外也不符合民族文化发展的基本条件。那么如何让山区人口实现整体的发展,这是摆在我们面前的一个大问题,也是一个没有经验可以借鉴的全新问题,实现西南山地人口的统筹发展,就必须首先考虑这一地区人口分布、人口结构、人口生存环境和他们之间关系的特殊性。

　　总之,无论是从人口资源环境的普遍关系出发,还是考虑到西南山地人口与生态环境关系的特殊性,要实现协调发展,就必须要充分考虑西南山地人口的民族特征和分布特征,要弄清楚民族以及民族生活和生态环境相互作用的机理,还要慎重对待这些关系中的转化方向,不可笼统界定,更不可草率得出结论。只能从现状出发,先搞清楚各自发展的程度和问题,才能进一步分析实现协调发展的内容和战略。

# 第三章  西南山地人口现状和问题

## 一、西南山地人口的基本状况

### （一）人口增长状况

在明代以前,西南地区的人口增长还是比较缓慢的,并且人口稀少,明代以后,为了巩固西南边疆,统治者开始派军驻守西南地区,因此有大批汉族人口迁移至这一地区,清代亦有很多移民至此。以贵州省历史人口变化为例,贵州地区在元代以前人口增长比较缓慢,人口稀少,至元代人口也不过数十万人。《元史·地理志》在"八番顺元蛮夷官"条下载"至元十六年(公元1279年)西南八番罗氏等国已归附者,具以来上洞寨几千六百二十有六、户口十万一千一百六十有八。"据梁方仲《中国历代户口·田地·田斌统计》甲表47,元世祖至元二十七年,每户平均4.46人,则此时顺元路有人口约45万人。元时顺元路有今贵州地域大部,加上周边部份的人口,元朝至元时期贵州地区人口约有五六十万。明王朝建立以后,为了巩固西南边疆,在贵州各地建立卫所,派遣军队驻守贵州,因此大批汉族人口移居贵州,使贵州人口急剧增加,至明末贵州人口约有70万人,比明初增长近25%。清代是贵州人口发展最快的时期。但清初由于战乱,贵州人口比明末有所减少,估计全省有人口五六十万。经过几十年的发展,到雍正十年(1732年)贵州人口即突破百万,达到130余万;乾隆三十二年(1767年)达到300多万;到咸丰元年(1851年)达到500多万;到清末贵州人口已达到870余万。清朝统治经历了二百六十余年,全国人口从清初6000余万,至清末增加到三亿六千八百余万,为清初的六倍;而贵州人口却从清初五六十万到清末870余万,为清初的14倍,大大高于全国增长的速度。明清时期,大量汉族人口进入贵州,以及人口的自然增长导致人口的大量增加。民国初年,贵州省人口已超过900万人。

新中国成立以来的60多年是西南地区人口发展变动最大的时期,其中又可将其划分为两个重要的阶段,即1949~1975年没有实行计划生育的时期和1975年以后实行计划生育的时期。在前一阶段,由于基本上没有政府的干预,人口发展表现出较强的自然发展的特征,人口规模的扩大趋势十分明显。尽管1975年以后,随着全面推行计划生育政策,人口猛增的势头逐步得到控制,增长速度逐渐减慢。但因几次生育高峰的影响,致使人口规模始终保持不断扩大的势头。表3-1即为西南地区历次人口普查人口总数情况,从表中可以看出这一地区的人口增长状况。

表3-1　西南地区六次人口普查人口总数

| | 四　川 | 云　南 | 贵　州 | 广　西 | 重　庆 |
|---|---|---|---|---|---|
| 一普(单位:人) | 62,303,999 | 17,472,737 | 15,037,310 | 19,560,822 | —— |
| 二普(单位:人) | 67,956,490 | 20,509,525 | 17,140,521 | 20,845,017 | —— |
| 三普(单位:人) | 99,713,310 | 32,553,817 | 28,552,997 | 36,420,960 | |
| 四普(单位:人) | 107,218,173 | 36,972,610 | 32,391,066 | 42,245,765 | |
| 五普(单位:万人) | 8329 | 4288 | 3525 | 4489 | 3090 |
| 六普(单位:人) | 80,418,200 | 45,966,239 | 34,746,468 | 46,026,629 | 28,846,170 |

2009年全国人口出生率为12.13‰,重庆、四川、贵州、云南、广西的人口出生率分别为9.90‰、9.15‰、13.65‰、12.53‰、14.17‰,除了重庆和四川外,其他三省区的人口出生率均高于全国平均水平。从自然增长率来看,其状况与出生率状况一致,除重庆和四川自然增长率低于全国5.05‰的平均水平,分别为3.70‰和2.72‰,其他三省区的自然增长率都高于全国水平,其中广西自然增长率更是达到了8.53‰。

**(二)少数民族人口状况**

西南地区是我国多民族聚居的民族人口大区,自古以来就是少数民族的重要聚居地,在一定程度上可以说西南山地人口即少数民族人口。西南山区少数民族众多,其形成原因是多方面的。首先,与该地区独特的自然地理环境有关,西南地区多高原山地,崇山峻岭,交通阻隔,各地居民处于相对"封闭"的状态之中,久而久之逐渐发展为不同的民族。其次,与人口的流动迁移有关。一方面中原和北方统治民族进入这一地区,带来了一些少数民族人口;另一方面,一些少数民族人口在元明清时期因避难、逃荒或其他缘故,先后从内地迁入西南地区。由于立体的地形和气候,形成了各民族不同的居住分布状况。如在贵州省就素有"高山苗,水仲家(布依族旧称),仡佬住在石旮旯"之说;云南省的少数民族分布总的看来,傣、壮两族主要分布在河谷地带,回、满、白、纳西、布依、水等民族主要聚居在坝区,哈尼、拉祜、佤、景颇、基诺等民族居住在半山区,苗、傈僳、怒、独龙、藏、普米等民族则主要聚居在高山区。具有代表性的如大小凉山地区的彝族、基诺山区的基诺族、西双版纳勐海县的西定、巴达山区的布朗族、怒江峡谷地带的怒族等。

从民族自治地方的数量看,2009 年广西民族自治地方的地级区划数为 14 个,与新疆并列为全国民族自治地方地级区划数最多的省份,另外,云南有地级区划数 8 个,贵州省 3 个,四川 3 个。县级区划数广西亦是最多,为 109,云南 78 个,四川 51 个,贵州 46 个,重庆 4 个。

从少数民族人口数量来看,云南是我国少数民族最多的省份,根据 1990 年全国第四次人口普查公布的数据,全国 56 个民族中,云南就有 52 个,其中人口在 5000 以上的民族就有 26 个。根据第五次人口普查资料显示,在各地区中,西南少数民族人口数量最多,达 5287 万人,占少数民族人口数一半以上。在各省区中,广西少数民族人口数量最多,达 1682.96 万人,占少数民族人口总量比例为 15.99%,其次是云南省,其少数民族人口数为 1415.88 万人,占全部少数民族人口比例为 13.46%。此外,贵州省少数民族人口也超过了 1000 万人,位居全国第三,占全部少数民族人口的 12.67%。

据第六次人口普查数据显示,贵州省各少数民族人口为 1254.7983 万人,占全省常住人口的 36.11%;云南省各少数民族人口为 1533.7 万人,占总人口的 33.37%,广西省各少数民族人口为 1711.05 万人,占 37.18%。

### (三)人口空间垂直分布状况

人口空间结构(即人口分布)是指一定时点上人口在地理空间的集散状态或人口过程在空间上的表现形式。一般来说,人口最稠密的地区都是自然条件优良、资源丰富、历史悠久和经济较为发达的地区,而广大山区由于自然条件的种种限制,对生产力发展带来了许多不利影响,进而影响其人口的空间分布。西南山区由于其喀斯特地质环境所孕育出来的高山峡谷地势、河流深割的地貌景观,制约了人们视野的扩大,限制了人们生存发展的空间,从而使人口地域分布的差异性较其他地区来说显得尤为典型。

从人口空间结构的垂直分布来看,人口绝大部分都集中在比较低平的平原和丘陵地带,随着海拔高度的上升,人口分布不断减少,这是山区人口分布的普遍规律。然而,由于地理条件不同,各个地区人口垂直分布的特点可谓同中有异,各具特色。就贵州来说,其境内地势西高东低、自西向东地面呈阶梯状下降,西部威宁、赫章一带为云贵高原的东延部分,平均海拔2000米以上,为省内地势最高地区,处于暖温带,属于第一级阶梯;以山地丘原河谷盆地为主的黔中地区,是贵州高原的主体部分,属东亚热带,平均海拔1000~1600米,属于第二阶梯;以梵净山、雷公山一线以东地区为低山丘陵河谷盆地,是湘西低山丘陵的组成部分,平均海拔高度在800米以下,属中亚热带,为省内地势的第三阶梯;在地势的第一、第二阶梯和第二、第三阶梯之间是过渡的斜坡地带。贵州省地势情况及其人口垂直分布状况如表3-2所示:

表3-2　2005年贵州地势三大阶梯及其过渡地带的人口分布状况

| 类　型 | 平均海拔高度(米) | 地　区 | 人口规模(万人) | 人口比例(%) | 人口密度(人/km²) |
|---|---|---|---|---|---|
| 第一阶梯 | >2000 | 威宁、赫章一带 | 112.01 | 2.85 | 178 |
| 过渡地带 | 1600-2000 | 毕节、大方、纳雍、六盘水等 | 382.02 | 9.72 | 277 |
| 第二阶梯 | 1000-1600 | 贵阳、安顺全部及周边28个县市 | 2003.39 | 50.96 | 269 |
| 过渡地带 | 800-1000 | 印江、思南、德江、石阡等8县 | 833.47 | 21.20 | 195 |
| 第三阶梯 | <800 | 铜仁、江口、玉屏等10县 | 600.22 | 15.27 | 155 |

资料来源:贵州省地理信息数据集[M],贵州自然条件与农业可持续发展[M],贵州省统计年鉴(2006).

按照地势海拔顺序,贵州省地势第二阶梯的人口最多,2005年末总人口为2003.39万人,占全省总人口的50.96%,经过过渡地带,到第一阶梯和第三阶梯的人口越来越少。其中,第二阶梯人口数量是第一阶梯的3.3倍,是第一、第二阶梯间过渡地带的2.4倍,是第二、第三阶梯间过渡地带的5.2倍,是第三阶梯的17.8倍。造成第二阶梯人口最多的主要原因,是因为它地处贵州腹部,不仅地势起伏小,河谷坝子多,而且农业开发历史较早,商品经济较发达等特点,再加上其许多县(市)大都是全省的重要的商业中心,交通枢纽或工矿业集中地区,因而对周边以及外来人口具有较大的吸引力,导致人口规模远高于其他地区。从人口密度来看,以平均海拔 1000~2000 米之间,地处第二阶梯以及第二阶梯向第三阶梯过渡地带的人口最密,表现为人口有向局部地域集中的趋势。其中第二阶梯向第一阶梯过渡地带存在着较高的人口密度,与该区域落后的社会经济发展水平及脆弱的环境承载力不相符。而海拔 1000 米以下和海拔 2000 米以上的地区则密度较稀,前者虽地域面积较广,但峡高、谷深、坡陡、水低田高等自然状况,对人口生产、生活都有较大影响,后者地形高亢,起伏大,气候较为寒冷,同样对人口生存空间具有较大的限制性。因此,贵州高原人口的垂直分布并不完全遵循随海拔升高而减少,随海拔降低而增加的规律,而主要集中分布在中高海拔地带,地势越往低处或越向 1600 米以上高度延伸,人口都呈逐渐减少趋势,这种人口分布特点同温带地区显然不同。

## 二、西南山地人口发展中的问题

### (一)稳定低生育水平面临压力

西南山区计划生育难度大,首先是因为其农村人口比重大。计划生育工作的重点在农村,难点也在农村。特别在山区农村,居住分散、交通不便,计划生育工作的难度就更大,这就使得计划外生育的现象突出。另外加之对农业人口的计划生育本身就有放宽的政策,如贵州省计划生育条例规定:"夫妻双方是农民,符合下列条件之一的,可以申请生育第二个子女:(一)第一个孩子是女孩的;(二)夫妻双方或者一方是少数民族的;(三)男到独生女无儿户家结婚落户的。"这也在一定程度上使得山区农村的生育率偏高。

其次是西南山区少数民族人口比重高于全国平均水平,受少数民族传统文化的影响,以及计划生育政策对少数民族的倾斜,导致该地区生育水平较高。西南山地地区是我国少数民族聚居的地方,而不少少数民族在传统上有早婚、早育的风俗习惯。同时青年男女十多岁时就经常参加各种谈恋爱的社交活动,还未成熟的女孩子十二三岁就跟随姐姐同行去见习"游方"、"赶表"等恋爱活动,从小就受早恋的熏陶,必然容易早婚。由于受"多子多福"、"养儿防老"、"地广人稀"等思想的影响再加上少数民族实施计划生育的时间较晚、政策上较汉族宽松,这些都势必造成了西南山地地区妇女早婚早育严重,妇女生育率较高。如贵州省人口与计划生育条例规定夫妻双方是农民且夫妻双方或者一方是少数民族的可以生育第二个孩子;夫妻双方都是少数民族的农民,两个子女中有一个为非遗传性残疾,不能成长为正常劳动力的,可以申请再生育一个子女。云南省人口与计划生育条例中也规定夫妻双方都是居住在边境村民委员会辖区内的少数民族农业人口以及夫妻双方或者一方是独龙族、德昂族、基诺族、阿昌族、怒族、普米族、布朗族的农业人口,在执行第十九条规定的"提倡农业人口一对夫妻生育一个子女。确有实际困难要求生育第二个子女的,由夫妻双方申请,经县级计划生育行政部门审查批准,可以生育第二个子女。"的基础上,符合上述两个条件的夫妻双方可以提出申请,经县级计划生育行政部门批准,可以再生育一个子女。虽然这是根据少数民族地区的实际所作出的适当调整和放宽,但在客观上不利于少数民族山区的人口控制。

通过表3-3,可知西南地区妇女总和生育率远远高于全国水平。2000年西南四省区妇女总和生育率平均高于全国水平,贵州更是高于全国0.97个百分点;2010年西南各省区除广西外,虽然总和生育率较2000年有所下降,但仍旧高于全国水平。另据表3-4所示,2000年广西、贵州、云南三省多孩次占全国的比例总和为32%,而以北京为代表的发达地区则只占到0.07%;到2010年第六次人口普查时,虽然三省多孩次占全国比例总和下降,降至27.23%,但所占全国的比例依然比较大,这说明西南山地多胎现象严重,人们的生育意愿依然比较强烈。

表3-3　全国及西南地区妇女总和生育率

单位:%

| 地区＼年份 | 2000年 总和生育率 | 2010年 总和生育率 |
|---|---|---|
| 全国 | 1.22 | 1.18 |
| 广西 | 1.54 | 1.79 |
| 重庆 | 1.26 | 1.16 |
| 贵州 | 2.19 | 1.75 |
| 云南 | 1.81 | 1.41 |

表3-4 全国及西南地区多孩次情况

| 年份<br>地区 | 2000 年 | | 2010 年 | |
|---|---|---|---|---|
| | 多孩次人口<br>（人） | 占全国的<br>比例(%) | 多孩次人口<br>（人） | 占全国的<br>比例(%) |
| 全国 | 69504 | 100 | 57870 | 100 |
| 北京 | 51 | 0.07 | 21 | 0.04 |
| 广西 | 5252 | 7.56 | 6770 | 11.70 |
| 贵州 | 10407 | 14.97 | 4564 | 7.89 |
| 云南 | 6534 | 9.40 | 4396 | 7.60 |

注：①数据根据《中国 2000 年人口普查资料》《中国 20110 年人口普查资料》整理而来。

②多孩次指的是三孩及以上。

第三是按照计划生育政策生育率计算,仅贵州省而言,政策生育率就高于全国。计划生育政策生育率公式如下：ZTFR = 1.05X + 1.55Y + 2.07Z + 0.05,上述公式中 X 代表汉族人口比例,Y 代表汉族农业人口比例,Z 代表少数民族人口比例。按照政策生育率计算,贵州省平均为 1.75 胎,而全国为 1.5 胎。换言之,贵州省即使百分之百实行计划生育,也要比全国平均水平高 0.25 胎。贵州省如此,对于少数民族人口众多、农业人口比例大的西南地区的其他山区亦是如此。

另外,虽然西南山区的人口出生率、人口自然增长率逐年呈下降趋势,已经进入低生育水平,但是要稳定这个低生育水平仍然面临着巨大的压力。首先是这一地区出现的低生育水平状况与发达省市的低生育水平相比,具有显著的不稳定性,生育水平的下降特别是农村生育水平的降低并不是由于农民接受了新的生育观念,自觉接受计划生育,而是各级政府运用强大的行政手段强力推进计划生育的结果,因此计划生育的基础并不牢固。山区农村生产力水平落后,农民的文化素质不高,传统的生育观念将长期存在,农民多生多育、重男轻女、传宗接代的落后生育观念依旧根深蒂固。一旦各级政府的计划生育工作出现稍有松懈,政策外生育的现象就会出现反弹。另一方面,山区进入低生育水平的时间还很短。西方国家从传统的生育模式转变为现代生育模式,进入低生育水平经历了 100 多年时间,我国发达省市进入低生育水平也用了 20～30 年时间,而西南山区,仅贵州省而言才用了不到 10 年时间,因此这个低生育水平很不稳定,出现反弹的可能仍然很大。

### (二)人口素质偏低

由于西南山区相对处于封闭或半封闭地带,不具备沿海地区的地理优势,再加上山区地形复杂、崇山峻岭、基础设施建设滞后,交通不便,不仅极大地影响着物流的畅通,而且也进一步加大了发展教育事业的难度,根据相关研究结果表明山地面积比例越大的地区,人口受教育程度指数就越低。

如云南布朗山乡,山区一师一校普遍,教学设备简陋,缺乏教学设备和用具,部分教师素质偏低,知识结构陈旧老化,教学技能贫乏,无法胜任教学工作;加之部分群众对依法接受义务教育观念淡薄,对教育的重要性认识不足,且部分布朗族学生仍然无法承担起到初中校点读书每月的伙食费,而原始劳动生产方式需要较多的劳力,初中年龄段的少年可以帮助做些简单的事情,自己不愿意上学,家长也不支持读书;语言障碍产生厌学情绪而学生流失等等原因,致使许多布朗族学生小学毕业后就不再读书。据统计,布朗山乡总人口中有文盲 2686 人,半文盲 2443 人,文盲率 30%。基诺乡情况稍好,但近年来,全乡教育仍出现滑坡趋势,虽然已实现"普九",但师资力量弱、教学器材缺乏、教学质量低的问题仍很突出,职业技术教育还比较滞后,多数农民缺乏科技知识,缺少脱贫致富奔小康的能人和领头人。由于受教育程度低,劳动者素质偏低,所以,科技意识差,普遍缺乏接受现代科学技术的能力,难以掌握更多的科技知识,严重地制约了生产力的发展。

2000 年到 2010 年的十年中,随着基础教育全面普及、职业教育和成人继续教育迅速发展以及高等教育规模进一步扩大,全国及西南山地人口整体文化素质有较大提高。第六次全国人口普查资料显示,与 2000 年第五次全国人口普查相比,全国及西南山地各省区高中及以上文化程度人口比重大幅上升,未上过学和小学文化程度人口比重降低,文盲人口减少,文盲率明显下降(表 3 - 5)。虽然西南山地人口文化素质有所提高,但与全国人口文化素质相比仍然较低。与全国人口文化素质的差距主要表现在高层次受教育人口比重低于全国,而低层次受教育人口的比重高于全国。从文盲率看,除广西以外,西南山地各省区均高于全国,尤其是贵州省,2000 年和 2010 年文盲率分别为 13.89% 和 8.74%,高出全国同期水平 5.17 和 4.66 个百分点,差距有所缩小,但仍然较大。

表3-5　全国及西南山地各省区6岁及以上人口文化程度构成状况

单位：人；%

| 地区 | 年份 | 6岁及以上人口 | 未上过学 | 小学 | 初中 | 高中 | 大学专科 | 大学本科 | 研究生 | 文盲率% |
|---|---|---|---|---|---|---|---|---|---|---|
| 全国 | 2000年 | 1156700293 | 89629436 | 441613351 | 422386607 | 99073845 | 28985486 | 14150726 | 883933 | 6.72 |
| | 2010年 | 1242546122 | 62136405 | 357211733 | 518176222 | 186646865 | 68610519 | 45625793 | 4138585 | 4.08 |
| 广西 | 2000年 | 40401357 | 1916084 | 18432526 | 14218494 | 2787826 | 759650 | 275918 | 11566 | 3.79 |
| | 2010年 | 41837842 | 1587939 | 14579571 | 17840416 | 5078715 | 1733473 | 955852 | 61876 | 2.71 |
| 重庆 | 2000年 | 28254314 | 2173652 | 13229559 | 8993338 | 1897989 | 555971 | 289664 | 14440 | 6.95 |
| | 2010年 | 26962605 | 1348719 | 9707595 | 9646397 | 3814455 | 1374449 | 989687 | 81303 | 4.30 |
| 四川 | 2000年 | 76182542 | 6608326 | 35379826 | 24193763 | 4268063 | 1372692 | 629175 | 36787 | 7.64 |
| | 2010年 | 75277913 | 4960433 | 27846551 | 28058292 | 9045928 | 3247880 | 1962005 | 156824 | 5.44 |
| 贵州 | 2000年 | 31285200 | 5256778 | 15352997 | 7274827 | 1137569 | 464897 | 205791 | 4178 | 13.89 |
| | 2010年 | 31837765 | 3313944 | 13546008 | 10506809 | 2617659 | 1134876 | 689649 | 28820 | 8.74 |
| 云南 | 2000年 | 38226672 | 5157800 | 18979254 | 9018044 | 1657168 | 576877 | 263694 | 11988 | 11.39 |
| | 2010年 | 42475720 | 3392628 | 20042984 | 12591002 | 3813068 | 1574493 | 1002321 | 59224 | 6.03 |

数据来源：国务院第五次普查办公室，国家统计局人口和就业统计司编：《2000年第五次全国人口普查主要数据》，北京：中国统计出版社.；国务院第六次普查办公室，国家统计局人口和就业统计司编：《2010年第六次全国人口普查主要数据》，北京：中国统计出版社.

　　另外，广大农村山区人口劳动力素质也不容乐观。从思想素质看，由于传统的小农意识根深蒂固，农民生产、生活和行为方式都与市场经济的要求相差甚远。落后、狭隘、保守的传统观念普遍存在，"在家千日好，出门万事难"、"比上不足，比下有余"的小农意识较深厚，自我封闭、自我满足，小富即安、不富也安，家族观念、乡土观念较重，并且习惯于慢节奏生活，容易安于现状，接受新鲜事物的动力不足，缺乏向外走的精神和勇气。同时相当一部分农民的道德素质和社会责任感不强，在修桥补路、植树造林、抢险救灾等与自己切身利益息息相关的公共事业上斤斤计较，还有少数农民诚信程度低，职业道德差，对农村经济发展环境造成不良影响。从文化素质看，农村地区劳动力文化程度普遍偏低。首先表现为农村人口文化素质整体与城镇相比相差甚远。"五普"数据显示，贵州农村的文盲率为16.2%，比贵州省城市地区高出 9.67 个百分点,比全国农村平均水平高出 7.95 个百分点。另据统计资料显示,2007 年全省初中在校生辍学率为 4.45%,个别县的初中省流失率达 5.6%,个别农村初中辍学率高达 10% 左右。全省 88 个县(市、区)中有 36 个县的小学毕业生升入初中的比例低于 95%,有 16 个县的小学毕业生升学率低于 90%。① 其次是农村劳动力素质较低。据统计资料显示,2008 年农村平均每百个劳动力中,文盲或半文盲占 13.06,小学文化程度的占 35.78,初中文化程度的占 43.29,高中文化程度的占 5.32,中专文化程度的占 1.83,大专以上文化程度的占 0.72,劳动力平均受教育年限仅为 7.02。由此可见,贵州省农村劳动力的文化程度普遍仅为小学或初中,高中及以上特别是大专以上文化程度的劳动力数量极少。

**(三)人口性别比失衡**

从人口的性别结构来看,一般来说,在不受人为出生性别选择干预的条件下,人口性别比是相对稳定的,并且波动不大,通常在 103～107 之间。中国存在强烈的性别偏好,受自然条件差异以及社会经济文化等诸多因素的影响,对男性偏好的生育观念仍具有相当大的能量。同时,又因生育数量的限制,人们常以各种手段进行产前性别鉴定和选择性引产,使出生性别比远远高于正常值范围,出生性别比是全体人口性别比的基础,若出生婴儿性别比偏高,相应总人口性别比也会越高。西南山区在特殊的山地环境条件下,由于大山的封闭性,使传统文化在此积淀很深,"男尊女卑"、"传宗接代"等传统性别文化思想统治人们的意识形态领域几千年,至今仍然影响着许多家庭的生育行为。许多家庭,特别是居住在偏远山区的农村家庭,对男孩的偏好就更加明显。另外,西南山区是少数民族聚居区,少数民族文化对生育观念的影响是必然的,如苗族、侗族等无子便等于是"绝后",因而受歧视。另一方面,这一地区特殊的环境因素影响下的生产方式也是"男孩偏好"产生的又一深层原因。由于地势以高原山地为主,且境内石灰岩地层分布广,岩层厚,岩溶地貌特征突出。这种地形地貌使得机械化、集团化农业耕作方式难以推广,只适合传统的人畜耕作,农业生产力较低,这在客观上使得人们对男性劳动力的依赖较强。加之社会保障体系不健全,人们对男性的依

① 贵州省教育科学研究所.2007 年贵州省教育发展形势年度分析报告.史昭乐主编.贵州社会发展形势分析与预测(2007—2008)[M].贵阳:贵州人民出版社,2008:124.

赖明显,养儿防老的需要较强烈。

从"五普"、1%人口抽样调查及"六普"资料对比来看,西南地区出生性别比都呈幅度不等的攀升态势,广西几乎都在120以上的高位徘徊,远远高于国际社会公认的103～107的正常值;"五普"出生性别比最低的贵州从107.03升至到1%抽样时的127.65,云南也由110.57上升至113.16。2009年贵州、云南、广西三省区的性别比分别为107.03、108.00、110.76,虽然较2005年都已经有了一定的回落,但仍高于正常值,与全国的103.27相比也还是偏高,治理性别比失调的任务还很严峻。

**(四)老年抚养比持续升高**

2000年第五次全国人口普查时,全国65岁及以上老龄人口占总人口比重为7.01%(图3-1),我国初步进入老龄化社会,到2010年第六次全国人口普查时,比重上升为8.92%(图3-2),老龄化程度进一步加深。西南山地各省区中,2000年时广西、重庆、四川都已步入老龄化社会,其中,重庆市老龄化程度最高(8.01%);到2010年时西南山地各省区老龄人口比重进一步提高,均步入了老龄化社会,其中,重庆市65岁及以上老龄人口已提高到11.72%,十年间上升了3.71个百分点。2000年时,全国总抚养比为42.86%(图3-3),2010年时,降为34.28%(图3-4),但老年抚养比由2000年的10.15%上升为2010年的11.98%。西南山地各省区总抚养比在2000年和2010年时均高于全国平均水平,其中贵州省最高,2000年和2010年分别为56.58%和51.45%,分别高出全国平均水平13.72和17.17个百分点;2000年和2010年全国老年抚养比分别为10.15%和11.98%,西南山地各省区平均老年抚养比为10.31%和13.77%,均高出全国平均水平。

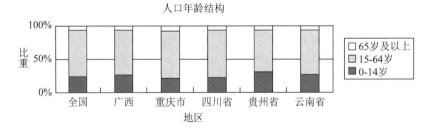

**图3-1 2000年全国及西南山地人口年龄结构 单位:%**

数据来源:国务院第五次普查办公室,国家统计局人口和就业统计司编:《2000年第五次全国人口普查主要数据》,北京:中国统计出版社.

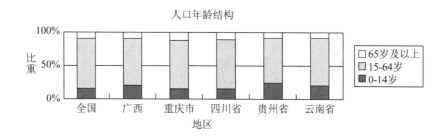

**图 3 - 2　2010 年全国及西南山地人口年龄结构　单位:%**

数据来源:国务院第六次普查办公室,国家统计局人口和就业统计司编:《2010 年第六次全国人口普查主要数据》,北京:中国统计出版社.

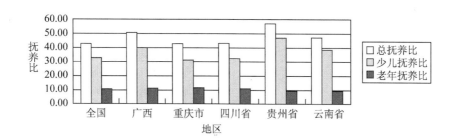

**图 3 - 3　2000 年全国及西南山地人口抚养比　单位:%**

数据来源:国务院第五次普查办公室,国家统计局人口和就业统计司编:《2000 年第五次全国人口普查主要数据》,北京:中国统计出版社.

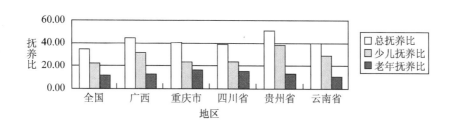

**图 3 - 4　2010 年全国及西南山地人口抚养比　单位：%**

数据来源:国务院第六次普查办公室,国家统计局人口和就业统计司编:《2010 年第六次全国人口普查主要数据》,北京:中国统计出版社.

（五）城市化水平较低

城镇化是人类文明进步的标志，是现代社会发展的必由之路。但是西南山区由于特殊的历史、自然及经济发展水平等诸方面的原因，城市化水平较低，进程缓慢，此外，还呈现出内部发展不平衡、城镇体系结构不合理等特点。

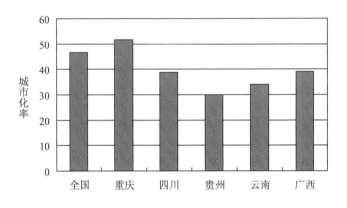

图 3 - 5　2009 年西南地区城市化情况

2009 年重庆、四川、贵州、云南、广西五省市区的城市化率分别为51.59%、38.70%、29.89%、34.00%、39.20%，根据一个国家或地区城镇化水平在10% ~30% 为初级阶段，在30% ~70% 为快速发展阶段，70% 以上为高级阶段的标准，贵州的城镇化水平还处于初级阶段，发展严重滞后。图3 -5显示的是2009 年西南地区与全国的城市化率情况，从图中可以看出，除了重庆的城市化率高于全国平均水平外，其他四省区的城市化率均低于全国平均水平。其中，贵州省的城市化水平最低，在全国来说仅高于西藏，位居倒数第二，其城市化水平才相当于全国1995 年的水平。2006 年全国城镇化率为43.9%，东、中、西部城镇化平均水平分别为54.6%、40.4% 和35.7%，而贵州城镇化率仅为27.5%，排名全国倒数第一，分别比全国和东、中、西部地区低16.4、27.1、12.9 和8.2 个百分点，只有全国平均水平的62.6%，相当于全国1991 年的水平。2004 年贵州省城镇化水平为26.28，低于全国平均水平（41.76）15.48 个百分点。可见贵州省的城市化发展之滞后。

### (六)贫困现象突出

西南山区由于特殊的自然地理环境,耕地面积特别是良田面积少,生产方式落后,并且交通不便,与外界的沟通少,基础设施不健全,发展相对落后,造成这一地区特别是农村山区贫困面大,贫困程度深。其中贵州就是我国重点贫困省份之一,也是全国扶贫开发的主战场之一。

2007年,贵州省虽然全面建立了农村低保制度,但是农村仍有绝对贫困人口239万人,低收入贫困人口439万人,占全国农村绝对贫困人口和低收入人口的比例均在12%以上,占全省农村人口的20%左右。2008年贵州省共有农村贫困人口585.38万人,占全国农村贫困人口的14.6%,占全省年末常住人口的15%,农村贫困发生率为17.4%。其中扶贫开发重点县有贫困人口440.71万人,贫困发生率为21.5%。在全省88个县(市、区)中,有83个县具有贫困开发任务,有50个县是国家新阶段扶贫开发重点县,占全省县级单位总数的56.8%,占全国扶贫开发重点县的8.44%;重点贫困乡镇934个,占乡镇总数的60.9%,其中最贫困的一类乡镇有100个;重点贫困村13973个,占全省行政村总数的54.3%,其中最贫困的一类村5486个。50个国家扶贫开发重点县常住半年总人口为2062.63万人,占全省总人口的54.38%,但是生产总值仅为1098.36亿元,仅占全省生产总值的32.95%。扶贫开发重点县的农民人均纯收入为2416元,全省农民人均纯收入是其1.16倍,其中望谟县最低为1945元,仅及全省水平的69.54%,由此可见,不论是绝对值还是增幅,扶贫开发重点县的人均纯收入均低于全省平均水平。其中一类重点乡镇农民纯收入中实物收入比重大,货币收入少。2006年全省农村绝对贫困人口有255万人,占全国的11.8%,低收入人口453万人,占全国的12.7%。至2010年,贵州省还有贫困人口505.2万人。2012年按照2300元的国家新贫困线标准,贵州还有贫困人口1521万,占农村人口的45.1%,贫困人口和贫困发生率均居全国前列。另外,贫困地区特别是山区农村贫困地区基础差、底子薄,社会经济发展严重滞后,农民生产生活条件没有得到根本改善,脱贫致富难度相当大,初步解决温饱问题的贫困人口因灾因病等原因返贫现象十分突出,贫困人口呈现"大进大出"的现象十分普遍。

# 第四章 西南山地资源环境的发展现状和问题

## 一、西南山地资源基本情况

西南山地是个地理环境和气候类型多样复杂的地区,拥有地球陆地上所有的地形地貌和除极地气候之外的所有气候类型,地表破碎,地形起伏变化巨大,各种地形错综复杂,山脉河流纵横交错,气候类型呈立体分布格局,从河谷到山顶,热带、亚热带气候依地势变化,直至寒带气候。这样的地形和气候造就了这一地区独特而丰富的自然资源、土地资源、水资源、矿产资源和生物资源。

### (一)土地资源

西南山地区域土地类型多样,分布也具有多样性。其中,贵州省是全国唯一没有平原支撑的高原山区省份,地势西高东低,平均海拔高度为 1107 米,大部分地区介于 600~1600 米,全省最大高差达 2763 米,而各地相对高度差则多为 200~500 米。其中山地约占全省土地面积的 87%,丘陵和平坝分别仅占 10% 和 3%,喀斯特地貌占 73%。云南面积最大的一种地貌类型也是山地,占全省面积的 84%,高原、丘陵约占 84%,坝子(盆地、河谷)仅占 6%。全省 127 个县(市、区)及东川市共 128 个行政单位汇总,除昆明市的五华、盘龙两个城区外,山区比重都在 70% 以上,没有一个纯坝区县。其中,山区面积占全县总面积 70%~79.9% 的有 4 个县(市),山区面积占 80%~89.9% 的有 13 个县(市),占 90%~95% 的有 9 个县,其余的县(市)均在 95% 以上,有 18 个县 99% 以上的土地全属山地。四川省山地面积也很大,占土地面积的 49.5%,其余高原占 29.4%,丘陵占 18.6%,平原只占 2.5%。重庆市地貌类型分中山、低山、高丘陵、中丘陵、低丘陵、缓丘陵、台地、平坝 8 大类,其中山地(中山和低山)面积 62413.24 平方千米,占幅员面积 75.8%;丘陵面积近 14985.76 平方千米,占 18.2%;平地 2964.22 平方千米,占

3.6%;平坝面积 1976.14 平方千米,占 2.4%。广西地貌类型也以山地丘陵为主,海拔 500 米以上的山地面积占广西总面积 53.7%;丘陵面积占总面积 21.9%;平原面积占总面积 14.6%,平原分布零散,规模都不大。西、北部为云贵高原边缘,东北为南岭山地,东南及南部是云开大山、六万大山、十万大山。盆地中部被广西弧形山脉分割,形成以柳州为中心的桂中盆地,沿广西弧形山脉前坳陷为右江、武鸣、南宁、玉林、荔浦等众多中小盆地,形成大小盆地相杂的地貌结构。山系多呈弧形,层层相套。山地以海拔 800 米以上的中山为主,占广西总面积的 23.5%;海拔 400~800 米低山次之,占广西总面积 15.9%。丘陵错综,占广西总面积的 10.3%,在桂东南、桂南及桂西南连片集中。平地(包括谷地、河谷平原、山前平原、三角洲及低平台山)占广西总面积 26.9%。喀斯特广布,占广西总面积 37.8%,集中连片分布于桂西南、桂西北、桂中、桂东北。

统计资料显示,2010 年我国共有农用地 65687.6 万公顷,西南山地共有农用地 11419 万公顷,占全国的 17.4%。其中,全国耕地面积为 12171.6 万公顷,西南山地占 2295.8 万公顷,占全国的 18.9%。西南山地的园地和林地面积占全国的比例较大,分别为 20.8% 和 27.4%。我国建设用地共有 3305.8 万公顷,西南山地建设用地为 452.3 万公顷,占全国建设用地的 13.7%。其中贵州省的建设用地仅为 55.7 万公顷,占整个西南山地建设用地的 12.3%。(表 4-1)

表 4-1　2010 年全国及西南地区土地利用情况

单位:万公顷

| 地 区 | 农用地 | 耕 地 | 园 地 | 林 地 | 牧草地 | 建设用地 | 居民点及工矿用地 | 交通运输用地 | 水利设施用地 |
|---|---|---|---|---|---|---|---|---|---|
| 全 国 | 65687.6 | 12171.6 | 1179.1 | 23609.2 | 26183.5 | 3305.8 | 2691.6 | 249.6 | 364.5 |
| 广 西 | 1786.6 | 421.8 | 53.9 | 1160 | 71.6 | 95.4 | 71 | 8.8 | 15.5 |
| 重 庆 | 692 | 223.6 | 24 | 329.1 | 23.7 | 59.3 | 48.9 | 4.8 | 5.5 |
| 四 川 | 4239.8 | 594.7 | 71.6 | 1967.8 | 1371.1 | 160.3 | 136.6 | 13.5 | 10.2 |
| 贵 州 | 1524.6 | 448.5 | 12.1 | 790.9 | 159.8 | 55.7 | 45.7 | 6.1 | 4 |
| 云 南 | 3176 | 607.2 | 84.2 | 2214.1 | 78.2 | 81.6 | 62.8 | 10 | 8.8 |

数据来源:国家统计局,环境统计数据(2011).

（二）水资源

西南地区所在的五个省市区位于热带、亚热带湿润区，河网密集，有怒江、澜沧江、乌江、南北盘江等河流，同时还拥有许多湖泊，水资源极为丰富，是我国最重要的水资源富集区。2010 年我国水资源总量为 23256.7 亿立方米，人均水资源量仅为 1730.2 立方米/人。西南山地水资源总量为 6208.6 亿立方米，占全国的 26.7%。降水量为 13437.5 亿立方米，占全国降水量的 24.4%。人均水资源量为 2495.5 立方米/人，较全国人均水资源量多 765.3 立方米/人。但西南山地内部各省区差别较大，水资源空间分布十分不均匀，四川省水资源总量最多，为 2239.5 亿立方米，人均水资源量为 2782.9 立方米/人；云南省水资源总量为 1480.2 亿立方米，人均水资源量为 3206.5 立方米/人；广西水资源总量为 1350 亿立方米，人均水资源量为 2917.4 立方米/人；贵州省水资源总量为 624.3 亿立方米，人均水资源量为 1797.3 立方米/人；重庆市水资源总量为 514.6 亿立方米，人均水资源量为 1773.3 立方米/人。（表 4 - 2）

表 4 - 2　2012 年全国及西南地区水资源情况

单位：亿立方米，立方米/人

| 地　区 | 水资源总量 | 地表水资源量 | 地下水资源量 | 地表水与地下水资源重复量 | 降水量 | 人均水资源量 |
|---|---|---|---|---|---|---|
| 全　国 | 23256.7 | 22213.6 | 7214.5 | 6171.4 | 55132.9 | 1730.2 |
| 广　西 | 1350 | 1350 | 271.2 | 271.2 | 3002.7 | 2917.4 |
| 重　庆 | 514.6 | 514.6 | 98.3 | 98.3 | 899.7 | 1773.3 |
| 四　川 | 2239.5 | 2238.3 | 578.2 | 577.1 | 4314.1 | 2782.9 |
| 贵　州 | 624.3 | 624.3 | 216.4 | 216.4 | 1445.6 | 1797.3 |
| 云　南 | 1480.2 | 1480.2 | 548.1 | 548.1 | 3775.4 | 3206.5 |

数据来源：国家统计局，环境统计数据（2011）．

云南是我国水系最多的省份，有金沙江、澜沧江、怒江、南盘江、元江、伊洛瓦底江 6 大水系，流域面积在 100 平方千米以上的河流就有 600 多条。同时面积在 1 平方千米以上的湖泊就达 37 个，像滇池为云南最大的淡水湖泊，面积 306.3 平方千米;大理的洱海,面积 250 平方千米;澄江的抚仙湖,最深处达 151.5 米,为全省最深的淡水湖泊;此外还有阳宗海、异龙湖、程海、星云湖等湖泊。水能理论蕴藏量为 10364 万千瓦,可开发的装机容量为 8916 万千瓦,年发电量为 4545 亿千瓦,居全国第二位。此外贵州省河网密度大,河流坡陡,产水模数高,水能资源集中在乌江、南盘江、北盘江、清水江、赤水河上。全省水能蕴藏 1874.5 万千瓦,可开发水能资源 1633 万千瓦,居全国前列,水能资源的开发具有较大的优势。四川省江河纵横,岷江、嘉陵江、金沙江、涪江、雅砻江、大渡河等江河经过。岷江干流及最大支流大渡河总管阿坝藏族羌族自治州,其流域内水量充沛、天然落差大,蕴藏着丰富的水能资源,水能资源理论蕴藏量 1933 万千瓦,占四川省水能蕴藏量的 14%;可开发量 1300 万千瓦,占四川省总量的 10.53%。[1]

广西雨量充沛,河流众多,水能资源十分丰富。全区地表河流总长 3.4 万千米,水域面积约 4700 平方千米。全区拥有单河理论蕴藏量 1 万千瓦以上的河流 246 条,年发电量 811 亿千瓦时,居全国第 8 位,是全国优先开发的三大水电建设基地之一。水能资源主要集中分布在红水河、郁江、柳江,其中红水河占广西水能资源总量的 68%。[2]

**(三) 矿产资源**

西南山地由于地质结构复杂,成矿条件优越,矿产资源十分丰富,是我国重要的矿产资源富集区,多种矿产资源在我国都居于十分重要的地位,并且有许多矿产都具有储量大、分布广且相对集中的特点。

西南山地矿产资源储量丰富,种类较多。其中铁矿较少,铬矿缺乏,锰矿量为全国的 63.67%,钒矿占全国总量的 69.99%,原生钛铁矿(四川)占全国的 91.66%(表 4-3)。西南山地铝土矿储量较大,占全国的 66.29%,磷矿占全国的 52.30%,高岭土占全国的 41.5%,锌矿为 34.01%,铅矿占全国的 24.16,铜矿仅占全国的 12.65%,菱镁矿只有四川有一点(表 4-4)。

---

① 王德清.西南少数民族地区经济文化发展战略与教育需求研究[M].北京:民族出版社,2007:12.

② 周书祥,李光郑.广西人口、资源、环境与经济协调发展研究[J].资源环境与发展,2008(1).

表 4－3　2010 年西南地区主要能源、黑色金属矿产基础储量

| 地区 | 石油（万吨） | 天然气（亿立方米） | 煤炭（亿吨） | 铁矿（矿石,亿吨） | 锰矿（矿石,万吨） | 钒矿（万吨） | 原生钛铁矿（万吨） |
|---|---|---|---|---|---|---|---|
| 全国 | 323967.94 | 40206.41 | 2157.89 | 192.76 | 18240.92 | 1230.62 | 24585.4 |
| 广西 | 142.88 | 3.38 | 2.02 | 0.29 | 5860.1 | 171.49 | |
| 重庆 | 159.05 | 1955.33 | 18.57 | 0.15 | 1739.43 | | |
| 四川 | 818.74 | 7973.07 | 51.82 | 29.15 | 97.74 | 689.74 | 22536.21 |
| 贵州 | | 10.5 | 58.74 | 0.14 | 2981.9 | | |
| 云南 | 12.21 | 2.32 | 59.67 | 3.76 | 935.21 | 0.07 | |

数据来源:国家统计局,环境统计数据(2011).

表 4－4　2010 年西南地区主要有色金属、非金属矿产基础储量

| 地区 | 铜矿（铜,万吨） | 铅矿（铅,万吨） | 锌矿（锌,万吨） | 铝土矿（矿石,万吨） | 菱镁矿（矿石,万吨） | 硫铁矿（矿石,万吨） | 磷矿（矿石,万吨） | 高岭土（矿石,万吨） |
|---|---|---|---|---|---|---|---|---|
| 全国 | 2812.43 | 1291.7 | 3124.39 | 105064.32 | 185163.43 | 136900.57 | 28.93 | 37764.63 |
| 广西 | 3.35 | 25.52 | 102.79 | 41146.02 | | 682.25 | | 15174.7 |
| 重庆 | | 5.56 | 18.22 | 6890.18 | | 1485.6 | | 9 |
| 四川 | 74.96 | 80.51 | 217.29 | 14.4 | 186.49 | 40988.03 | 3.43 | 71.87 |
| 贵州 | 0.19 | 1.23 | 11.06 | 20045.31 | | 5497.32 | 5.28 | 16.05 |
| 云南 | 277.2 | 199.25 | 713.16 | 1551.84 | | 4898.29 | 6.42 | 402.3 |

数据来源:国家统计局,环境统计数据(2011).

　　云南有中国的"有色金属王国"之称,有色金属矿产在国内享有声誉,有近 10 种化工原料和金属矿产都在全国占有重要地位,铁矿、锰矿中的富矿在全国位居第一;54 个矿种的保有储量居全国前十位。经过勘探,现已发现各类矿产 142 种(包括各种彩石),已探明储量的矿产有 92 种,有色金属矿床遍及 108 个县(市),全省 128 个县(市、区)中就有 118 个产煤,另外,非金属

矿石灰岩、白云石、岩盐、花岗石的储量也颇丰富。20099 年铜矿储量为 289.4 万吨,居全国第三;铅矿储量为 179.5 万吨,仅次于内蒙古居全国第二;锌矿储量为 820.0 万吨,仅次于内蒙古亦位居全国第二;铝土矿储量为 1971.3 万吨,居全国第六;磷矿储量为 8.1 亿吨,居全国之最。

　　贵州省截止 2002 年年底就已发现矿产 110 多种,其中有 76 种探明了储量,有多种矿产的保有量都排在全国前列,如汞、重晶石、各种砂岩、磷、铝土矿、稀土、镁、锰等,此外煤、锑、金、硫铁矿等也具有一定储量,在国内占有重要地位。煤炭不仅储量大,而且煤种齐全、煤质优良,素有“江南煤海”之称,2009 年煤炭储量为 128.1 亿吨,位居全国第五,居西南各省之冠;锰矿储量为 2479.6 万吨,居全国第三;铝土矿储量为 20430.6 万吨,居全国第三;磷矿储量为 4.1 亿吨,居全国第三;另外金矿储量也很大,是中国新崛起的黄金生产基地,也堪称矿产资源大省。

　　四川省的优势矿种主要有铁、钒、金、铀、锂、铁、锰、大理石、天然气等,现已发现矿产 123 种,探明储量的达 89 种,其中 45 种在全国名列前五。2009 年铁矿储量为 28.9 亿吨,居全国第三;钒矿储量为 689.8 万吨,居全国之首;原生钛铁矿全国仅有 6 个省(市、自治区)有储量,四川即为其中之一,并且其储量极为丰富,为 22763.3 万吨,居全国之冠;天然气储量丰富,储量达 6487 亿立方米,位居全国第三;锌矿储量为 220.0 万吨,居全国第四;菱镁矿储量为 186.5 万吨,居全国第四;硫铁矿储量为 40605.6 万吨,居全国之冠;磷矿储量为 3.5 万吨亿吨,居全国第四。

　　重庆现已发现并开采的矿产有 40 余种,探明储量的矿产有 25 种。其中 2009 年天然气储量达 1969.8 亿立方米,位居全国第六,是全国重点开采的大矿区;锰矿储量为 1806.9 万吨,居全国第四;铝土矿储量为 3639.1 万吨,居全国第五;此外,岩盐、锶矿、钡矿等的储量也位于全国前列。广西的黑色金属矿产和有色金属、非金属矿产资源储量也较大,如 2009 年锰矿储量为 3848.1 万吨,居全国第二;钒矿储量为 171.5 万吨,居全国第二;锌矿储量为 253.6 万吨,居全国第七;铝土矿储量为 22573 万吨,居全国之首;高岭土储量为 18185.0 万吨,仅次于广东居全国第二。

　　广西是全国 10 个重点有色金属产区之一。已发现矿种 145 种,占全国探明资源储量矿种的 45.7%。铝土矿探明储量有 6.8 亿吨,且矿藏分布集中、矿石质量佳、易开采;锰矿保有储量 2.28 亿吨,占全国保有储量的 39%;

铟产量占全世界产量的 1/3；石灰岩分布广泛，储量大、质地好，高岭土、滑石、膨润土等非金属矿储量均居全国前列，可建成中国南方最大的水泥基地。

### （四）生物资源

由于西南山地的自然地理环境具有一系列独特之处，在一定程度上影响到动植物生存的生态环境，从而使这一地区的动植物生物资源种类丰富、品种繁多，具有一定的地方性特色，云南更是有"植物王国、动物王国"之称。

#### 1. 植物资源

西南山地的森林资源丰富，森林面积广，2008 年云南森林面积为 1817.73 万公顷，居全国第三；四川 1659.52 万公顷，仅次于云南居全国第四；广西为 1252.50 万公顷，居全国第六；贵州和重庆的森林面积分别为 556.92 万公顷和 286.92 万公顷。森林覆盖率较高，五省市区的森林覆盖率都达到了 30% 以上，其中广西和云南分别为 52.71% 和 47.50%，分别居全国第四和第七。2010 年我国林地面积为 30590.41 万公顷，其中森林面积为 1954.22 万公顷。西南山地林地面积为 7525.63 万公顷，占全国林地面积的 24.6%，森林面积占全国的 28.5%。西南山地森林覆盖率平均达 40.20%，是全国森林覆盖率的近 2 倍，其中广西省森林覆盖率高达 52.71%；森林储蓄量为 397167.45 万立方米，占全国的 28.9%（见表 4 - 5）。

表 4 - 5　2010 年西南地区森林资源情况

| 地　区 | 林地面积（万公顷） | 森林面积（万公顷） | 人工林 | 森林覆盖率（%） | 活立木总蓄积量(万立方米) | 森林蓄积量（万立方米） |
|---|---|---|---|---|---|---|
| 全　国 | 30590.41 | 19545.22 | 6168.84 | 20.36 | 1491268.19 | 1372080.36 |
| 广　西 | 1496.45 | 1252.5 | 515.52 | 52.71 | 51056.78 | 46875.18 |
| 重　庆 | 400.18 | 286.92 | 76.2 | 34.85 | 13803.63 | 11331.85 |
| 四　川 | 2311.66 | 1659.52 | 415.65 | 34.31 | 168753.49 | 159572.37 |
| 贵　州 | 841.23 | 556.92 | 199.86 | 31.61 | 27911.53 | 24007.96 |
| 云　南 | 2476.11 | 1817.73 | 326.77 | 47.5 | 171216.68 | 155380.09 |

数据来源：国家统计局，环境统计数据(2011).

　　从植物用途来看,西南山地的经济植物种类繁多,经济价值较高。如云南省的经济林面积为全国之首,仅经济林木就多达300多种,如茶叶、油棕、油茶、油桐、肉桂、咖啡等,其中不少是云南所特有的品种,如树脂、竹荪、鸡土从、松茸等。再如贵州省的经济植物中,以纤维、鞣料、芳香油为主的工业用植物约有600种,以维生素、蛋白质、淀粉、油脂植物为主的食用植物有500余种,像刺梨、猕猴桃、食用菌等都具有较高的应用价值和开发价值。

　　西南山地的珍贵树种种类较多,像云南省有中国的热带雨林、季雨林以及大盘原始森林,有不少古老的、衍生的、特有的植物品种以及稀有珍贵树种,如望天树、云南肉豆蔻、龙血树、秃杉、黑黄檀、云南红豆杉等。又如贵州省已有70多种植物列入国家珍稀濒危保护植物,其中一级保护植物有银杉、珙桐、秃杉、沙罗4种,二级保护植物27种,三级保护植物39种。再如重庆石柱县的银杉、水杉、红豆杉、桢楠、活页铁线蕨等都是珍贵植物。

　　西南山地的药用植物也非常丰富且品种繁多,是该地区植物资源中极具优势的资源之一。其中云南省早就享有"药材宝库"之美誉,全省生长着2000余种中草药用植物,常用草药1250种,可供中医配方和制造中成药的原料400多种,一些品种还为云南所特有,如三七、虫草、云南木香、萝芙木、云黄连、雪上一枝蒿等。贵州省现已查明的药用植物多达3700种,是中国四大产药区之一,其中在国内外具有一定影响的珍惜名贵药用植物有珠子参、三尖杉、扇蕨、鸡纵、艾纳香(天然冰片);在国内外市场占重要地位的有天麻、石斛、杜仲、厚朴、吴萸、黔党参等。又如四川省马边县的药用植物有1619种,是四川省的中药材基地。

　　此外,西南山地还拥有很多香料资源和观赏植物,特别是云南,香料资源种类繁多,具有一定的规模,在全国都名列前茅,有"香料之乡"之称,共有香料69科,约400种,如桉叶油、香叶油、树苔香精、黄樟油、依兰香等都是主要的天然香料。另外,云南还享有"天然花园"的美誉,全省拥有2500多种观赏植物,有花卉植物约1600多种以上,其中不少是珍奇种类和特色植物,仅杜鹃花就有约300个品种。

　　2. 动物资源

　　西南山地的动物资源之丰富也为全国之首,不仅种类多而且系统复杂,既有热带、亚热带种类,又有温带、寒带种类,还有许多古老的种类。

　　如云南就享有"动物王国"之称,有兽类300种,占全国兽类总数的

51.1%;淡水鱼类 410 种,占全国淡水鱼类总数近 50%;两栖爬行类动物 263 种,约占全国总数的 40%;鸟类 793 种,占全国总数的 63.5%;脊椎动物达 1638 种,占全国的 54.9%,其中哺乳类 259 种,占全国的 55.1%;昆虫在全国昆虫资源中也占有较大的比例。另外云南列为国家保护的动物有 132 种,占全国的 55%,其中一级保护动物 37 种,占全国的 38%,如滇金丝猴、白眉长臂猿、亚洲象、印度野牛、白尾梢红雉、双角犀鸟、黑颈鹤等;二级保护动物 42 种,占全国的 46%,如熊狸、灰叶猴、小灵猫、雪豹、鸳鸯、白腹锦鸡、绿孔雀、巨蜥等;三级保护动物 68 种,占全国的 64.8%,如灵麝、鼷鹿、大灵猫、青羊、血雉、灰鹤、大壁虎等。这些动物中,滇金丝猴、亚洲象、华南虎、野牛、白眉长臂猿、扭角羚、黑麝、红斑羚、灰头鹦鹉、大绯胸鹦鹉等在我国为云南所独有。贵州省列入保护的珍稀动物也达 85 种(亚种),其中国家一级保护动物 14 种,有黔金丝猴、黑叶猴、白鹳、黑鹳、黑颈鹤等;而其中黔金丝猴更是世界上公认的极珍贵动物;国家二级保护动物 71 种。四川省也有大熊猫、小熊猫、金丝猴、白唇鹿、羚羊、马熊等珍惜保护动物。

### (五)旅游资源

旅游资源主要是指那些在自然界和人类社会中能对旅游者产生吸引力、可以为旅游业开发利用、并可以产生一定的经济效益、社会效益和环境效益的各种物质和因素。西南地区以其独特的自然风光、悠久的历史、灿烂的文化、绚烂多彩的民族风情造就了这一地区得天独厚的旅游资源。

以岩溶、瀑布为主的自然景观和丰富多彩的民族风情是贵州省的两大旅游资源优势。溶洞景观绚丽多彩,山水景色千姿百态,如织金洞、龙宫等,黄果树瀑布不仅是我国也是世界上著名的大瀑布之一,其附近的瀑布群亦颇具气势。苗族、侗族等民族的风俗、风情也很受人们喜爱。另外还有茂兰喀斯特森林、赤水桫椤、威宁草海等国家级自然保护区,以遵义会址和红军四渡赤水遗迹为代表的举世闻名的红军长征文化,以及冬无严寒、夏无酷暑的宜人气候,使贵州成为理想的旅游观光和避暑胜地。

云南省境内有雄伟壮丽的山川地貌,山林、峰、洞、江河、湖、瀑蔚为奇观;有古老的人类遗址,恐龙化石及近代历史纪念物,以及 25 个少数民族绚丽多彩的民俗风情。路南石林,大理,西双版纳,三江并流,昆明滇池,丽江玉龙雪山等是国家重点风景名胜区,此外还有省级风景名胜区 47 处。有昆明、大理、丽江、建水、巍山 5 座国家级历史文化名城,以及腾冲、威信、保山、会泽 4 座省级历史名城。此外,全省还建立了总面积达 192.6 万公顷的县级以上自然保护区 100 多个,总面积为 8.55 万公顷的国家级、省级森林公园 22 个。

四川是中国拥有世界自然文化遗产和国家重点风景名胜区最多的省区,九寨沟、黄龙、乐山大佛—峨嵋山和卧龙 4 处被联合国教科文组织纳入《世界自然文化遗产名录》和"人与生物圈"保护网络,都江堰—青城山、剑门蜀道、贡嘎山、蜀南竹海、四姑娘山、西岭雪山等 9 处为国家重点风景名胜区。另外,四川还有国家森林公园 11 处、自然保护区 40 处、省级风景名胜区 44 处,从高原、山地、峡谷到盆地、丘陵、平原,从江河湖泊到温泉瀑布,从岩溶地区到丹霞地貌,一应俱全,素有"风景省"的美称。尤其是我国三大林区、五大牧场之一的川西横断山区,雪峰卓立,林海苍茫,金沙江、雅砻江、大渡河、岷江汹涌澎湃,奔流其间,形成了许多神秘、险峻的旷世奇观,吸引了无数中外游客。

广西旅游资源也非常丰富,已开发的景区、景点有 400 多处。其中列为国家级的风景名胜区 3 个、旅游度假区 1 个、历史文物保护单位 7 处、森林公园 11 个;省级风景名胜区 31 处、旅游度假区 9 个、历史文物保护单位 220 处。最著名的是桂林到阳朔的百里漓江风景区,集岩溶风景之大成,素有山水甲天下之美称,为全国四大旅游胜地之一。①

## 二、西南山地环境状况

在第七次全国环境保护大会上,李克强强调环境是重要的发展资源,良好环境本身就是稀缺资源。西南山地环境状况的好坏直接关系到西南山地的发展。

### (一)废水排放情况

西南山地废水排放总量为 859191 万吨,占全国废水排放总量的 13.0%。工业废水和城镇生活污水排放量分别占全国相应排放量的 12.3% 和 13.4%。化学需氧量和氨氮排放总量分别占全国相应排放量的 13.6% 和 14.7%。西南山地工业废水和城镇生活污水排放量分别占西南山地废水排放总量的 33.0% 和 66.9%,分别低于和高于全国的 2 个百分点(见表 4 - 6)。

---

① 周书祥,李光郑. 广西人口、资源、环境与经济协调发展研究[J]. 资源环境与发展,2008(1).

西南山地废水中的铅排放量较大,占全国的 29.7%,砷排放量占全国的 20.7%,汞占 18.2%,镉占 17.2%,石油类占 12.5%(见表 4-7)。

表 4-6  2010 年西南地区废水排放情况

单位:万吨

| 地　区 | 废水排放总量 | 工业废水 | 城镇生活污水 | 化学需氧量排放总量 | 氨氮排放总量 |
|---|---|---|---|---|---|
| 全　国 | 6591922 | 2308743 | 4279159 | 24998614 | 2604405 |
| 广　西 | 222439 | 101234 | 121108 | 793270 | 83909 |
| 重　庆 | 131450 | 33954 | 97356 | 416771 | 55049 |
| 四　川 | 279852 | 80420 | 199245 | 1302256 | 143721 |
| 贵　州 | 77927 | 20626 | 57262 | 342188 | 39807 |
| 云　南 | 147523 | 47228 | 100208 | 554708 | 59318 |

数据来源:国家统计局,环境统计数据(2011).

表 4-7  2010 年西南地区废水中污染物排放量

| 地　区 | 总氮(吨) | 总磷(吨) | 石油类(吨) | 挥发酚(千克) | 铅(千克) | 汞(千克) | 镉(千克) | 总铬(千克) | 砷(千克) |
|---|---|---|---|---|---|---|---|---|---|
| 全　国 | 4470579 | 552589 | 21012 | 2430569 | 155242 | 1387 | 35899 | 293166 | 146616 |
| 广　西 | 115629 | 14267 | 564 | 64457 | 15640 | 81 | 2498 | 4667 | 9070 |
| 重　庆 | 55088 | 6918 | 523 | 35014 | 188 | 4 | 12 | 741 | 1418 |
| 四　川 | 230228 | 26934 | 553 | 55554 | 1761 | 71 | 183 | 1809 | 3596 |
| 贵　州 | 44460 | 4531 | 484 | 1033 | 537 | 40 | 124 | 269 | 620 |
| 云　南 | 80972 | 8839 | 494 | 3913 | 27947 | 57 | 3344 | 135 | 15581 |

数据来源:国家统计局,环境统计数据(2011).

**(二)废气排放情况**

西南山地废气排放量较小,二氧化硫和氮氧化物排放量仅占全国相应排放总量的 3.1% 和 2.3%;烟尘排放量占全国的 3.0%,工业废气占全国的 2.6%(见表 4-8)。

表 4 - 8　2010 年西南地区废气排放量

单位:吨

| 地　区 | 二氧化硫排放总量 | 氮氧化物排放总量 | 烟(粉)尘排放总量 | 工业废气排放量 |
|---|---|---|---|---|
| 全　国 | 22179082 | 24042659 | 12788202 | 674509.3 |
| 广　西 | 521023 | 494008 | 288286 | 29852.6 |
| 重　庆 | 586929 | 402621 | 180972 | 9121.1 |
| 四　川 | 902006 | 674853 | 385903 | 23171.8 |
| 贵　州 | 1104284 | 553186 | 303467 | 10820.4 |
| 云　南 | 691226 | 548518 | 382241 | 17545 |

数据来源:国家统计局,环境统计数据(2011).

### (三)固体废弃物产生和排放情况

西南山地一般工业固体废物产生量为 48354 万吨,占全国总量的 15.0%。综合利用量仅占全国综合利用量的 13.1%,倾倒丢弃量占全国倾倒丢弃量的 53.2%,其中,云南省的倾倒丢弃量占整个西南山地的 73.2%。危险废物产生量为 358.3 万吨,占全国的 10.4%;综合利用量占全国的 11.2%,处置量占 12.7%,储存量占 7.5%(见表 4 - 9)。

表 4 - 9　2010 年西南地区固体废弃物产生和排放情况

单位:万吨

| 地　区 | 一般工业固体废物产生量 | 一般工业固体废物综合利用量 | 一般工业固体废物处置量 | 一般工业固体废物贮存量 | 一般工业固体废物倾倒丢弃量 | 危险废物产生量 | 危险废物综合利用量 | 危险废物处置量 | 危险废物贮存量 |
|---|---|---|---|---|---|---|---|---|---|
| 全　国 | 322772 | 195215 | 70465 | 60424 | 433.31 | 3431.22 | 1773.05 | 916.48 | 823.73 |
| 广　西 | 7438 | 4292 | 2050 | 1516 | 2.57 | 22.94 | 13.49 | 5.71 | 7.44 |
| 重　庆 | 3299 | 2585 | 518 | 199 | 24.15 | 46.5 | 5.64 | 43.61 | 0.51 |
| 四　川 | 12684 | 6002 | 3988 | 2773 | 6.02 | 115.85 | 77.97 | 46.75 | 1.12 |
| 贵　州 | 7598 | 4015 | 2033 | 1552 | 28.88 | 38.89 | 12.95 | 1.05 | 25.69 |
| 云　南 | 17335 | 8728 | 4969 | 3687 | 168.7 | 134.1 | 87.74 | 19.51 | 27.05 |

数据来源:国家统计局,环境统计数据(2011).

## 三、西南山地资源和环境面临的主要问题

西南山地的气候类型与环境特点使这一地区资源种类繁多丰富,为世代居住在这里的人民开展丰富多彩的生活提供了充分的客观条件和基础;但由于历史和自然原因,该地区交通相对闭塞,生产力水平低下,丰富的资源难以有效的开发利用。再加上随着人口的不断膨胀,为了生产和生活的需要,乱砍滥伐、过度开垦等诸多人为因素,导致这一地区态环境破坏严重,使本已十分脆弱的生态环境雪上加霜。归结起来,当前发展中面临的主要资源环境问题有这样几点:

### (一)农业基础条件差和资源利用率低

西南地区虽然有良好的水、热条件,但是在岩溶山区由于生态环境脆弱,水土资源分布不均,不仅土壤瘠薄,缺少氮、磷、钾肥,而且单位面积的农作物产量低,制约了农业生产的规模化经营和土地资源的开发。同时,随着岩溶山区水土流失的加剧,土层变薄,土地退化严重,土地承载力降低。西南岩溶地区不仅是全球最典型的热带、亚热带岩溶,还是世界上连片面积最大、发育形态类型最齐全地区的突出代表。整个西南岩溶地区的生态环境系统中,峰丛、洼地、漏斗、峡谷、谷地、丘峰、峰林、盆谷等典型的岩溶地貌随处可见。据统计,我国裸露型和(浅)覆盖型的岩溶分布面积约 90 万平方千米,接近国土面积的 1/10。而西南岩溶地区分布面积约 54 万平方千米,占全国岩溶分布总面积的 60%。其中,贵州、广西、云南、四川(含重庆)的岩溶分布面积分别为 13 万平方千米、9.5 万平方千米、11.1 万平方千米、8.2 万平方千米,分别占各省国土面积的 73%、41%、29%、15%。西南岩溶地区的生态系统,不仅对于环境干扰的抵抗能力弱,而且缺乏完善的内环境稳定机制,所以很容易因自然或者人类的影响而破坏其生态系统的稳定。在严重破坏其地区内的生态平衡的同时,还会对地区周围的大面积区域带来和产生破坏作用。①

西南地区土地退化主要集中在生态脆弱区,目前土地退化面积已达 253374.89 平方千米,其中轻度退化的面积达 188862.46 平方千米,占退化

---

① 马贤惠.西南生态脆弱区环境建设与经济协调发展问题的思考[J].贵州财经学院学报,2003,105(4),60-61.

土地总面积的 74.5%;中度退化的面积达 48128.81 平方千米,占退化土地总面积的 19.0%;强度退化面积达 16393.62 平方千米,占退化土地面积的 6.5%。西南地区的脆弱区生态环境是土地退化的自然基础,但不合理的人为因素是土地退化发生和迅速发展的重要外在因素。[①]

就云贵高原的贵州而言,是中国石漠化程度及喀斯特地貌分布面积甚广、面积比例最大的省区,平均达 61.9%。各地、州、市喀斯特面积依次为贵阳市 85.0%;黔南自治州 81.5%;毕节地区 73.3%;安顺市 71.5%;遵义市 65.9%;六盘水市 63.2%;铜仁地区 60.6%;黔西南自治州 60.3%;黔东南自治州 23.3%。贵州省是全国唯一没有平原的山区农业省份。在全省总面积中,山地占 87%,丘陵占 10%,平坝占 3%,是中国和世界喀斯特地貌典型发育地区之一,可供开发的耕地资源极少,而且土层极薄,土质差,中低产田土比重大,改造难度大。随着工业化和城镇化进程的加快,农业资源在非农产业方面的利用逐年增加,人口逐年增加,而耕地和水资源却逐年减少,这已经成为农业发展的一大制约。2006 年全省平均每平方千米承载 224.58 人,大大多于全国平均水平的 136.2;贵州省平均每亩耕地承载 1.496 人,比全国平均数 0.817 多 0.679 人。2008 年贵州省年末常用耕地面积为 1754.05 千公顷,2009 年为 1757.82 千公顷,只及全省总面积的约 10%。2008 年农业从业人员人均耕地面积仅为 2.2 亩。2006 年在全省 2630.25 万亩耕地中,土层较厚、土壤肥力较高、灌溉条件较好的上等耕地仅占 23%;土层不厚或土质偏粘、坡度较缓、灌溉条件不高、肥力中等的约占 43%;土层较薄、土壤肥力低下或黏重、坡度较大、水土流失严重、水利排灌条件差、裸岩多、冷烂锈毒田和乱石旮旯土等下等田土约占 34%。后两类相加,全省中低产田土的比重高达 77%。

和其他省份类似,贵州水资源丰富,但是利用效率低。水资源总量丰富,但由于地处典型的喀斯特高原山地,天上的降雨都往地底下流,存不住水;即便形成了地表径流,也往往由于江河两岸是高山,中间是峡谷,取用难度大、成本高,工程性缺水问题成为制约贵州省经济社会发展的一个突出问题。截至目前,全省水资源开发利用率仅为 8.9%,全省水利工程年供水量

---

　　① 马贤惠.西南生态脆弱区环境建设与经济协调发展问题的思考[J].贵州财经学院学报,2003,105(4),60-61.

不足 100 亿立方米。最后,贵州省酸雨现象仍然比较严重。2006 年《贵州省环境状况公报》显示造成酸雨的"罪魁祸首"二氧化硫仍是影响贵州省城市环境空气质量的主要污染物。在所统计的 12 个主要城市中,贵阳市、遵义市、凯里市和都匀市 4 个城市的二氧化硫年均浓度超过国家空气质量二级标准限值,其中,遵义市和都匀市超过国家空气质量三级标准限值。

此外,广西土地总面积 23.76 万平方千米,占全国土地总面积的 2.5%,在全国各省、自治区、直辖市中排第九位。截至 2007 年 10 月 31 日(年度土地变更调查时点),广西农业用地 1786.89 万公顷(其中耕地 421.47 万公顷),建设用地 94.4 万公顷,未利用地 494.29 万公顷。2008 年,广西对境内 32 条主要河流 62 个断面水质例行监测结果表明,2008 年度广西主要河流水质总体良好,比上年稍有提高,大部分河流可满足水环境功能区目标要求。62 个断面中,有 59 个断面水质年均值达到地表水Ⅲ类标准,水质达标率为 95.2%,比 2007 年(91.9%)提高 3.9%;有 59 个断面中达到相应水环境功能目标,占 95.2%,与 2007 年持平。珠江流域的红水河、黔江、浔江、西江、柳江、融江、漓江、桂江、贺江、归春河、黑水河、水口河、平而河、明江、左江、邕江、郁江,长江水系的湘江、资江,独流入海的南流江、钦江全年水质均达到或优于Ⅱ类,水质为"优";珠江流域的北流江、龙江,独流入海的武利江、九州江、防城江、北仑河全年水质保持在Ⅲ类标准,水质"良好"。2008 年近岸海域海水水质整体比上年有所好转。48 个监测站位中,属一类和二类水质的站位 30 个,属三类水质的站位 6 个,属四类水质的站位 5 个,属劣四类水质站位 7 个。全年平均海水环境功能区达标率为 85.42%。对龙滩水库、岩滩水库、土桥水库、澄碧河水库、百色水库、那板水库、风亭河水库、屯六水库、大王滩水库、西津水库、青狮潭水库、龟石水库、苏烟水库和小江水库等 14 座水库开展水环境监测表明,全年期除龙滩水库、岩滩水库、土桥水库水质为Ⅳ类,大王滩水库水质为Ⅴ类(主要污染因子为总氮),其他 10 座水库水质均为Ⅱ~Ⅲ类。龙滩水库、岩滩水库、大王滩水库和西津水库水质呈轻度富营养化。根据地下水污染调查结果:全区地下水质量总体良好,但局部受到污染;地下水的细菌学指标总体上较差;地下水中有机物污染程度较轻,但局部地段浅层地下水被污染的趋势较为明显。① 可以看出,广西水资

---

① 广西壮族自治区人民政府门户网站 www.gxzf.gov.cn  2009 - 09 - 12

源丰富,水质较好,但农业水资源利用率很低,加之土地未利用面积所占比例偏高,整个农业资源效益不高,这也限制了农业发展的程度和速度。

**（二）石漠化等环境问题不断加剧**

石漠化即喀斯特荒漠化或石化,是土地劣化演变的极端形式之一。我国西南山区便是典型的喀斯特山区,这一地区虽然年降水量在 1000 毫米以上,气候属于亚热带季风湿润气候,但是由于特殊的喀斯特地貌特征造成了降水的地下渗漏现象非常普遍。进而造成了植被的生理干旱,使得这一地区成了一个特殊的"干旱区"。如果再加上人类活动的剧烈干扰,该地区便很容易产生喀斯特山地的土地退化——即石漠化。

南方 8 省区(贵州、广西、云南、四川、重庆、湖南、湖北和广东)的裸露型及浅盖型喀斯特面积已达 292 262 平方千米,[①]成为世界上最大的岩溶出露区及主要的生态脆弱带,与黄土高原并称为中国环境退化与贫困最为突出的地区,[②]其中,西南喀斯特山区因其温暖湿润的气候及特有的地质环境背景决定了其生态环境的脆弱性,主要表现为地表崎岖,碳酸盐岩致密、坚硬、土层薄、肥力低、土地贫瘠,地下洞隙交错,环境容量低,抗干扰能力弱,稳定性差,植被生长困难且易遭破坏,并由此造成水土流失,基岩裸露,旱涝灾害频繁等。[③] 喀斯特石漠化指的正是这种在亚热带脆弱的喀斯特环境背景下,受人类不合理社会经济活动的干扰破坏,造成土壤严重侵蚀,基岩大面积出露,土地生产力严重下降,地表出现类似荒漠景观的土地退化过程。[④] 长期以来,广西、贵州、云南等省区的石山地区人口不断增多,耕地日趋不足,群众为了生存,不惜采用毁林开垦、过度樵采、石山放牧等掠夺式方式开发利用土地资源,致使石山森林植被遭受破坏,导致本身就脆弱的生态环境雪上加霜,石漠化现象不断加剧。目前,西南喀斯特山区石漠化面积已达 51000 平方千米,多集中分布在贵州、云南和广西 3 省区,以贵州省最为严重,石漠化面积高达 32 427 平方千米,占到全省总面积的 19.3%。因石漠化扩展速

① 屠玉麟.岩溶生态环境异质性特征分析[J].贵州科学,1997,15(3):176~181.
② 蔡运龙.中国西南岩溶石山贫困地区的生态重建[J].地球科学进展,1996,11(3):602~606.
③ 杨明德.论喀斯特环境的脆弱性[J].云南环境地理研究,1990,2(1):21~29.
④ 王世杰.喀斯特石漠化概念演绎及其科学内涵的探讨[J].中国岩溶,2002,21(2):101~105.

度较快,仅贵州省每年就有900平方千米的土地在石漠化。①

截止2007年,西南地区已查明石漠化面积约12万平方千米,其中,滇、黔、桂三省区面积总和达8.8万平方千米,占全国石漠化总面积的83.85%。贵州更是世界上石漠化最严重的地区之一。土地退化是目前西南重要的环境问题之一,主要发生在脆弱生态环境地区,如干热河谷区、石灰岩山地区、高原边缘区、四川盆地的盆中丘陵区和盆周山地区。西南四省市共有退化土地229 822.73平方千米,其中轻度退化土地178 883.51平方千米,占退化土地总面积1125 225.63平方千米的15.90%;中度退化土地44 332.42平方千米,占土地总面积的3.94%;强度退化土地6 606.8平方千米,占土地总面积的0.59%,主要表现为土壤退化、土地石化和土地沙化及耕地污染,其中土地沙化主要分布在川西北高原区,由于过渡放牧,地表植被破坏,在风力作用下形成沙丘。西南四省市广泛分布着喀斯特地貌,当地环境退化主要是土地的石化。近年土地石化面积不断加大,贵州石山面积 $1.24 \times 10^4$ 平方千米,占全省土地面积的7%,蜀渝两地土地石化面积 $3.56 \times 10^4$ 平方千米,占两省市土地面积的6.3%。此外,耕地污染也很突出。据1997年7月13日的《四川日报》报道,四川中低产田地占54%,旱涝保收占36%,受三废污染的农田达 $66.7 \times 10^4$ 平方千米,年污染经济损失12.6亿元。②

贵州是西南喀斯特地貌的富集地带,碳酸盐岩分布广泛,土层薄而土质疏松。在坡度较大的山地开垦,破坏了地表植被,而失去植被的保护的山土,遇到暴雨往往径流遍野,表层土壤遭冲刷侵蚀,露出条条岩块,导致土地石漠化,不能耕种而荒芜。人口增加迫使人们获得更多耕地,人们涌向山区,"遍处伐树,烧山开垦成熟","然山田硗确,久雨即崩,荒芜如故,甚至田被沙堆,土随水洗,悉成石骨。"这种掠夺式的垦殖方式难以提供稳定的耕作资源,人们便不断地迁移、寻找、开垦新的山地,又加速了石漠化的扩散,嘉庆后"黔省下游及四川湖广客民,租垦荒山","垦种二三年后,雨水冲刷倍形跷确,仍迁徙他往",留下的是一片片难以利用的荒芜之地。

贵州省的水土流失面积从20世纪60年代的3.5万平方千米扩大到1990年的5万平方千米,占全省总面积的28.4%。岩溶地区水土流失严重

---

① 苏维词.中国西南岩溶山区石漠化的现状成因及治理的优化模式〔J〕.水土保持学报,2002,16(2):29~32.
② 试论西南地区的环境治理与可持续发展对策

的县有 33 个,每年通过河流外泄的泥沙约 7000 万吨,加速了石漠化和耕地贫瘠化的进程。据 2000 年喀斯特石漠化的遥感—GIS 数据统计,全省石漠化面积 35920 平方千米,占总土地面积的 20.39%。珠江流域轻度以上石漠化面积 15298.34 平方千米,占流域面积的 25.32%,占全省石漠化面积的42.6%,其中,轻度石漠化面积 8748.49 平方千米,占总面积的 14.48%;中度石漠化面积 4408.31 平方千米,占总面积的 7.3%,强度极强石漠化面积 2141.54 平方千米,占总面积 3.54%。2008 年国家启动的 100 个石漠化综合治理试点县中,贵州就有 55 个。

　　西南地区相当一部分位于我国第一地貌阶梯与第二地貌阶梯的结合部,这本来就是山地灾害最严重的地区。据柴宗新报道,1990 年云南省有关部门统计,全省大小不一的滑坡、泥石流点 20 余万处,其中面积≥0.01 平方千米或体积≥10 万立方米的大中型滑坡 4468 处,泥石流沟 2379 条。1981年四川特大暴雨诱发滑坡 6.8 万处,泥石流 1000 余处。1985 年 5 月 27 日广西桂林地区,降暴雨 400 毫米,使全州、兴安、灌阳三县发生小型滑坡 5000余处。1982 年雨季贵州省仅毕节地区产生暴雨滑坡 1000 余处。金沙江支流小江两岸,仅在东川市附近 90 千米地段内,就有灾害性沟谷泥石流 107处,但解放初同一地区泥石流沟却仅有 38 条。

　　西南广泛分布的喀斯特地区的脱贫成了最困难的问题。喀斯特地区的环境退化主要是土地的石化,近年土地石化面积不断扩大. 贵州省石山面积12 4.1 万平方千米,占全省土地面积的 7%。广西已有 23% 的喀斯特地面,计 18361 平方千米裸岩,占全自治区土地面积的 7.8%。四川省土地石化面积 3.56 万 $km^2$,占全省土地面积的 6.3%。西南水电资源十分丰富,环境退化,水土流失加剧,将使新建水库面临泥沙淤积的严重问题。西南地区已建水库的淤积问题也是严重的,三峡水库的泥沙问题,至今仍使人们担心。乌江上乌江渡水电站,1980 年蓄水至 1984 年,坝前淤积泥沙达 4000 万立方米,相当于原设计 50 年的淤积量。大渡河的龚咀水电站,1971~1981 年全库淤积 1.8 亿立方米,占总库容的 48.2%。在生态系统十分脆弱的山区从事开发和建设,应该加倍重视资源的持续利用和正确的管理。环发大会通过的《21 世纪议程》,十分重视提高人们对山地环境意识,同时要向广大的山区居民提供持续利用山区资源、保护山区环境的知识和实用技术。

　　(三)水土流失严重且治理难度大、耗时长
　　森林植被是保持良好生态环境的根本,而森林植被破坏则是加剧水土流失和洪涝灾害等自然灾害的根本原因。西南山地本是我国国有林地和森林资源富集的地区,但由于生产力发展水平低下,生产方式和生产工具落后导致人们对自然资源采取了不合理的开发和利用,致使森林资源破坏非常严重,导致水土流失严重,耕地面积不断减少。比如云南省 2006 年的水土流失面积为 14.1 万平方千米,占土地面积的 36.9%。

中国人多地少,水土资源是保证粮食生产的基本条件,而粮食安全问题始终是重大战略问题。由于自然历史和人口等原因,坡耕地既是山丘区群众赖以生存的基本生产用地,也是水土流失的重点区域。长期以来,坡耕地生产方式粗放,广种薄收、陡坡开荒、破坏植被问题相当严重,造成土地沙化、退化。据统计,在中国现有的 18.2 亿亩耕地中,坡耕地有 3.6 亿亩,且全部是水土流失的土地,产生的土壤流失量占全国的 28.3%,西南、西北等地区坡耕地土壤流失量占当地土壤流失总量的 50% 以上。其中 贵州毕节、重庆万州等地区 160 多万亩坡耕地已经石漠化。坡耕地的土层普遍较薄,耕作层下面没有养分、不能生长植被的成土母质,处于坡面上的耕作层一旦流失,生产、生态基础就会遭到破坏。坡耕地严重的水土流失,不仅是制约西南地区流失区经济社会发展的突出瓶颈,而且淤积下游江河湖库,降低水利设施调蓄功能和天然河道泄流能力,影响水利设施效益的发挥,加剧了洪涝灾害。实施坡耕地综合治理,搞好坡改梯及其配套工程建设,不但能够有效阻缓坡面径流,减轻水土流失,而且能够提高降雨拦蓄能力,涵养水源,变害为利,一举多得。为此,国家自 2010 年 5 月决定在 20 个省区市的 70 个县启动实施首批全国坡耕地水土流失综合治理试点工程以来,目前已建成梯田 71.8 万亩,蓄水池等小型水利水保工程 1.2 万多座,截排水沟渠 1400 多千米,田间生产道路 1700 多千米。2011 年,又加大投入力度,工程实施范围扩大至 22 个省区的 100 个县。①

实际上,水土流失的问题已经在全国范围内引起了国家和政府部门的高度重视。2011 年水利部提出,力争通过 5 年到 10 年努力,基本扭转坡耕地水土流失综合治理严重滞后的局面。2011 年 8 月在兰州召开的全国坡耕地水土流失综合治理试点工程现场会上,水利部部长陈雷在表示,我国山丘

① 2011 年 08 月 02 日 18:48:00 来源:中国新闻网:http://news.cqnews.net/html/2011-08/02/content_7577903.htm

区比重较大，目前仍在耕种的坡耕地面积较多。坡耕地既是山丘区群众赖以生存的基本生产用地，也是水土流失的重点区域。为探索坡耕地水土流失综合治理经验，我国 2010 年在 20 个省、区、市的 70 个县启动了试点工程。一年多来，建成梯田 71.8 万亩，蓄水池等小型水利水保工程 1.2 万多座，截排水沟渠 1400 多千米，田间生产道路 1700 多千米，有效治理了水土流失，为促进粮食增产、农民增收和农村经济发展奠定了基础。陈雷表示，坡耕地是我国耕地资源的重要组成部分，直接关系国家粮食安全、生态安全和防洪安全。最近 5 年的中央 1 号文件都对坡耕地治理作出安排，中央水利工作会议强调要加快推进坡耕地水土流失综合治理。必须切实抓好这一利国惠民的民生水利工程。"十二五"期间，力争建设 4000 万亩高标准梯田，稳定解决 3000 万人的吃粮问题。到 2020 年，建成 1 亿亩高标准梯田，形成综合防护体系，农业产业结构趋于合理，特色产业得到发展，生态和人居环境明显改善，江河湖库泥沙淤积压力有效缓解，治理区北方人均基本农田达到 2 亩左右，南方达到 1 亩左右，稳定解决 7000 万山丘区群众的生存和发展问题。[①]

**（四）频发的自然灾害应急治理措施相对滞后**

据有关部门统计，1990 年云南省的大小滑坡、泥石流点 20 余万处，尤其是云南东川蒋家沟泥石流暴发的规模和频繁程度居全国之冠。1981 年四川特大暴雨诱发滑坡 6.8 万处，泥石流 1000 余处。1982 年雨季贵州省仅毕节地区产生暴雨滑坡 1000 余处。四川冕宁县近 30 年中，平均每年降冰次数大于 20 次，雹灾之多，成灾率之高（达 60%）也为全国所仅见。同时也是地震强烈区，1970～1974 年云南通海及永善—大关两次发生地震灾害，面积达 2000 多平方千米，死亡 17 044 人，伤残达 28383 人，毁坏房屋 40.5 万间，经济损失达 2 亿多元，仅次于唐山地震。

西南地区不仅灾害频率比全国多 1～2 倍，而且灾害分布面广。据 1979～1986 年的统计资料分析结果：该区年平均受灾面积为 724.4×104 平方千米，成灾面积达 382.3×104 平方千米，占全国同期内的年平均受灾、成灾面积的 18.3% 及 20.2%，其中洪灾年平均受灾面积 144.7×104 平方千米，占全国洪灾面积的 14.9%；旱灾面积为 278.7×104 平方千米，占全国同

---

① 2011 年 08 月 02 日 17:11，来源：新华网 http://news.ifeng.com/gundong/detail_2011_08/02/8120090_0.shtml

期旱灾面积的 11.9%。[1]

这种情况目前还在以不断加剧的形式出现,对当地的生产生活和群众生命财产安全构成严重的威胁。2010 年 8 月 18 日,云南省怒江傈僳族自治州贡山独龙族怒族自治县普拉底乡突发泥石流,据统计数据显示,泥石流造成 70 多人失踪,冲毁石拱桥一座,路基 200 多米。泥石流堆积物冲入怒江,导致怒江上游水位提高 6 米左右,没有形成‘堰塞湖’。[2]

再如,2010 年 6 月 28 日至 6 月 30 日,贵州兴义市贞丰县龙场镇普降暴雨,降雨量达 185.3 毫米。全镇烤烟、玉米、蔬菜等农作物受灾面积 1592 亩,成灾 800 余亩;经果林苗圃被洪水淹没 30 余万株,直接经济损失 60 余万元;损毁通村公路 45 公里,塌方四处,冲毁石拱桥一座,排洪及灌溉沟渠损毁严重。为及时帮助受灾群众将损失降低到最低限度,该镇党委、政府启动了防汛抗灾应急预案,组建了由镇党政班子牵头,抽调镇村 100 余名党员干部和 50 名民兵组成 10 个工作组,分赴灾区对安全隐患点再次进行排查,帮助群众开展生产自救。对经排查发现有地质灾害隐患、土石塌方隐患、房屋年久失修等安全隐患的农户现场发放了“明白卡”,并通知其疏散。[3]

不得不承认,西南地区由于生态环境脆弱,加之人们的不合理开发,致使自然灾害不断加剧,滑坡、泥石流、洪涝、崩塌等灾害频繁发生,破坏程度加大。在山区滑坡、泥石流等山地灾害有增无减,特别是在云、贵、川、藏东,泥石流、滑坡分布广、危害重。频繁的地质灾害,给西南民族地区人民生命财产安全带来了巨大损失,严重制约了其经济发展。而各个地方在自然灾害发生后,应急措施都存在不同程度的滞后性,难以将灾害损失降到最低程度。

**(五)水资源丰沛但开发利用率低制约经济发展**

虽然西南山地降水量十分丰富,而且水能资源也很充足,但由于这一地区独特的地形地貌和地质特性,使得地表水难以存储,再加上人为的滥用和破坏,使得该地区面临严重的水资源危机。据统计,西南山地平均年降水量在 1000 毫米以上,降水量丰富。但是目前,我国云南、贵州、广西近 100 万亩

---

① 陈国生,罗文.试论西南地区的环境治理与可持续发展对策[J].云南地理环境研究,1998,(1).
② 2010 年 08 月 18 日 11:44 中国新闻网:http://news.qq.com/a/20100818/001254.htm
③ 2010 – 07 – 01 来源:兴义之窗 http://www.xyzc.cn/news/windows/bxsbs/13700.html

耕地干旱缺水,南方岩溶区有 100 万人缺乏安全的饮用水。①

　　西南岩溶地区水资源丰富,但可方便利用的比例少。由于南方岩溶区,地表、地下岩溶不均匀发育,岩溶水、降水与地表水之间"三水"转化迅速,岩溶水系统调蓄功能差,雨季时快速径流的岩溶水常成为弃水而排泄,旱季时可利用的岩溶水资源量却十分有限。由于喀斯特地貌特殊的环境条件,地下岩溶发育,地下水埋藏深,地形切割强烈,使地表水易渗漏,地下水易污染。岩溶水资源的时空分配不均匀,致使在水资源总量丰沛的喀斯特地区常造成人畜饮水困难、农田旱涝灾害频繁。目前,贵州省还有 200 多万人,300 多万牲畜饮水困难问题尚未解决,近千万人口得不到清洁饮用水。

　　再如云南元江哈尼族彝族傣族自治县水能理论蕴藏量达 41.37 万千瓦,可供开发的有 24.65 万千瓦,可建 30 多个装机 500 千瓦以上的水电站,目前已开发 6.66 万千瓦,占可开发量的 27%。云南水资源与降水的分布形势相一致,表现出地域分布、垂直分布、时间分布不均的特点。雨季(5 – 10 月)易形成洪涝灾害,干季(11 月至次年 5 月)易造成旱灾;受气候、地形、气流条件影响,地区分布不均,总的情况是西部多、东部少、南部多、北部少;水资源分布与经济发展布局不一致,干流水资源丰富但地高水低,支流水资源贫乏且需水量大,特别是全省中部大理、楚雄、昆明、玉溪、红河、曲靖等主要经济区和光热条件好的主要农业区水资源缺乏;水资源供需矛盾突出。目前云南省水资源开发利用率不到 10% 左右,其中河道外用水开发利用率小于 3%,远低于国内平均水平,有效灌溉面积占耕地面积的百分比低于全国近十个百分点,水资源开发利用程度低和开发速度滞后已经成为制约云南省社会经济发展的瓶颈。

　　贵州省水能资源及其丰富,水能资源的开发具有很大的优势,但近年来水资源总量波动也很大,2009 年水资源总量为 910.03 亿立方米,相比 2008 年的 1140.67 亿立方米而言,减少了 230.64 亿立方米,降幅达 20.2%。另外,人均水资源占有量不足 3000 立方米,还不到世界人均占有量的 1/3,2008 年人均水资源占有量为 2824 立方米,2009 年下降为 2225 立方米,相比 2008 年下降了 21.2%。总体来看,贵州省水资源储量比较丰富,但分布不均,东南多,西北少,径流多集中在夏秋两季;喀斯特分布广,地下水十分发

---

①　阳燕平,袁翔珠等.论西南山地少数民族保护水资源习惯法[J].生态经济,2010(5):187.

育。新中国成立以来,虽然已建成水利工程 8.7 万处,但多数为小型蓄引工程,缺乏控制性枢纽工程,水资源开发程度和利用率低,主要表现在以下几方面:

(1)灌溉:全省 184.44 万平方千米耕地中,尚有 120 万平方千米无水利设施灌溉,现有灌溉面积为 63 万平方千米,每个农业人口平均只有 0.3 亩,为全国平均 0.8 亩的 37.5%,离贵州省国民经济和社会发展"九五"计划提出的"到 2000 年,实现农业人口人均半亩稳产高产基本农田"的要求差距很大。

(2)水电:已开发的水电 245 万千瓦,只占水能资源可开发量 1687 万千瓦的 14.6%,全省 26067 个村,还有 4046 个未通电;804 万户,还有 167 万户未通电。距"八七"扶贫攻坚对通电要求差距很大。

(3)供水:全省绝大多数城镇都分布在河道上游或分水岭地带,随着人口增加、国民经济的发展,供需矛盾日益突出,如贵阳、遵义、六盘水及安顺市等,工业发达、人口密集,水资源相对短缺,拟建调水工程予以解决。按照"渴望工程"规划,广大农村还有 172 万人(1999 - 2000 年)饮水困难未获解决,争取到世纪末基本解决这部分农村群众饮水问题。同时,一大批县城、乡镇的供水问题也需逐步改善。

(4)水污染呈扩大趋势:1997 年全省工业废水排放量 2.92 亿吨,生活污水排量 3.1 亿吨。工业废水排放达标率 36.5%。据全省 26 条主要河流 33 个河段代表断面水质监测结果,有 17 个河段为 II 类水或 III 类水占 51.5%,有 6 个河段为 IV 类水占 18.2%,有 10 个河段为 V 类水占 30.3%。对 6 个湖库监测的 25 条垂线中有 72% 的垂线水质达不到功能规定的水质要求,除 1 个水库外,其余均呈现富营养化趋势和明显的有机污染特征。据统计,近几年来,河流、水库污染综合指标呈上升趋势,尤以城市河段污染日趋严重。

广西是珠江流域的中上游地区,但随着人口的递增,人均水资源量正以每年 1% 的速度下降。并且广西水资源的利用率还不高,多年平均利用率最大的是桂南沿海,只有 39.5%,其次是左江、郁江干流和桂江,分别为 37% 和 30%,利用率最低的是龙盘江和资水,只有 20% 和 23%,多年平均利用率为 30.3%,说明其地表水资源还有很大的开发潜力。广西地处亚热带,属东南季风区和南亚、中亚热带气候,又是印度洋孟加拉湾暖湿气流可以达到的区域,因而湿润多雨,平均年降水量达 1533.1 毫米,居全国第七位。但在时空上分布不均匀,在十万大山以南的沿海地区,年平均降水量高达 2822.7 毫米,在广西的南宁地区、河池地区、百色地区,即左、右江河谷少雨区,平均年降水量少于 1200 毫米,是广西的旱片。由于受季风的影响,广西各地年内降水量的分配极不均匀,有明显的季节性差异。全区夏涝冬旱明显,4 – 10 月的降水量占全年降水量的 75% ~ 85%,11 月 ~ 次年 3 月的降雨量占全年降雨量的 15% ~ 25%。由于降雨量的时空分配不均,加之广西大部分地区属喀斯特岩溶地区,保水性能差,渗透系数大,是造成广西干旱的主要原因。

　　实际上,在西南山地整个区域,都存在着像以上所举三个地方这样那样的资源环境问题,并且这些问题无一例外的和地区的人口问题,甚至人口发展紧相关联,解决发展问题的关键,就是协调资源环境和人口发展之间的不对等现状关系。这就要求我们的实践工作必须站在一个更高的理论规划高度,用统筹的思路,综合的眼光和协调的措施来整合地区的资源,以及地区间的资源,全面考虑发展中的人口资源环境和社会经济发展,同时有利于保护和推动民族地区文化的发展。

　　这样一来,我们还面临着两个问题,其一是对当前西南地区协调发展的综合分析,以当前我们发现和所暴露出来的各种问题的深入分析为契机,展开整个西南地区人口资源环境统筹发展的战略、模式的讨论;其二是通过理论分析,彻底弄清楚西南地区发展面临的关键问题、机遇和挑战,再回归到实践层面,厘清西南地区人口资源环境共同发展的,最终有利于人的全面发展的实践措施。

# 第五章　西南山地人口与资源环境发展面临问题成因的综合分析

## 一、人口增长对资源、环境的压力

在人口、资源、环境的关系中,人口是第一位的,人口的过度增长势必会对资源环境产生一定的影响。假设在科技水平一定、劳动生产率不变的情况下,人口数量越多,向大自然攫取的资源就越多,对资源的消耗越大,生产生活所产生和排放废物就越多。而如果科技水平提高的速度和生产投入增长的速度低于人口增长速度,必然导致粗放生产、污染加剧和生态破坏。自然资源的稳定支付能力是有限度的,自然环境的承受能力也是有限度的,当人口的增长超过了资源的支付能力和环境的承受能力,生态平衡就会遭到破坏,造成环境恶化。当人口增长超过了一定限度,出于生存的需要,人类必然要更多地向大自然索取资源,这时,必然就会增加矿产等资源的开发量,提高土地的产出率。而如果科技水平提高的速度和生产投入增长的速度低于人口增长速度,必然将导致粗放生产,进而污染加剧和生态破坏的现象也便随即出现。而资源的过度消耗和生态破坏的结果只能使土地产出率更低,导致人口进一步贫困,由此形成恶性循环。反之,如果人口数量减少,人口质量提高,科技水平和生产力水平大大提高,就会提高自然资源利用率,减少浪费,降低环境污染,使人与自然和谐共生,协调发展。

历史上西南地区的人口的增长就已经造成了对资源的压力。以贵州省为例,明清时期是贵州人口发展较快的时期,清雍正、乾隆时期贵州人口的增长在客观上弥补了清初社会动乱造成的人口损失,而且耕地的开垦、手工业、商业的发展,基本上还能承受人口的增长速度。但是从嘉庆、道光以后贵州人口增长过快,已开始出现人口压力。清中叶以后,这种压力更为加重。这种压力出现的原因主要是作为生产的基础和生活资料基本来源的耕地,在人口快速增加的同时,虽有所增加,但远远落后于人口增长的速度。从乾隆三十二年到咸丰元年的一百多年间,人口由 340 余万增加到 540 余万,净增了 200 万,而耕地仅从 267 万余亩增加到 268 万余亩,仅增加了 10 万亩,基本上可以说没有增加,耕地的这种增长远不能满足人口增长的需求。人口和耕地的不协调发展,导致了人均耕地的急剧下降。

历史上如此,当前人口增长对资源环境的压力就更为突出了。最突出的表现即为人口增长对土地的压力,人口过度增长导致人地关系失衡。人口的快速增加造成农业生态系统退化、土地质量变异和承载力降低。人口数量的增加必然需要更多的粮食产量来满足生存需要,为了增加粮食产量,在没有经济技术能力进行单产提高,或者说提高单产还不能满足人口增长对粮食的需求,同时又没有经济能力进口粮食时,开垦土地,向陡坡开荒要粮就成为了增加粮食产量的必然手段。然而过度开垦,将使森林、湖泊面积缩小,影响生态平衡,过度使用耕地也导致了土壤退化。

以贵州省为例,贵州省是全国唯一没有平原支撑的喀斯特山地省份,其人均耕地面积由 1949 年的 0.127 平方千米锐减到 1999 年的 0.051 平方千米,且 80% 属于坡陡贫瘠的低产耕地。建国以来,贵州省的人均粮食大多在 300 千克警戒线以下,为了满足粮食的需求,贵州省每年平均从外地引进粮食达 20 亿千克。如果按照人均 300 千克粮食计算,贵州省只能承载 2 500 万人口,到 1999 年人口增长到 3 683.83 万人,人口超载率达 47.35%。人口的严重超载使当地农民被迫毁林开荒,全省 81.02% 的耕地分布在大于 6° 的坡地上,其中坡度大于 25° 的耕地 69.18 万平方千米,占总耕地的 19.8%,而坡度在 35° 以上的耕地就有 28.18 万平方千米,占总耕地的 5.74%,新开垦的坡地,大多在 3~5 年内丧失耕种价值,甚至变为裸岩荒坡。再如云南布朗山区,20 世纪 80 年代以前,布朗山由于地广人稀,大量的原始森林保存完好,森林资源极其丰富。随着人口不断增加,耕地面积迅速增长,加之其他地区工业的发展,对木材的需求量越来越大,森林面积也因此而逐年减少。另一方面,在一些最边远的地区,村民们的思想观念改变不大,生产技术落后,生产工具原始,大量砍伐树木,进行刀耕火种,广种薄收,在一定程度上对森林造成了破坏,致使水土流失,水源枯竭。基诺山是西双版纳重要的天然林保护地,也是勐罕、勐养、勐仑等乡镇的重要水源地,而基诺族是以种植旱粮为主的山区民族,由于经济增长方式属于粗放型、数量型、原料型,经济效益的取得体现为掠夺性的资源开发,以破坏和牺牲生态环境为代价,生产生活有恶化的趋势,潜伏着许多隐患。此外,一些村寨的生产生活全部靠砍伐薪柴,导致生态环境也在不断恶化。"两山"在发展的同时,生态环境遭到的破坏越来越严重,对其可持续发展将产生严重的负面影响。

另外,由于西南山区特别是农村山区人口文化素质偏低,致使广大的农村人口不能有效地转化为经济社会发展的人力资本,反而不断地强化着低水平、粗放型的劳作方式在广泛的区域内存在和发展,导致广大农村地区人口与资源环境的矛盾进一步激化。

## 二、人口贫困直接或间接导致生态环境退化

首先,由于人口大量增长,需要土地产出更多粮食来满足需要。农村贫困人口为了生存,为了多种粮食,往往不断砍伐森林,开垦土地,陡坡开荒,"种粮种到山顶",导致森林面积减少,水土流失严重和石漠化。且由于山坡水土肥力流失严重,土地贫瘠,一遇干旱或暴雨,农民往往连种子钱都收不回来。如贵州万山地区因灾失去田土的农村群众为了生存不得已进行陡坡开垦,因此新增25°以上坡耕地3600公顷,地表植被进一步减少,加剧了水土流失,水土流失总面积达180平方千米。而且贵州省土地石漠化正以每年900千米的速度扩展,使人们赖以生存的相当部分土地流失了,目前已有几十万人因失去生存条件而移民搬迁。生态环境的不断恶化,使土地产出率降低,农民的收成越来越少,形成"越垦越穷,越穷越垦"的恶性循环。同样,为了增加土地多产粮食,贵州草海20世纪80年代初实施了"排水造田",结果却事与愿违,不仅造成大量水土流失,土地产出更低,而且使当地方圆30千米的气候受到影响,严重破坏了生态环境。其次,在贵州的深山区、石山区,农民的生存更多的是依赖当地的自然资源。贫困人口为解决生存问题往往对自然资源进行掠夺性开发,导致生态环境退化,更加剧了贫困,形成贫困与生态环境的恶性循环。

另外,贵州是一个自然资源丰富的地区,尤其矿产资源是贵州省的优势之一。为了解决温饱和发展经济,往往在技术水平较低、污染较重的情况下,对资源进行粗放性、掠夺式开采。不当的矿产资源开发会导致森林破坏、水污染和固体废弃物污染等环境污染和地质灾害,造成人畜饮水困难,生态环境被破坏。如贵州产磷,而磷及磷化工在生产加工过程中会产生大

量的副产品和工业废料。主要有废水、废气、废渣"三废"。仅息烽县每年所产生的磷矿废渣就有几百吨，排出的大量含一氧化碳的废气严重污染了空气。铜仁万山地区，曾经为国家作出过巨大贡献的万山汞矿因资源枯竭而关闭，留下的废矿渣堆积如山，经大雨冲刷或渗漏污染了地下水和地面水，河床不断升高。在贵州西部的赫章县，兴建于20世纪90年代的土法锌矿冶炼区，污染非常严重，导致周围农地减产甚至绝收，大量的堆积废渣在大雨冲刷下，毁坏了不少的农田，同时污染河流，使更大范围的农民生活和生产用水受到严重的影响。

## 三、历史人为活动的制约与影响

在历史上对西南山区生态环境影响的人为活动主要有四个方面：一是刀耕火种的耕作方式，使森林资源遭受破坏，水土流失；二是朝廷多次在西南地区采办"皇木"和省外客商涌入这一地区贩运木材；三是矿产资源的原始开发，如贵州省早期铜矿、锑矿、锌矿、煤矿之开发和冶炼；四是历次战争造成的破坏，仅贵州省而言，先后就有铜仁梵净山、黔东南雷公山、思南安家山、普定马场口等遭到大片森林被焚的重创。延至民国时期，战事不断。民国政府出于国防和军事的需要，对资源的开发又加大了力度，由于无节制地向森林、矿山等索取，从而使资源的浪费和生态环境的失衡已初见端倪。下文仅就传统的刀耕火种及梯田农业的生产方式对生态环境的影响做一分析。

西南山地由于其独特的地形极其气候，各山地民族的人民在生活生产中、在适应和利用自然的过程中形成了自己独特的生业和生境文化，如独具特色的刀耕火种的农业类型、锄耕和农耕混合的综合农业类型、耕牧生计类型、梯田农业类型等。在当地的资源能够承载适当的人口容量的情况下，这些生业类型能够充分适应当地的自然环境，并能使人口与经济、环境实现和谐的可持续发展；但是随着人口的增长，人口容量逐渐超过当地的资源环境承载力，继续甚至扩大这种生计方式的范围就必然会导致资源的过度消耗，环境遭到破坏，人口与资源环境、经济的协调状态也会最终被打破。

西南山地的许多山地民族过去大都从事传统的刀耕火种的生计方式，即只种一年便使土地长期休闲的刀耕火种形态，山地民族称其为"懒活地"，如独龙族、怒族、景颇族、德昂族、拉祜族、基诺族、布朗族等民族大都操持此种生计。过去从事刀耕火种的民族大都具有丰富的土地分类知识和实行粮林轮作,并且都有严格的轮歇制度,短则 10 年左右循环一次,长则十七八年循环一次。这种只种一年长期休闲的刀耕火种方式,可以有效地持续利用土地资源,它反映了山地民族善于适应和利用自然的智慧。然而,要保证传统刀耕火种的正常进行,是需要有富足的土地的。具体而言,如果人均拥有 30 亩以上的土地的话,那么从事这样的刀耕火种便没有问题了;反之,如果人均拥有土地不足 30 亩,就会产生困难。然而,人口增长造成人均所有土地下降的情况,无论哪个民族或迟或早都将发生。一旦下降到 30 亩甚至 20 亩以下的话,传统的刀耕火种形态便不能保全了,就会发生变异。如在云南南部山地最常见的刀耕火种的变异,就是每年变换作物或作物品种、以轮作的方式去延长耕种时期的轮作刀耕火种,即实行短期或长期轮作长期休闲的刀耕火种的方式。变异的轮作刀耕火种,可以一定程度上缓解土地不足的危机,人均只要拥有 20 亩土地便可以继续从事刀耕火种农业。但是随着人口的增长,人均拥有土地逐渐下降到 10 亩甚至更少,在这种情况下,人们便不得不进一步改变轮歇方式,那就是缩短土地的休闲期。如此,树木便不能再生,森林变成造地,刀耕火种逐渐被造地轮歇农业所取代。这种农业尚保存着刀耕火种的一些特点,如必须使土地休闲以恢复地力,但是由于土地不足,休闲期一般只有 3~4 年,长此以往,休闲地的树木也就逐渐被茅草所代替,并且地力也难以完全恢复。另外,怒江地区亦是如此。

梯田农业也是西南山地十分普遍的一种农耕模式,以云南地区红河的哈尼族最为典型。哈尼族村寨的总体布局呈森林、村寨、梯田自上而下的布局,这就使得人与林、水、田的相互关系十分协调。处于高地的森林,具有多方面庇护村寨和梯田的作用;梯田位于下位就便于充分利用高位的水源和村寨所积的农家肥;而位于中位的村寨既有利于管理和利用森林,又有利于开发和经营梯田,从而有效地维持人、林、田的共生状态。这种梯田农业模式,同样也是山地民族持续利用山地自然资源的一种极好的模式。但是随着人口的膨胀,红河州人口也在不断增长,人们对于田地的需要也就随之要增长,使得凡有水源的山地都被开发成了梯田,自然的地表几乎不再有,可以说梯田的开发已经达到了极限。尽管当前控制人口增长的重要性已经被人们逐渐认识,但是今后哪怕是较低的人口增长,也会给山地自然带来很大的压力和破坏。人地矛盾突出的情况在怒江地区也同样存在。由于山高坡陡,怒江峡谷适宜耕种的土地不多,所能容纳的人口容量也是有限的,但是随着人口的增长,人多地少的矛盾日益突出。为了生产粮食,人们不得不毁林开荒,不得不去利用很多不适宜耕种的土地,以致大面积坡度在 40~50 度的山坡都被开垦种上了粮食,当地人把这种陡坡耕作称之为"壁耕"。陡坡耕作不仅困难、危险,而且水土流失十分严重,泥石流灾害频繁,并且收获没有保障,而生态却日益恶化。

## 四、资源环境境况下的经济形态制约

资源、环境系统与经济系统是两个相互制约与影响的系统,资源环境是经济发展的基础,反过来,经济发展又会对资源环境产生一定的影响。长期片面地追求经济发展速度以及粗放的发展模式会加剧资源和环境问题。我国曾一度出现单纯追求经济发展速度的畸形发展观,加之粗放型的经济发展模式,使中国经济在快速发展的同时,自然资源不断受到破坏,资源基础持续削弱,一些主要自然资源已出现严重短缺,生态环境的保障程度下降,对国民经济和社会发展构成严重制约。同时,由于经济快速发展,保护资源和环境的配套措施不到位,使得中国资源、大气环境、固体废物及土地污染日益严重,自然生态环境持续恶化,野生动物、植物品种数量不断减少,濒危及面临灭绝的物种数量急剧增多。作为生态脆弱区的西南山区粗放式的经济发展模式对资源环境的影响更为突出。

首先,粗放式的经济发展对环境资源造成影响。当前西南山区粗放型经济发展明显,既造成了资源的浪费又不利于环境的改善。以贵州省为例,贵州工业经济发展方式仍沿袭比较粗放的经济发展方式,发展模式表现出强烈的高投入、高消耗、高排放、低效率、难循环的特点,经济社会发展与人口资源环境的矛盾十分突出。"三高一低难循环"的特点,是一种资源依赖型的粗放式增长方式。许多矿产资源在开发过程中,采富弃贫、乱挖滥采,回采率极低,粗放式开采造成了资源浪费、环境污染和生态破坏。从发展的依托资源来看,贵州省依赖于自然资源的产业较多,"资源性、高污染、高耗能"行业比例较大,主要依托能源矿产资源开发,形成了能源、电力、冶金、烟酒、化工和医药等主导行业。从 2007~2009 年规模以上工业增加值的主要工业行业增加值可以看到,2008 年在受到严重雪凝灾害和国际金融危机等不利因素影响下,除有色金属和化工行业呈现负增长以外,煤炭、电力工业、烟酒行业和医药制造业等始终保持强势增长趋势,能源(煤炭、电力)工业作为全省第一大支柱行业的贡献作用进一步加强。目前,煤炭、电力、化工、冶金等重化工作为贵州省的主导优势行业对经济增长起关键性作用,但是,它们都是资源型高能耗产业,面临污染物减排的巨大压力。煤炭、电力、化工、冶金等重化工业还普遍存在产业链条短的现象,实现产业结构的优化升级压力很大①(见表5–1)。

### 表5–1  贵州省近期规模以上工业增加值

单位:亿元

| 指标名称 | 2007 年 | | 2008 年 | | 2009 年 | |
|---|---|---|---|---|---|---|
| | 绝对数 | 比上年增长(%) | 绝对数 | 比上年增长(%) | 绝对数 | 比上年增长(%) |
| 规模以上工业增加值 | 843.74 | 16.8 | 1051.26 | 10.1 | 1051.26 | 10.1 |
| 主要工业行业增加值 | | | | | | |
| 其中:煤炭开采和洗选业 | 66.78 | 20.2 | 129.66 | 39.6 | 158.48 | 10.6 |
| 饮料制造业 | 63.60 | 23.9 | 94.86 | 24.0 | 112.29 | 12.1 |
| 其中:酒的制造 | 61.65 | 23.9 | 91.87 | 23.2 | 107.76 | 11.3 |
| 烟草制品业 | 91.11 | 11.1 | 106.27 | 12.5 | 116.99 | 7.0 |
| 其中:卷烟制造 | 88.78 | 11.2 | 104.50 | 12.9 | 114.08 | 7.0 |
| 化学原料及化学制品制造业 | 64.72 | 12.5 | 79.07 | – 4.6 | 71.49 | 7.0 |
| 医药制造业 | 44.95 | 4.7 | 48.31 | 8.8 | 59.98 | 14.6 |
| 黑色金属冶炼及压延加工业 | 63.46 | 20.4 | 87.86 | 3.4 | 75.94 | 7.7 |
| 有色金属冶炼及压延加工业 | 73.05 | 21.5 | 55.95 | – 13.3 | 58.05 | 7.7 |
| 通信设备、计算机及电子设备制造业 | 5.85 | 11.7 | 10.46 | 30.0 | 12.00 | 24.6 |
| 电力、热力的生产和供应业 | 203.83 | 15.6 | 228.40 | 4.6 | 272.24 | 10.5 |

资料来源:2007 年、2008 年、2009 年贵州省国民经济和社会发展统计公报

---

① 安和平,陈爱平阳艳珠等.贵州人口经济增长与资源环境[C].杨军昌,剪继志主编.人口.社会.法律[C].北京:知识产权出版社,2011,50 – 51

　　另外,按政策规定应关停的高能耗、高污染企业相关工作进展缓慢。相当一部分企业工艺和装备落后、资源利用率低、环境污染严重,污染治理等相关基础设施建设滞后,在产业集聚区内还难以做到统一排放、集中治理。在一些地方长期形成的以能源和初级原材料生产为主的工业结构造成个别污染物排放高、强度大,一些工矿区周边环境隐患增多,多年积累的环境污染问题开始显现,对当地社会经济发展形成制约,对当地人民群众的生产生活造成威胁,解决的难度较大。另外,就单位 GDP 增加值能耗来看,北京、上海、江苏、浙江、福建和广东等省市万元 GDP 所消耗的标准煤不足 1 吨,而贵州省单位 GDP 所消耗的能源是北京和广东4.3 倍和 4 倍。同时贵州单位工业增加值的能耗则上升到每万元 4.9 吨标准煤,分别是北京和广东的 4.1 倍和 4.9 倍,贵州单位工业 GDP 能耗的绝对值较大,而其下降幅度在高能耗省份中又是最低的。

　　其次,在资源的开发过程中造成环境问题。矿产资源是贵州省的优势资源,近几十年来贵州矿产资源大量开采产生了明显的经济效益,但同时也产生了不少环境问题。除采矿空洞和矿业"三废"造成对生态环境的不良影响外,矿业荒漠化土地的形成和迅速扩大,也成为贵州省重要的环境问题之一。贵州省开采的主要矿产中很多是露天开采,如铝土矿、磷、石灰石、砂石、砖瓦粘土以及锰、铁等。露天开采要进行大量的表土剥离,因而对地表植被与地貌景观造成严重破坏,形成土地荒芜、岩石裸露、乱石遍地的矿业荒漠化土地,加上因矿产开发产生的"三废"对土地和植被造成的不良影响,更使土地严重破坏。据调查 20 世纪 80 年代初期全省已累计有矿业荒漠化土地 450 平方千米,到 1994 年增加至 1 290 平方千米,约占全省土地面积的 0.73%,而且这类土地又主要分布于喀斯特强烈发育的黔中、黔西地区。在 1983 年至 1994 年这 10 年中,矿业荒漠化土地平均每年增加 76.3 平方千米。由于矿产的开采而造成的生态环境问题十分突出。另外,贵州煤炭资源从总量上说相对丰富,但适宜大规模开采的煤矿不多,从理论上说,小规模开采成本高,资源浪费大,环境污染严重,这样的开采,无论从宏观经济发展的角度,还是从可持续发展的角度都是不经济的。贵州能源消费以煤、电为主,许多煤矿采空后便废弃不用,而周围土地因污染和退化已不能耕种,这样的低效开采还在继续,这种开采方式必然会加剧资源的浪费和环境的破坏。①

再次,资源开采生产过程中造成环境污染。以煤炭、矿产开发为主的产品生产不仅要消耗大量的资源,而且在生产过程中还会产生和排放大量的污染物。特别是煤炭、铁矿、铝矿、磷矿石等的开采和生产更是要消耗不可再生资源,这些产品从开采到加工生产的过程中会产生大量的废渣、废水和废气,这些都是污染物的主要来源。有研究者以贵州省为例,对煤炭、磷矿石产品生产与工业固体废弃物生产量的关系进行了分析,得到的结论是工业固体废弃物生产量与原煤产量的图形趋势非常吻合,工业固体废弃物生产量随原煤产量和磷矿石产量的增加而上升。并对 1990～2008 年贵州省的相关资料进行了回归分析,结果表明:工业固体废弃物生产量与原煤产量、磷矿石产量的复相关系数为 0.94,回归系数通过了显著检验。回归系数显示,在其他条件不变的情况下,当原煤产量每增加 1 万吨,工业固体废弃物生产量增加 0.211 万吨;磷矿石产量每增加 1 千吨,工业固体废弃物生产量增加 0.365 万吨。② 以煤炭为主的能源消费和煤电生产不仅产生大量的固体废弃物,而且还会造成废气污染,导致二氧化硫减排压力巨大。

资源开采生产过程中造成环境污染的状况也不乏个案,如贵州汞矿污染便是最好的一个例子。贵州铜仁万山特区的贵州汞矿采冶历史悠久,解放后几经扩建,生产规模逐渐扩大,汞的产量比解放初期增长了几百倍。由于没有完善的“三废”治理设施,大量含汞的“三废”对周边环境造成了严重的污染。据 1974 年贵州省环保监测站等单位调查,每年进入环境的废渣约 25 万吨,其中含汞量 13 吨以上;废水 45 万吨,其中含汞 1 吨多;废气 44 亿立方米,其中含汞 11 吨。据现场监测,大气中的含汞量生产区超标 4 倍多,生活区超标 29 倍。废渣和废水直接排入山谷,造成农田毁坏和污染。生产过程中排出的废水和废渣,顺山排入河流,使中、下游的人、畜不能饮用,含汞废气使生产工人和周围居民的健康受到不同程度的损害。

## 五、自然条件与政策制度的制约与影响

西南山区自然资源、生态环境问题突出的原因,除了上面的提到的人类

---

① 杨晓航. 贵州人口、资源、环境与发展问题研究[J]. 贵州财经学院学报,2009(2).
② 安和平,陈爱平,阳艳珠,等. 贵州人口经济增长与资源环境//杨军昌,剪继志主编. 人口·社会·法制研究(2010 年卷)[M]. 北京:知识产权出版社,2011:52～53.

的行为因素外,其特殊的地质地貌的影响与制约也不容忽视。特别是西南山区的岩溶区,地表、地下岩溶不均匀发育,岩溶水、降水与地表水之间"三水"转化迅速,岩溶水系统调蓄功能差,雨季时快速径流的岩溶水常成为弃水而排泄,旱季时可利用的岩溶水资源量却十分有限。由于喀斯特地貌特殊的环境条件,地下岩溶发育,地下水埋藏深,地形切割强烈,使地表水易渗漏,地下水易污染。另外由于喀斯特地区地形破碎,地表切割,地层结构复杂而脆弱,极易造成水土流失和石漠化现象,同时喀斯特地貌易石化,土层薄,加之高坡度耕地较多,土层极易被雨水冲走,造成水土流失。山地宜农耕地狭窄,土壤肥力低,生态环境一旦遭到破坏,恢复较慢。

新中国成立后政策制度上的失误也是造成西南山区资源环境恶化的原因之一。第一个五年计划完成后,在"左"的错误路线引导下,实行了一整套急于求成的冒进性的,高指标、瞎指挥、浮夸风和共产风泛滥成灾,不但对国民经济造成了严重影响,也造成了相当程度的工业污染和比较严重的生态破坏。据《贵州省志·林业志》记载:"大炼钢铁、大办公共食堂、大办交通、大放卫星、大办水利和大搞工具改革,三年困难时期毁林种粮等,贵州省共毁森林积蓄 2725 万立方米。这次林木大破坏,时间长,规模大,范围广,无论天然林或人工林,不论防护林或经济林,不论村前屋后、路旁、水旁的散生林木,还是风水林、寺庙林、风景林,都不同程度地遭到破坏。"例如毕节地区 1953 年全区森林覆盖率为 15%,在 20 世纪 50 年代的错误人口政策和"公社化"、"以粮为纲、以钢为纲"等政策影响下,毁林开荒、陡坡开荒及大炼钢铁,森林资源受到严重破坏。到 1963 年,森林覆盖率下降为 10.8%,水土流失严重,生态环境恶化,造成生态环境脆弱,抗侵蚀能力差。

文化大革命期间,贵州省在"大三线"建设中,片面强调高速度和"少花钱、多办事",实行"边设计、边施工、边投产"的"三边"政策,多数工业项目没有污染治理设施,也不注意合理布局,导致资源、能源的大量浪费,造成了严重的环境污染。由于实行了"分散、靠山、隐蔽、进洞"的方针,把许多排放大量有害物质的工厂安在了深山、山洞中,加之贵州省特殊的环境气象条件,扩散、稀释能力差,形成了严重的大气和水体污染。另外,片面强调"以粮为纲",以牺牲林业、牧业、渔业作代价发展粮食生产,导致生态环境严重恶化。贵州省威宁县就是在"以粮为纲"政策指导下,提出"向草海要粮"的口号,造成草海生态环境遭到破坏,使其周围气候异常,灾害增加,低下水位降低,生物种群减少。

## 六、区域合作发展上的体制机制约束影响深刻

### (一)行政体制的约束

首先必须看到,由于政府的高度重视,区域协调发展的体制机制近年来处于建立完善过程当中,但仍然存在着一些体制机制上的约束和障碍,影响了区域协调发展的推进和深化。体制上的约束主要表现在以下几个方面:

1. 领导体制

组织机构的建立是完成目标任务的制度性保证。就协调区域发展来说,目前还没有成立专司统筹全区域协调发展的领导机构或综合职能部门。而且,没有具有区域协调性质的经济联盟(经济带),也没有建立具有领导区域行政权威的实质性领导协调机构。各区域协调经济联盟(经济带)的运作,虽然以省级政府的宏观部署为依据,但是如何及时有效地解决实际中遇到的问题,却缺乏一种可以当即决断的领导体制的保证。

2. 行政管理体制

区域行政尚未纳入议程。传统的各自为政的地方行政管理体制催生的地方保护主义,加剧了地区分割及恶性竞争,与市场经济背道而驰,成为影响区域经济健康发展的深层根源。在对区域资源进行重新配置与优化整合以实现区域协调发展的进程中,如何进行区域行政资源方面的制度安排与创新,推进府际关系协调方面的制度成长与优化,成为当前促进区域协调发展中的一个重要命题。从实际来看,区域内各地方政府通过倡导方式成立的松散性协调组织虽然正在形成,但是,具有刚性的、制度化的、凌驾于地方政府之上的、具有某种行政权威的组织"行政性"体制尚未建立。"区域协调发展领导小组",这类组织,只是这种"跨行政区政府"的雏形。此外,行政重组有待深化。行政重组包括行政区划重新调整和行政托管两项内容。从行政区划调整来看,根据经济社会发展的实际,进行了部分调整,但是,与区域协调发展的目标要求还有不小的距离。

### (二)机制上的障碍

1. 动力机制方面

一是协调发展的动力更多的来自政府,还没有彻底跳出"对口支援、挂钩扶贫"的制度框架;二是还没有充分利用市场的优化配置资源作用推动协

调发展;三是还不是完全建立在双方互利、共赢基础上的良性互动,因此,有的地方对于协调发展不是完全自愿,动力不足。

2. 保障机制方面

一是还没有一套相关法律、法规保障区域协调发展的持续、规范进行,主要是规范政府行为,破除地方保护主义;二是相关政策改革尚不到位,如财税政策等,财政性的转移支付还存在不规范,对资源输出型地区和欠发达地区的扶持政策力度不够,不能保障区域协调发展的需要;三是政绩考核标准,没有把推动区域协调发展做为干部政绩的一项主要内容。现有政绩考核标准体系基本还是立足局部效益,在一定程度上强化了行政区划壁垒和地方保护,放任自我封闭,由此出现只顾自己发展、不顾他人受损的困局,如水体、空气等公共资源的污染。这种以牺牲他人利益为前提的发展与区域协调发展背道而驰。

3. 开放机制方面

开放是市场经济的本质特征,封闭、保守,只取不予,将使区域协调发展成为一句空话。开放首先是无形的观念问题,但是开放也是有形的,需要具体的机制体现,可以表现在切实的措施、手段上。

4. 长效机制方面

在可持续方面,一是尚没有建立起合理的格局,没有形成区域协调发展的固定格局,从而促使区域协调发展健康持续的机制;二是对市场资源的"逆向"配置缺乏必要的扶持、激励措施,没有有效的市场性吸引手段和实际利益;三是产业梯度转移中,对环境保护因素考虑不够,随着产业的转移,也将环境污染随之转移,使新的发展地同时面临着缺乏可持续的困境。

5. 规划机制方面

一是区域协调发展还缺乏功能区整体衔接配套机制;二是一些地区特别是发展较快地区,尚未完全从根本上树立从全局出发的观念,一定程度上强化了地方保护,不利于区域协调;三是在区域协调时,不能优势互补,容易造成资源的浪费。

# 第六章　西南山地人口与资源环境协调
# 可持续发展的定量分析

　　根据之前的分析我们可以看出,西南山地正面临着严峻的人口、资源和环境问题的挑战,人口、资源环境问题十分突出。该区域水土流失严重、石漠化比例大且程度深,已经成为中国最严重、最突出的生态环境问题之一。目前,西南山地不仅面临着发展中国家普遍存在的水土流失、喀斯特"石漠化"等生态环境退化的"落后型环境问题",而且,大气污染、水污染等"发达型环境问题"也非常突出。目前,经济的加快发展和人口的不断增长,给环境保护带来很大的压力,资源环境形势依然严峻。在未来的发展中,如果处理不当,人口与资源环境的压力将有增无减,地区的全面协调可持续发展的目标将难以实现。

　　近年来国内外许多学者对经济增长与环境污染的关系研究做了大量工作,其结论呈现多元化的趋势,John A. List 等通过对美国各州倒 U 型 EKC 的具体符合情况的研究,得出 38 个州的 $SO_2$ 排放符合二次曲线模型,47 个州的 NOx 排放符合三次曲线特征。张晓研究发现,我国人均 GDP 与人均废气排放量、人均 $SO_2$ 排放量之间存在倒 U 型弱 EKC 关系(2005);沈满洪、吴开亚等分别研究浙江省和安徽省经济增长与环境变迁之间分别存在着"倒 U 型+U 型"和"U 型+倒 U 型"(2006);李海鹏等对中国收入差距与环境质量关系进行研究,得出收入差距会促进环境恶化的结论(2006);王桂新等对上海人口经济增长及其对环境影响的相关分析,得出人口、经济及能源消费增长与环境污染之间也密切相关,但并不存在单纯的正相关或负相关关系,而是在不同发展阶段表现有所不同,总体而言基本符合库兹涅茨曲线假说,即在 20 世纪 80 年代及以前,环境污染水平随人口经济增长而上升,到了 20 世纪 80 年代末,经济发展水平达到人均 GDP 为 5500 元左右时,环境污染水平达到峰值,此后即随人口经济增长而呈下降趋势(2006)。国内学者王青、顾晓薇、刘自娟等(2005)应用加拿大生态学家 Rees 和 Wackenagel 等 1992 年提出的生态足迹模型,测算了中国或区域人类对自然生态服务的需求与自然所能提供的生态服务之间的差距,即通过比较人类对自然的消费量与自然资本的承载量,确定人类对自然生态系统的利用状况,从而判断一个国家或地区的发展是否可持续。可以看出,现阶段的研究正在从过去的经济增长与环境变化的关系研究向人口经济发展与环境关系研究转变。

　　在本章中,将以人口与资源环境问题较为突出的典型喀斯特山地省份——贵州省为例对西南山地的人口、社会经济与资源环境的协调可持续发展进行定量分析。具体的分析方法与理论模型有:(1)经济增长与环境污染关系库兹涅茨曲线假说检验;(2)能源消费与人口、经济增长关系;(3)经济发展与生态、环境协调的评价指标体系和方法;(4)适度人口理论及模型;(5)人口与水资源可持续发展的体系评价。除上述方法与理论模型外,生态足迹与生态承载力也是评价人口与资源环境协调可持续发展的重要指标与方法,由于生态足迹在本书中将作为一个专题进行讨论,故在此不做分析。

## 一、经济增长与环境污染关系库兹涅茨曲线假说检验[①]

　　以贵州省 1990~2008 年环境质量数据和人均 GDP(以 1990 年为基期)为基础,以人均 GDP 为自变量(x),分别与工业废水排放量、工业固体废物产生量、工业 $SO_2$ 排放量、工业粉尘排放量、工业烟尘排放量"等进行曲线回归模拟即可得到表6-1。由表6-1可知,所有环境指标与人均 GDP 的拟合度 $R^2$ 值均大于0.7,且 F 值均大于20,说明模型的拟合效果很好。各环境指标与人均 GDP 的拟合曲线见下图。从图6-1、6-2 和6-3看出,工业 $SO_2$、工业粉尘、工业烟尘的拟合曲线呈现倒 U 型,与传统的倒 U 型 EKC 相吻合,且拐点分别出现在人均 GDP 为1300 元、1391 元、1492 元(可比价),时间大约在1997、1998、1999 年。工业废水排放量的拟合曲线呈现倒 J 型(图6-4),

　　① 安和平、陈爱平,阳艳珠,等.贵州人口经济增长与资源环境协调发展研究报告//杨军昌,剪继志,等.人口·社会·法制研究(2010 年卷)[M].北京:知识产权出版社,2011 年1月:61—65.

与传统的倒 U 型 EKC 不相吻合;工业固体废物排放量的拟合曲线呈现弱的倒 U 型,但是演变轨迹不是很明显(图 6-5)。

表6-1　贵州省环境指标与人均 GDP 之间的二次方回归分析结果

| 模型参数 | $b_0$ | $b_1$ | $b_2$ | $R^2$ | F |
|---|---|---|---|---|---|
| 工业废水排放量 | 67515.10 | -103 | 0.05 | 0.786 | 25.578 |
| 工业固体废物生产量 | -575.20 | 5.33 | $-1.30 \times 10^{-4}$ | 0.898 | 66.742 |
| 工业 SO2 排放量 | -55.78 | 0.18 | $-3.80 \times 10^{-5}$ | 0.776 | 23.81 |
| 工业粉尘排放量 | -3.11 | 0.04 | $-1.06 \times 10^{-5}$ | 0.753 | 21.37 |
| 工业烟尘排放量 | 11.15 | 0.04 | $-9.57 \times 10^{-6}$ | 0.763 | 22.85 |

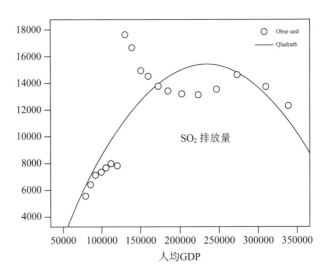

图 6-1　1990~2008 年人均 GDP 与 $SO_2$ 排放量的二次方计量模型及演替轨迹

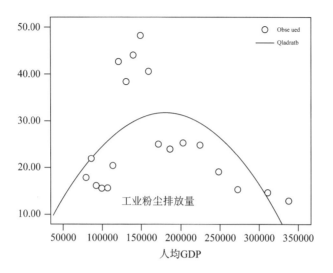

**图6-2　1990~2008年人均GDP与工业粉尘排放量的二次方计量模型及演替轨迹**

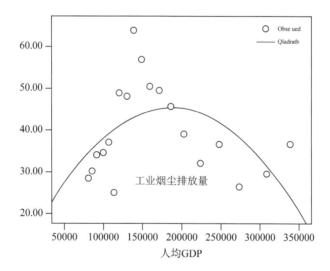

**图6-3　1990~2008人均GDP与工业烟尘排放量的二次方计量及演替轨迹**

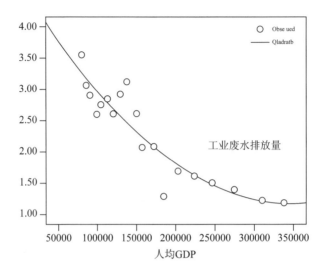

**图 6 – 4 贵州省 1990 ~ 2008 年人均 GDP 与工业废水排放量的
二次方计量模型及演替轨迹**

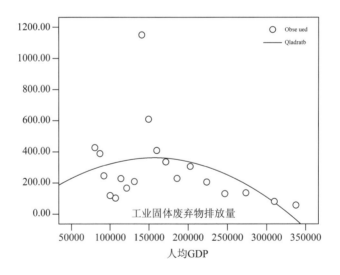

**图 6 – 5 贵州省 1990 ~ 2008 年人均 GDP 与工业固体废弃物排放量的
二次方计量模型及演替轨迹**

为进一步研究工业废水排放量、工业固体废物排放量与人均 GDP 的关系，用 $y = b_0 + b_1x + b_2x^2 + b_3x^3$ 进行回归分析，结果见表 6 - 2。工业固体废物排放量与人均 GDP 的拟合度系数 $R^2$ 值有明显提高，从 0.898 上升到 0.93，且拟合曲线不再呈弱的倒 U 型，而是 S 型或倒 U 型 + U 型（图 6 - 6），先达到一个峰值后，开始下降到一个谷底，又开始上扬的趋势。工业废水排放量与人均 GDP 的拟合度系数 $R^2$ 值也有明显提高从 0.786 提高到 0.88，但拟合曲线仍是倒 J 型（图 6 - 7）。从图 6 - 5 看到，工业固体废物排放量与人均 GDP 的拟合曲线的第一个转折点为人均 GDP 处于 1000 ~ 1500 元，与此对应的时间大约在 1998 年，也就是说这一段时间出现了倒 U 型的环境库兹涅兹曲线；而曲线的第二个转折点却出现在 3000 ~ 3500 元，大概在 2006 ~ 2007 年间，是一个弱的 EKC，说明工业固体废物产生量经过全省人民共同努力大都达到了理想效果后，又开始了反弹，处于一个不稳定的状态之中。工业废水排放量的拟合曲线呈现一个弱的 U 型，且出现一个拐点，大约人均 GDP 是 3000 元，即在 2007 年。

**表 6 - 2　贵州省环境指标与 GDP 之间的立方回归分析结果**

| 模型参数 | $b_0$ | $b_1$ | $b_2$ | $b_3$ | $R^2$ | F |
|---|---|---|---|---|---|---|
| 工业废水排放量 | 4.1559 | $-1 \times 10^{-3}$ | $-3 \times 10^{-7}$ | $9.7 \times 10^{-11}$ | 0.88 | 31.88 |
| 工业固体废物生产量 | 2071.73 | $-3.6339$ | $3.4 \times 10^{-3}$ | $-6 \times 10^{-7}$ | 0.93 | 77.97 |

上述分析表明，贵州省的工业废水排放量和工业固体废物产生量与人均 GDP 的关系并未呈现倒 U 型或明显的 U 型。因此，本文采用立方回归方程进行分析检验，即在一般形式的库兹涅茨方程中加入一个三次项，其它项不变，用以说明贵州省的经济增长与环境污染水平之间的关系：$y = b_0 + b_1x + b_2x^2 + b_3x^3$，分析结果见表 6 - 2。

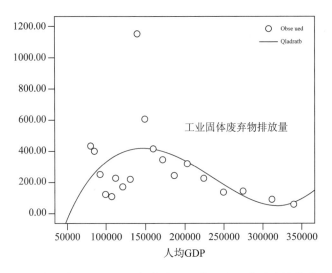

图 6 - 6　贵州省 1990～2008 年人均 GDP 与工业固体废弃物排放量的
三次方计量模型及演替轨迹

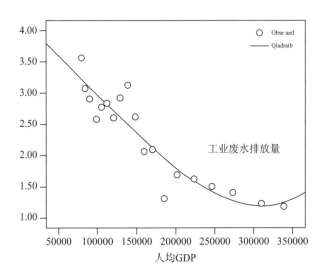

图 6 - 7　贵州省 1990～2008 年人均 GDP 与废水排放量的三次方计量模型及演替模型

　　从以上分析可以看得出(图 6 - 6 和图 6 - 7)贵州省的环境库兹涅兹曲线形状是 U 型 + 倒 U 型的波浪式,不同于发达国家的倒 U 型环境库兹涅兹曲线特征,也不同于我国工业化过程中接近水平的弱环境库兹涅兹曲线的特征。可以认为环境库兹涅兹曲线不一定是倒 U 型的,也就是随着经济发展水平的加快,即人均收入水平的提高,污染量或人均污染量并非必然经历一段时期的上升后逐渐下降,还会出现反复的波动。随着人均收入水平的提高,环境质量自然而然会改善的结局并没有出现,而是会出现反复。

以上分析表明:1990~2008 年间贵州省工业废水排放量、工业 $SO_2$、工业粉尘、工业烟尘、工业固体废物生产量与人均 GDP 有显著的相关系数;工业 $SO_2$、工业粉尘、工业烟尘与人均 GDP 的拟合曲线呈现倒 U 型,工业 $SO_2$、工业粉尘、工业烟尘与人均 GDP 的拟合曲线呈现倒 U 型,与 EKC 假说的倒 U 型相吻合,但拐点与 EKC 假说相距甚远。贵州的拐点分别出现在人均 GDP 为 1300 元、1391 元、1492 元(可比价),按当年价是在 2250~2550 元,时间大约在 1997、1998、1999 年;工业固体废物排放量与人均 GDP 拟合曲线呈现 S 型或倒 U 型+U 型,先达到一个峰值后,开始下降到一个谷底,又开始上扬的趋势;由于工业废水排放量自 1990 年以来,呈现持续下降,拟合曲线呈现倒 J 型(或正 U 型的左半部形态),与 EKC 假说的倒 U 型不相吻合。以上结果表明,贵州省经济增长和环境污染水平之间不完全符合一般的环境库兹涅兹曲线特征,更不符合环境质量发生好转要在人均 GDP 在 5000~10000 美元的论断。因此,贵州省经济与环境的关系不是走"先污染后治理"的道路而是走"边发展边治理"的新型道路。

## 二、能源消费与人口、经济增长关系[①]

区域能源消费与人口、经济增长的关系采用 Ehrlichd(1971)提出的 IPAT 模型来探讨。IPAT 模型为:

$$I = P \times A \times T \tag{1}$$

(1)式中,I 一般表示环境冲击,本文中用年能源消费总量(EC)表示;P 一般为人口数量,本文用年末人口总量(P)表示;A 为富裕度(经济水平),本文中用地区生产总值(GDP)表示;T 为技术,本文中用单位 GDP 能耗(T)表示。我们假设年能源消费总量(EC)受当期地区生产总值(GDP)直接影响,与前期末人口规模、技术水平有关。因为前期年末人口规模直接进入当期,对能源消费有直接需求,当期新增人口是一个过程,对能源的消费可以忽

---

① 安和平,陈爱平,阳艳珠,等. 贵州人口经济增长与资源环境协调发展研究报告. 杨军昌,剪继志,等. 人口·社会·法制研究(2010 年卷)[M]. 北京:知识产权出版社,2011 年 1 月:46~47,51~52.

略;当期的技术水平是建立在前期技术水平之上,受前一期技术水平的影响。这样(1)式就变为:

$$EC = P_{-1} \times GDP \times T_{-1} \qquad (2)$$

(2)式中,$P_{-1}$ 表示前一期(前一年)人口总量,$T_{-1}$ 表示前一期(前一年)单位 GDP 能耗。

为能分析人口规模、经济增长,单位 GDP 能耗对能源消费总量的影响,对(2)变换成以下形式:

$$EC = P_{-1}^{\alpha} \times GDP^{\beta} \times T_{-1}^{\lambda} \times e^{\varepsilon} (\varepsilon \text{ 表示随机误差}) \qquad (3)$$

通过对(3)式取自然对数,求出的 $\alpha, \beta, \lambda$ 为人口规模、经济增长,单位 GDP 能耗的弹性系数。即在其他条件不变的情况下,P,GDP,T 每变化 1%,将分别引起能源消费总量变化 $\alpha$%,$\beta$% 和 $\lambda$%。

具体步骤为:首先,对能源消费总量、人口规模、经济增长,单位 GDP 能耗各时间序列及其一阶差分序列做平稳性检验,即序列的单位根检验;其次,建立能源消费总量与人口规模、经济增长,单位 GDP 能耗模型,并进行变量间的协整检验;再次,当变量有协整关系时,建立协整变量间的误差修正方程;最后,基于误差修正方程检验时间序列变量间的因果关系。

计量分析研究表明,目前,贵州省 GDP 增长与能源的关系十分密切,从能源消费角度看,已形成 GDP 增长要求能源消费增加,能源消费增加促进 GDP 增长的局面。

贵州省年能源消费总量与人口规模、经济规模、单位 GDP 能耗存在显著的长期均衡关系。当 GDP 增长 1% 时,能源消费总量将增加 0.9651%;前一期(滞后一期)人口总量增长 1% 时,当期的能源消费总量将增加 0.1131%;当前一期(滞后一期)单位 GDP 能耗增加 1% 时,当期的能源消费总量将减少 0.6074%。能源消费总量与人口规模、经济规模(GDP)、单位 GDP 能耗之间的长期均衡关系在受到短期因素干扰时,调整的时间估计要 2.2 年。

年能源消费总量与经济规模扩大,从不存在显著的因果关系,到 2003 年和 2004 年过度为单向因果关系,经济规模(GDP)增长成为能源消费增长的 Granger 原因,而能源消费总量增长并不成为 GDP 增长的 Granger 原因;从 2005 年起,年能源消费总量与经济规模的关系转变成双向的因果关系,即能源消费总量增加是经济规模(GDP)增长的 Granger 原因,经济规模(GDP)增长是能源消费总量增加的 Granger 原因,二者相互影响,互为因果。说明贵州省经济增长方式正处于转型之中,正在从粗放型经济向集约型转变。

贵州省能源消费总量与单位 GDP 能耗的关系呈现单向因果关系向双向的因果关系转型。在 2003 年前相互不构成因果关系;2003 年和 2004 年在 10% 的显著性水平时,单位 GDP 能耗是能源消费总量的 Granger 原因;2005 年起,在 1% 的显著性水平时,单位 GDP 能耗是能源消费总量的 Granger 原因。进一步说明,从 2005 年起,年能源消费总量与经济规模呈现双向的因果关系的时期,提高能源利用效率,有效利用能源是加快经济规模扩大的有效措施。因此,加大节能减排,大力发展低碳经济,是加快贵州省经济发展的重要措施。

人口规模扩大对能源消费压力正在增加,但不及 GDP 和单位 GDP 能耗对能源消费总量影响显著。说明进一步控制人口也是减缓能源消费的有效途径之一。

### 三、资源、环境与社会、经济协调发展评价①

#### (一)社会经济与资源环境协调发展评价体系及方法

评价指标体系的构建过程分为两个阶段:即评价指标的初选和完善过程。在明确指标体系原则的基础上,采用频度统计法和理论分析法来选择指标。通过建立指标体系基本框架,对初选的 54 个具体指标进行独立相关性分析后,确定 44 个指标,按系统层、准则层、指标层构成的具有递阶层次结构的指标体系。然后,用主成分分析方法计算贵州省社会系统、经济系统、资源系统和环境系统的综合发展水平,用层次分析法计算出各子系统的权重,按照各系统所占的比重计算出贵州社会经济发展与资源和环境的协调度。

#### (二)资源、环境、社会、经济发展趋势

通过构建贵州省社会、经济、资源、环境协调发展评价指标体系后,对每个子系统进行主成份分析,根据各子系统中各指标的特征值和方差贡献率计算出各系统的综合发展水平值(见图 6 - 8)。社会子系统的发展水平从 1995 年的负值上升到 1997 年的正值,除 1998 年至 2001 年出现波动在负值下运行后,从 2002 年开始持续平衡上升并在正值区域运行,说明社会子系统

---

　　① 安和平,陈爱平,阳艳珠,等.贵州人口经济增长与资源环境协调发展研究报告.杨军昌,剪继志,等.人口·社会·法制研究(2010 年卷)〔M〕.北京:知识产权出版社,2011 年 1 月:48,73～74.

自 2002 年以来开始走向良性运行;经济子系统经济系统的综合发展水平由
1995 年的 −1.3395 上升到 2001 年的 2.3697 之后开始了迅速的下降,直逼
2007 年的 −0.7995 之后,又开始了迅速的反弹上升;资源子系统发展水平总
体上呈上升趋势,在经历 1995 年到 2001 年的下降,2001 年至 2003 年的筑底
后反转呈上升趋势后但 2005 年后发展速度趋于平缓;环境系统的综合发展
水平从 1995 年的负值上升到 1997 年的正值持续到 2004 年后,开始在负值
区域运行并呈下降趋势,环境压力有增大趋势。

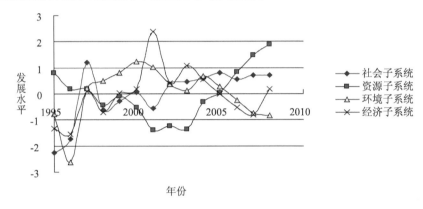

图 6-8    社会、经济、资源、环境子系统发展水平

### (三)资源、环境、社会、经济发展协调评价

从总体看,各子系统发展水平较低,在近期,社会、经济和资源子系统发
展水平呈上升趋势,环境子系统面临的压力增大。但是,四个子系统的协调
发展水平总体上得到提高。

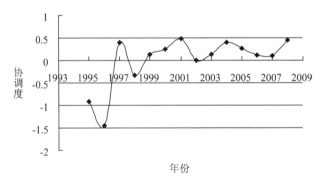

图 6-9    1995~2008 年贵州社会经济与资源环境协调度水平

从图 6 – 9 可以看出,1995～1998 年贵州省社会经济与资源环境协调度水平处于急剧变化不稳定阶段,且数值为负值( – )较多,这主要是因为经济虽然有了进一步增长,但由于粗放的经济增长方式带来了资源环境压力也在不断增大,导致整个贵州的协调度处于极不稳定的发展态势中。1998～2001 年贵州省社会经济发展与资源环境的协调度处于较快上升阶段,这主要是由于对环境保护的逐渐重视,环保投入大幅增加,环境压力得到了减轻,同时经济保持快速增长,导致整体协调发展度有了较大提高,但经济增长带来的资源压力依然在加大。

2002～2008 年贵州省社会经济发展与资源环境的协调度水平由 – 0.0042 上升到 0.4508,处于良好的发展态势中,但是在其发展过程中还有不稳定的状况出现,如由 2004 年的 0.3979 下降到 2007 年的 0.0996。总之贵州省 1995～2008 年社会、经济发展与资源、环境协调度呈上升趋势,由 1995 年的 – 0.9156 增加到 2008 年的 + 0.4508,协调状态向好的方向发展,但协调度低。但与全国其他省市相比,贵州社会经济与资源、环境协调发展水平仍处于弱势,应在以后的发展中摆脱经济对资源的依赖,进一步加强环境污染治理,加快资源节约型社会和环境友好型社会的建设步伐。

## 四、基于可持续发展的适度人口

### (一)适度人口容量预测方法

根据不同的定义和研究目标,国内学者对适度人口的研究方法也颇多,主要是如下几种:

1. 资源承载力与环境人口容量预测法

土地资源人口承载力:目前用的最多的是基于建设用地的土地资源承载力估计。首先是根据区域城市自身建设用地发展现状,预测目标年建设用地规模,其次根据人均建设用地标准,结合区域的特点,对人均建设用地指标进行选取,来预测人口规模:计算公式:P = L/I;其中 P 为预测的人口规模;L 为预测的建设用地标准;I 为人均建设用地标准。另外,此种方法也可以用城镇化率来计算,以城市化率作为城市人均建设用地的权重,以 1 – 城市化率为农村人均建设用地权重,最后根据城市建设用地总量除以人均建设用地占用量即可得到基于建设用地的适度人口规模(杨莉、冯九璋,2006)。

水资源人口承载力:这种方法也可以分为两种,一是城镇化率计算,基于区域可供水量,结合当地标准选取人均家庭生活用水量以及人均生活用水指标,按照加权平均法预测人均居民生活用水量,最后按照目标年生活用水总量与人均综合用水指标,即可计算适度人口容量(杨莉、冯九璋,2006)。二是根据工业用水量和农业用水量,预测人均综合用水量,按照人均生活用水指标,预测年人均用水量,最后相除。公式:P = W 总用水量 / W 人均生活用水量,其中 P 为预测的人口规模。

2. 资源综合平衡法

1973 年澳大利亚的研究者提出,此种方法采用多目标决策方法,综合分析了经济社会、资源、环境三种因素,而每个因素下面又详细分出一个子目标系统,避免了单因子分析法的不足。(1)经济社会类上:从经济与就业人口需求量上进行经济适度人口预测,计算公式:区域经济适度人口 = 就业需求量×(1 + 平均抚养系数);(2)资源类上:主要是预测水资源人口承载力,运用水资源平衡法、模糊综合评判法、灰色聚类评价法等对水资源进行趋势预测;(3)生态环境适度人口容量:一般选取城市绿地面积来计算,根据建设用地面积,计算出绿地用地面积,以森林覆盖率和国家或地区规定的人均绿地面积作为指标,最后区域绿地用地面积拥有量除以人均绿地规划面积,便得出基于人均绿地面积的适度人口容量。(4)运用多目标约束下的适度人口容量计算公式:CS = W1Cri + W2Cre + W3Cra。其中,CS、Cri、Cre、Cra 分别为资源、经济社会和生态环境承载人口,W1、W2、W3 分别为权重,计算出总的适度人口(王宇、高向东,2009)。

3. 平均增长率法

平均增长率法是人口预测中最常见的一种方法。根据历年的人口总量变化,计算出每年的人口增长率即年均人口增长率,再根据公式计算:

$$P = P_0(1 + K)^{n-1}$$

其中,P 为预测的人口,$P_0$ 为基期年的人口总数,K 为年均人口增长率,n－1 为目标年与基期年的差。此外还有投入产出法、系统动力学方法等。

4. 生态足迹模型

生态足迹模型(Ecological Footprint)主要是用来计算在一定的人口与经济规模的条件下,维持资源消费和废物消纳所必需的生物生产面积。它在计算时主要基于以下几个假设:(1)人类可以确定自身消费的绝大多数资源及其产生废物的数量;(2)这些资源和废物流能够转换成相应的生物生产面积;(3)各类土地在空间上是互斥的;(4)一旦采用声望是生产力来衡量土地时,不同地域间的土地可以用相同的单位来表示①。作为一种测算区域适度人口的模型,测算生态足迹的基本步骤有:首先,建立消费(生产)账户,一般分为能源消费账户和生物消费账户。之后进行生态承载力计算,即区域实际拥有的所有生物生存性土地表示区域生物总承载力。数据实行均衡化处理,并将其转变为标准的世界平均生物生产力土地,以便于总生态承载力的加总。其次,生态足迹计算。先估算各类商品的人均消费量,再根据区域当前土地生产力数据将消费转变为对应的土地量,经过权衡化处理转变为世界平均生产力土地单位,便于和生态承载力对比。最后,根据公式:区域生态适度人口 = 区域生态总承载力/人均生态足迹,计算出生态适度人口容量(彭希哲,2004)。

5. P—S(可能—满意度)多目标决策模型

在决策过程中,人们遇到的实际问题一般要从"需要"和"可能"两方面来考虑。若把表示"可能"的有关定量值定义为可能度,把表示可以达到的"需要"的相关定量定为满意度,那么这种相应的方法就成为可能—满意度法,即P—S法。可能—满意度模型最主要的两个概念是可能度和满意度,如果某事肯定能够做到,那么从可能度来说,其把握最大,"可能度"最高,定义可能度P,此时,P=1;若某事肯定做不到,则"可能度"最低,定义为P=0,因此在区间[0,1]之间的某个实数便表示不同水平的可能度。如果某事完全令人满意,则满意度为最高,定义满意度为S,此时,S=1;若某事令人完全无法接受,则满意度最低,S=0,这样在[0,1]之间的某个实数便可表示不同水平的满意度②。(代富强,2006)

6. P—E—R 模型

朱宝树曾根据可持续发展的基本理论,提出过利用人口、经济、环境三大系统的协调发展来测算适度人口的思想,即P—R—E模型。首先,模型的假定。模型中的指标为三个。即现实人口数量(P);经济人口容量(E),这里特指一定经济发展水平下的人口容量,计算方法为一个地区总量经济指

---

① 张坤民,温宗国,等.生态城市评估与指标体系[M].化学工业出版社,2003:第226页.
② 将正华,米红.人口安全[M].浙江大学出版社,2008:第34页.

标除以该地区一定标准的人均经济指标;资源人口容量(R),特指一定资源开发利用水平下的人口容量,具体是一个地区资源总量除以该地区一定标准的人均资源占有量后所得的人口数量。模型假定有两个:

①全国人口总量与经济—资源总承载量基本平衡。

②区域是一个封闭的系统,不与外界发生贸易往来,也不发生人口迁移。即区域内的经济—资源人口容量都用于承载本区域内的人口。在模型中,各指标的简化计算公式为:

$$E = 区域\,GDP/全国人均\,GDP$$

$$R = 区域粮食总产量/全国人均粮食产量$$

区域适度经济人口容量(ME) = 区域 GDP/(中国 GDP ÷ 中国适度人口容量)

区域适度资源人口容量(MR) = 区域粮食总产量/(中国粮食总产量 ÷ 中国适度人口容量)(林国钧、田珺等,2005)。

**(二)基于可持续发展贵州省适度人口模型构建及预测**

针对上述适度人口的预测方法,结合贵州省实际情况选取生态足迹模型对贵州省人口发展现状进行对比分析,并运用取单因素分析法分别从经济社会类、资源类、生态环境类三个方面,采用三种预测方法对贵州省近二十年人口发展趋势进行预测。

1. 适度人口

影响适度人口的因素有很多,如社会经济、资源环境、区位、政策、科技、人口消费等。从生态足迹的角度来看,一定时期的适度人口由人均生态足迹和生态承载力共同决定,即一定的资源供给和资源需求共同决定,而由他们共同决定所的人口数量就是生态适度人口[①]。其计算公式如下:

区域生态适度人口 = 区域总生态承载力/区域人均生态足迹

$$即:P_0 = N \times EC/ef$$

$$P = P_1 - P_0$$

其中,$P_0$ 为基于生态足迹的生态适度人口数,$P_1$ 为贵州省实际人口数,P 为生态过剩人口数;当 P 出现正时,出现人口剩余,当 P 出现负值时,出现生态盈余人口。

---

① 马晓钰.基于生态足迹理论的生态人口过剩[J].广东社会科学.2007,(5):189 – 194

下面是根据以上公式计算出贵州省1996～2009年基于生态足迹的适度人口规模,详细结果见下表6-3、图6-10。

**表6-3　基于生态足迹模型的贵州省1996～2009年适度人口规模与实际人口规模汇总**

| 年份 | 生态赤字 | 赤字倍数 | 适度人口 $P_0$（万人） | 实际人口 $P_1$（万人） | 剩余人口 P（万人） |
|------|----------|----------|----------|----------|----------|
| 1996 | 1.6078690 | 3.4642110 | 796.42 | 3555.41 | 2758.98 |
| 1997 | 1.6780986 | 3.6807551 | 770.35 | 3605.81 | 2835.46 |
| 1998 | 1.7071360 | 3.7905530 | 763.46 | 3657.60 | 2894.14 |
| 1999 | 1.6726150 | 3.7467740 | 781.60 | 3710.06 | 2928.46 |
| 2000 | 1.7330960 | 3.9305420 | 761.73 | 3755.72 | 2993.99 |
| 2001 | 1.7438330 | 4.0056740 | 758.85 | 3798.51 | 3039.66 |
| 2002 | 1.8644340 | 4.3921370 | 711.63 | 3837.28 | 3125.65 |
| 2003 | 2.1701950 | 5.1237690 | 631.90 | 3869.66 | 3237.97 |
| 2004 | 2.4086640 | 5.7025480 | 582.43 | 3903.73 | 3321.30 |
| 2005 | 2.6653990 | 6.3387640 | 535.67 | 3931.12 | 3395.45 |
| 2006 | 2.9397700 | 7.0248120 | 492.88 | 3955.30 | 3462.42 |
| 2007 | 3.2148990 | 7.7332110 | 455.25 | 3975.48 | 3520.23 |
| 2008 | 2.6612210 | 6.4660480 | 546.09 | 4036.75 | 3490.66 |
| 2009 | 2.8068650 | 6.6850080 | 532.31 | 4090.78 | 3558.47 |

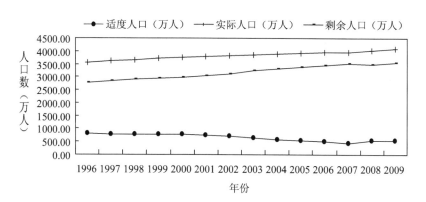

**图6-10　贵州省适度人口与实际人口对比图**

从表 6 - 3、图 6 - 10 中我们可以很直观的看出:总的来说,贵州省总人口在不断的增长,其适度人口规模与实际人口规模相差甚远,人口压力大,生态人口赤字严重,人口对资源环境的压力也增加,发展的可持续性相对较弱。贵州省适度人口规模变化趋势呈现两大特点:一是适度人口的规模从 1996 年开始一直逐渐下降,从 96 年的 796.42 万人一直下降到 2007 年的 455.25 万人,12 年间下降了 341.17 万人,下降 4.2%,于此同时盈余人口也逐年增加;二是从 2008 年和 2009 两年数据看,适度人口容量有所回升,逐渐有增长的趋势,但是剩余人口却变化不大。笔者认为之所以会出现这两个特点是因为:①随着人民生活质量的提高,经济条件的发展,特别是从国家实施西部大开发战略以来,国家加大对贵州的扶持力度,贵州省人口总量在迅速的增长,无论是生态环境还是消费水平上的需求越来越大,而相反的是生态资源环境所承载的人口数量严重超过现有承载能力能够承载的人口数,鉴于此,适度人口容量逐年下降,致使剩余人口越来越多,导致人口过多对经济、资源环境的压力变的更大。②首先针对人口增长过快,对生态环境破坏越来越大,贵州省相关部分开始加大对人口的控制,大力实施环境保护;其次贵州省农作物的产量逐年增加,特别是粮食产量即土地资源承载力在逐渐增加,这样人均生态承载力有所回升,生态赤字逐渐减小,说明贵州省资源优势比较明显,可利用的资源相对较充足,这样人民的生活质量可能会得到提高,消费习惯得到良好的改善,增强了生态适度人口承载力,故会出现适度人口容量的小幅度增长。因此贵州省在今后的发展上减小生态赤字,通过降低生态足迹,提高生态承载力的方法来提高贵州省适度人口容量。

2. 贵州省适度人口目标体系建立与预测

区域适度人口目标体系的建立主要取决于该地区的社会经济发展阶段和资源环境状况。近些年来,随着经济的快速发展,城镇化进程加快,人口流动较大,从而加强了贵州省各个地区联系密切,加大了人们的生产、生活对省内的自然资源现存量和依赖度,导致在特定的时期内,经济发展水平、土地资源、生态环境、与预期生活质量目标产生矛盾,在这种多重条件的约束下,区域人口的承载力就成为最为重要的一个衡量因子。

本文根据贵州省经济社会发展目标与资源问题的双重导向,将研究区域作为一个整体,将影响和制约适度人口的各种因素纳入系统,综合分析;

将适度人口容量分解为:经济社会类(基于 GDP 增长率与就业人口规模的经济适度人口容量)、资源类(基于耕地资源的适度人口容量)和生态环境类(基于生态足迹的的适度人口容量)三个子目标体系。

(1)基于各个子目标的适度人口容量预测

①基于 GDP 增长率与就业人口规模的经济适度人口容量

前面已经提到影响贵州省适度人口容量的因素有很多,其中,社会经济发展水平是最重要的因素。从当前贵州省人口与经济发展的联系来看,就业人口规模成为制约贵州省适度人口规模的一个重要因子。一个区域的居住人口实际上是由该区域的劳动力来供养,而劳动力需求量便成为区域人口承载力的最重要的基础。在一定的平均抚养系数下,一个区域可以提供的就业岗位的数量和质量就基本决定了该区域的经济适度人口规模[①]。故区域经济适度人口的计算公式为:

区域经济适度人口 = 就业需求量×(1 + 平均抚养系数)

就业需求量 = 现状就业人口×(1 + 就业人口增长率)$^N$

其中,就业人口增值率 = 经济增值率×就业弹性系数;就业弹性系数 = 从业人数增值率/GDP 增值率,N 为预测的年份与现状年份的差。

本部分在预测中,以 2008 年的就业人口规模,即 2292.12 万人作为劳动力需求量预测的基数。

在计算过程中因无法获得精确的贵州省就业弹性系数,因此对经济增长的就业弹性系数采用低、中、高三种方案。其中:低方案采用就业弹性系数的全国平均值 0.17;中方案采用 2008 年贵州省三大产业就业弹性系数的总和 0.30;该系数比全国平均值高将近 15 个百分点,主要原因一是考虑到近些年来,随着经济结构的调整,产业结构的优化,以及该省综合经济实力的提高,就业渠道逐渐呈现多样化;二是人口的大量流出,为该省人口就业提供了更多的就业机会。高方案采用就业弹性系数为 0.35。

经济增长率预测的依据主要分为:一是按照《贵州省国民经济和社会发展"九五"计划和 2010 年远景目标纲要》的指标,预计到 2010 年前贵州省国内生产总值年均增长率保持在 10% 左右;二是按照《贵州省十二五前期规划》,2010 ~ 2020 年保持在 12% ~ 15%。

---

① 王宇、高向东.多目标约束下的大连市适度人口[J].沈阳大学学报,2009(4).

　　根据以上数据和相关公式,计算贵州省劳动需求量如下:

　　2008 年贵州省从业人口占城市人口的 48% 左右,但是贵州省是一个流动人口大省,近些年来随着外来流动人口的大量迁入,在 2010 ~ 2015 年从业人口占总人口的比重将会达到 50% 左右,2020 年则会降到 48% 左右。

表 6 − 4　贵州省劳动力需求量(万人)

| 年份 | 低方案 | 中方案 | 高方案 |
|------|--------|--------|--------|
| 2010 | 2370.71 | 2431.71 | 2452.57 |
| 2015 | 2640.16 | 2933.91 | 3071.44 |
| 2020 | 3101.24 | 3896.60 | 4240.42 |

　　因此将预测的劳动力需求量以及从业人口占总人口的比重代入前面的公式中,即可得出贵州省经济适度人口,结果见表 6 − 5。

表 6 − 5　贵州省经济适度人口(万人)

| 年份 | 低方案 | 中方案 | 高方案 |
|------|--------|--------|--------|
| 2010 | 3508.65 | 3598.93 | 3629.80 |
| 2015 | 3960.24 | 4400.87 | 4607.16 |
| 2020 | 4589.84 | 5766.97 | 6275.82 |

　　根据以上结果,结合贵州省人口发展实际情况,我们发现低方案与贵州省实际情况相符。按照贵州省人口发展现状,从 1996 年到 2004 年贵州省人口年均增长率为 1.18%,照这样计算下去,那么到 2020 年贵州省人口总量约为 4420 万人,文章中采用的低方案是从 GDP 增长和劳动就业人口的角度来衡量,其计算结果与 4220 相差不大,也就是说,到 2020 年贵州省经济适度人口将会保持在这一数值左右。

　　②基于耕地资源的适度人口容量

　　贵州省地处云贵高原,地势西高东低,喀斯特地形显著。全省土地资源以山地、丘陵为主,平坝地较少。这种地理特点,使得可用于农业开发的土地资源不多,特别是近年来,由于人口增多,非农业用地增多,耕地面积不断缩小。2008 年年底,全省人口为 3793 万人,而全省实有耕地面积只有

2631.07 万亩,人均耕地面积才 0.70 亩,远低于全国平均水平。粮食作物播种面积为 4379.36 万亩,其总产量为 1158 万吨,粮食单产为 260 公顷／亩,人均占有量相对较低。因此本部分选取粮食播种面积、化肥使用量、农机总动力、粮食产量作为指标,进行预测。

a. 粮食播种面积预测

根据粮食产量随时间变化的趋势,以贵州统计年鉴有关粮食产量数据为基础,采用时间序列模型,t 为年份,$t_1 = 1990, \cdots, t_{28} = 2008$ 依次类推。运用 spss11.5 统计分析软件,进行粮食播种面积回归预测(见图 6 – 11)。经过模型选优后得:

[粮食播种面积预测值] $Y_t = 271.41 + 1.98t$
$$(3.001^{***}) \quad (36.118^{***})$$

F 检验:$F_{0.05}(1,17) = 4.45$,$F_1 = 9.008 > F_{0.05}(1,17) = 4.45$,F 检验通过,表明方程的总体回归效果显著;$R^2 = 0.7607$,表明拟合优度较好,回归线对样本数据点的拟合程度很高。由此,该一元回归模型成立。

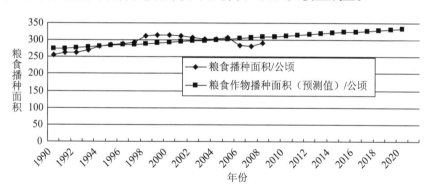

**图 6 – 11 1990 ~ 2020 年粮食播种面积变化发展趋势**

预测 2010 年贵州省粮食播种面积。2010 年:$Y_t = 271.41 + 1.98t = 312.95$(公顷),2015 年:$Y_t = 271.41 + 1.98t = 322.84$(公顷);

2020 年:$Y_t = 271.41 + 1.98t = 332.73$(公顷)。

b. 化肥施用量预测

根据化肥施用量随时间变化的资料,采用时间序列模型,t 为年份,$t_1 = 1990, \cdots, t_{28} = 2008$ 依次类推。运用 spss11.5 统计分析软件,进行化肥施用

量的回归预测(见图6-12)。经过模型选优后得①:

[化肥用量预测值]$Y_t = -152.39 + 76.02t$

$$(-2.609^{**}) \quad (14.84^{***})$$

F 检验:$F_{0.05}(1,17) = 4.45$,$F_t = 220.253 > F_{0.05}(1,17) = 4.45$,F 检验通过,表明方程的总体回归效果显著;$R^2 = 0.92835$,表明拟合优度接近1,回归线对样本数据点的拟合程度很高。由此,回归模型成立。

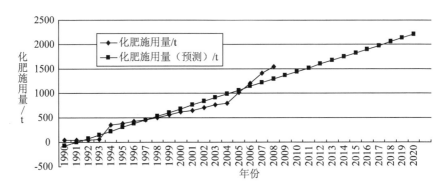

图6-12 贵州省1990~2020年化肥用量发展趋势状况

预测2010年贵州省化肥施用量。2010年:$Y_{20} = -152.39 + 76.02t = 1443.94(t)$;2015年:$Y_{25} = -152.39 + 76.02t = 1824.02(t)$;2020年:$Y_{30} = -152.39 + 76.02t = 2204.09(t)$。

c. 粮食产量预测

影响粮食产量的因素有:农机总动力、化肥使用量、农业劳动力、粮食播种面积等。本节选取以上四个指标进行相关分析,发现贵州省粮食产量和农机总动力与农业劳动力关系不是很大,故在计算过程中采用剔除法和逐步回归法,再根据影响粮食产量因子分析可知,结合模型选优原则,选取播种面积、化肥施用量作为最主要的影响因子。本研究将其取对数变换处理消除量纲差异,从而建立二元线性回归模型:$Ln(Y) = C + \alpha Ln(X_1) + \beta Ln(X_2) + \varepsilon$ 　　　　　　　　　　　　　(1)

其中 C 为常数,$\alpha$、$\beta$ 分别代表了解释变量的参数,$\varepsilon$ 为随机误差项;$X_1$

---

① 注 $^{***}$ 和 $^{**}$ 分别表示在1%、5%的水平下显著。

表示农用化肥施用量,$X_2$ 表示粮食作物播种面积,从而建立二元线性回归模型。其计算结果如(表6-6)所示。

表6-6　各变量回归系数及检验结果①

| 模型一 | | | | | |
|---|---|---|---|---|---|
| | 标准差 | 非标准化回归系数 | 标准化回归系数 | T 值 | VIF |
| 农用化肥施用量 | 0.015 | 0.066 | 0.587 | 4.453＊＊＊ | 2.373 |
| 粮食作物播种面积 | 0.271 | 0.849 | 0.413 | 3.134＊＊＊ | 2.373 |
| 常数项 | 1.471 | 1.704 | —— | 2.732＊＊＊ | —— |
| F 检验显著性 | 60.373＊＊ | | | | |
| $R^2$ | 0.883 | | | | |
| 校正 $R^2$ | 0.868 | | | | |

注:被解释变量为粮食产量与解释变量(化肥施用量、粮食播种面积)均为自然对数;＊＊＊表示在1%的水平上显著。

综上所述,得出模型方程:

$$Ln(Y) = 1.704 + 0.066Ln(X_1) + 0.849Ln(X_2) \tag{2}$$

利用前面预测出粮食播种面积和化肥施用量的模型,预测出解释变量(化肥施用量、粮食播种面积)分别在 2010 年、2015 年、2020 年的值,然后将所得数值代入(2)式,即可得 2010 年粮食产量:$Y = 1.704 + 0.066Ln(1443.94) + 0.849Ln(312.95) = 7.0625$ ,2015 年粮食产量:$Y = 1.704 + 0.066Ln(1824.02) + 0.849Ln(322.84) = 7.1043$ ,2020 年粮食产量:$Y = 1.704 + 0.066Ln(2204.49) + 0.849Ln(332.73) = 7.1425$;由于此数值为取对数后的结果,因而利用函数 EXP 为 e 乘幂函数,所以处理后结果:2010、2015、2020 年粮食产量分别为 1167.394(t)、1217.295(t)、1264.597(t)。

d. 不同时期不同生活标准下人口承载力预测

按照《贵州省土地资源》关于土地承载力的研究中指出,在不同时期消

---

① F 值、校正 $R^2$,都优于原模型;同时所有的 VIF 均小于 10(作为标准),说明解释变量间不存在共性性问题,说明此模型拟合较好。

费水平指标中粮食的标准:人均占有粮食 250～300kg 为贫困型、300～350kg 为温饱型、350～400kg 为宽裕型、高于 400kg 为小康型。而全国人均粮食需求量和中国专家营养方案,把人口消费水平划分为温饱型:400kg/人、小康型 450kg/人、富裕型 550kg/人。本文根据贵州省的实际情况,结合国家的标准,把人均消费水平划分为温饱型、宽裕型、小康型和富裕型,粮食消费标准分别为:300kg/人、350kg/人、400kg/人和 450kg/人。

按照与贵州省同样的人均粮食消费标准对不同时期的资源承载力进行预测,其预测结果如下:

根据以上预算的结果显示,可以预测到,按温饱型生活标准,2010 年、2015 年、2020 年贵州省的人口承载力分别为:3891.31 万人、4057.65 万人和 4215.32 万人(表 6－7)。从中我们可以看出贵州省人口增长与土地资源之间的矛盾相当尖锐,到 2020 年贵州省人口总量将超出实际承载力,因此在今后的发展道路上,要想实现贵州省人口资源的协调发展还是有待思考。

**表 6－7　贵州地区耕地资源人口承载量预测**

(单位:万人)

| | 2010 年 | | 2015 年 | | 2020 年 |
|---|---|---|---|---|---|
| 生活型 | 预期承载人口 | 生活型 | 预期承载人口 | 生活型 | 预期承载人口 |
| 温饱型 | 3891.31 | 温饱型 | 4057.65 | 温饱型 | 4215.32 |
| 宽裕型 | 3335.41 | 宽裕型 | 3477.99 | 宽裕型 | 3613.13 |
| 小康型 | 2919.85 | 小康型 | 3043.24 | 小康型 | 3161.49 |
| 富裕型 | 2594.21 | 富裕型 | 2705.1 | 富裕型 | 2810.22 |

③基于生态足迹的适度人口容量

根据《贵州省十二五经济发展前期规划》和经济增长发展目标,本文预设贵州省 GDP 在 2010、2015、2020 年年均增长分别为 10%、12%、15%。

具体计算公式如下:

$GDP_{2010} = GDP_{2008} \times (1 + 年均增长率)^N$;$GDP_{2015} = GDP_{2008} \times (1 + 年均增长率)^N$;$GDP_{2020} = GDP_{2008} \times (1 + 年均增长率)^N$;$W_{2010} = W_{2008} \times (1 - 8.6\%)^N$;$W_{2015} = W_{2008} \times (1 - 8.6\%)^N$;$W_{2020} = W_{2008} \times (1 - 8.6\%)^N$

P 适度人口 $= W_{2010} \times GDP_{2010/ef2010}$;人均生态足迹利用 SPSS11.5 作回归

分析,建立公式①:

$$Y = 1.897462 + 0.062009X + 0.003791X^2, R^2 = 0.91365.$$

$$(34.104^{***})(4.562^{***})(4.45^{***})$$

F 检验通过,表明方程的总体回归效果显著,而 $R^2 = 0.91365$,表明拟合度接近 1,回归方程线对样本数据点的拟合程度高,回归模型成立。

其中,下角为年份,N 为基准年与预测年的差,$ef_{2010}$ 为 2010 年人均生态足迹,$GDP_{2010}$ 为 2010 年 GDP,$W_{2010}$ 为 2010 年万元 GDP 生态足迹。

经过计算可得到表 6 - 8。

**表 6 - 8　基于生态足迹的贵州省适度人口计算结果**

| 年份 | GDP(万元) | 万元 GDP 足迹<br>($hm^2$/万元) | 人均生态足迹<br>($hm^2$/人) | 适度人口(万人) |
|------|-----------|---------------------|------------------|----------------|
| 2010 | 42995079.4 | 3.09241 | 3.529017 | 3592.32 |
| 2015 | 86870427.9 | 1.97255 | 4.1234217 | 4155.68 |
| 2020 | 175519343 | 1.25823 | 4.7178263 | 4681.05 |

从表 6 - 8 的计算结果中我们得知,(1)贵州省万元 GDP 在逐渐下降,而人均生态足迹却在逐年上升,一方面说明西部大开发以来贵州省人民生活水平得到提高,消费的生物产品、农业资源和服务增加,另一方面也反映出未来 10 年人口的增加对环境的压力越来越大。(2)就目前贵州省人口发展现状来看,贵州省人口快速增加,到 2020 年其增长数量可能会超过预测的数量,因此在今后的发展道路上,相关部门应积极完善计划生育政策,将人口保持在这个数量范围内。

**(三)结论**

本章从三个方面,分别选取不同的指标对贵州省适度人口容量进行了预测,估算了贵州省适度人口的范围,通过以上三种不同方法预测发现,贵州省人口将处于严重超载状态,且与实际人口相差较大。

(1)生态适度人口容量大于经济适度人口容量大于耕地资源适度人口容量。说明贵州省自然资源丰富,生态承载能力较强。而相对于耕地资源影响下的人口承力来说,人口的过快增长,造成贵州省人地矛盾尖锐,这

---

① 注 *** 表示在 1% 水平下显著。

也是未来贵州省重点解决的问题。

（2）结合以上三种不同的预算方法得出的结果，经过综合分析我们得出贵州省 2010 年、2015 年、2020 年适度人口容量范围分别如表 6-9 所示：

表 6-9　贵州省各年份适度人口容量

（单位:万人）

| 年份 | 2010 | 2015 | 2020 |
|------|------|------|------|
| 适度人口容量 | 3508.65~3891.31 | 3960.24~4155.68 | 4215.32~4681.05 |

（3）适度人口容量是相对于一定前提条件而言的，由于制约适度人口容量的因素较多，计算方法也没有统一的标准，因此在今后的适度人口研究中还是需要进一步深入分析。

## 五、人口与水资源可持续发展综合评价

### （一）指标的选取

本文吸取前人研究成果中的优良指标，并根据贵州省具体情况建立贵州省水资源可持续发展指标体系。准则层有三层:人口发展状况、经济发展状况以及水资源发展状况，指标层筛选出 30 个指标，如表 6-10 所示。

### （二）贵州省人口与水资源可持续发展水平综合评价

由于在评价人口发展状况、经济发展状况和水资源发展状况中，都采用了多个指标对其进行分析评价，不同指标之间具有一定相关性。由于指标较多，再加上指标之间有一定的相关性，增加了分析问题的复杂性，并且分析信息的重叠，导致分析结果主次原因不明显。而主成分分析是将原来众多具有相关性的指标化为少数几个相互独立的综合指标的一种统计方法，将原来的指标重新组合成一组新的互相无关的较少的综合指标以尽可能多地反映原来指标的信息，通过研究指标体系的内在结构关系，把多指标转化成少数几个独立而且包含原有指标大部分信息（80%~85%）综合指标的多元统计方法。在主成分分析中较为重要的是方差贡献率，代表主成分对样本信息变化反映程度的大小。运用主成分分析，可以从反映可持续发展综合特征的众多变量中提取几个主要的公因子，每个公因子代表一种重要影响，从而可以分析出影响人口与水资源可持续发展水平的不可观测的主要影响因素，并可以简化数据结构。为了避免重复利用一些潜在信息分析，以

及为了对研究对象有个全面的、综合的认识,本文采用主成分分析。[①]

1. 原始数据处理

为了避免它们不同量纲对分析结果的影响,将每一个指标的原始数据通过公式 $Z_i = \dfrac{x_i - \bar{x}}{S}$ 进行标准化处理后,再进行主成分分析($Z_i$ 标准化后的值,$x_i$ 为原始观测值,$\bar{x}$ 均值,$S$ 标准差)。根据构建的人口与水资源可持续发展状况评价指标体系原始数据表(表 6 – 11),利用标准化公式对原始数据进行无量纲标准化,其结果如表(6 – 12)。

表 6 – 10 贵州省人口与水资源可持续发展指标体系

| 目标层 | 准则层 | 指标层 |
|---|---|---|
| 贵州省<br>人口与水资源<br>可持续发展状况(K) | 人口发展状况<br>(X) | $X_1$ 常住人口数量(人) |
| | | $X_2$ 符合政策生育率(%) |
| | | $X_3$ 初中阶段毛入学率(%) |
| | | $X_4$ 人口自然增长率(‰) |
| | | $X_5$ 人口出生缺陷发生率(‰) |
| | | $X_6$ 非农业人口占总人口比重(%) |
| | | $X_7$ 65 岁以上人口在占总人口的比重(%) |
| | | $X_8$ 性别比 |
| | | $X_9$ 第三产业从业人员比重(%) |
| | 经济发展状况<br>(Y) | $Y_1$ 国内生产总值(亿元) |
| | | $Y_2$ 人均 GDP(元) |
| | | $Y_3$ GDP 增长幅度(%) |
| | | $Y_4$ 农民人均收入(元) |
| | | $Y_5$ 城镇居民人均收入(元) |
| | | $Y_6$ 第一产业产值比重(%) |
| | | $Y_7$ 第二产业产值比重(%) |
| | | $Y_8$ 第三产业产值比重(%) |
| | | $Y_9$ 万元 GDP 能耗(吨标准煤/万元) |

① 于秀林,任雪松.多元统计分析[M].北京:中国统计出版社,1999:59~60.

续表

| 目标层 | 准则层 | 指标层 | |
|---|---|---|---|
| 贵州省<br>人口与水资源<br>可持续发展状况(K) | 水资源发展状况<br>(Z) | $Z_1$ | 水资源总量(亿 $m^3$) |
| | | $Z_2$ | 人均供水量($m^3$/人) |
| | | $Z_3$ | 森林覆盖率(%) |
| | | $Z_4$ | 水资源开发利用率(%) |
| | | $Z_5$ | 工业废水排放达标率(%) |
| | | $Z_6$ | 人均综合用水量($m^3$/人) |
| | | $Z_7$ | 万元 GDP 用水量($m^3$) |
| | | $Z_8$ | 年人均水资源量($m^3$) |
| | | $Z_9$ | 有效灌溉面积(万公顷) |
| | | $Z_{10}$ | Ⅲ类及以上水质所占比重(%) |
| | | $Z_{11}$ | 蓄水工程供水量(亿 $m^3$) |
| | | $Z_{12}$ | 城市污水处理率(%) |

2. 主成分分析及评价

利用主分成分析对人口与水资源可持续发展状况评价指标体系中的人口发展状况、经济发展状况和水资源发展状况进行分析评价。

(1)人口发展水平评价

对用来衡量人口发展水平的 9 大指标进行主成分分析,结果如表6－13。

从总方差解释表(表 6－13)可以看出,第一主成分的特征根为6.7563,它解释了总变异(或总信息)的 75.07%;第二主成分的特征根为1.3501,它解释了总变异的 15%。两者的累积贡献率为90.07%,大于了85%,这表明取前两个主成分基本包含了全部 9 个指标所有的信息(于秀林,1999)。

表6-11 贵州省人口、经济及水资源发展状况原始数据

| | 指标 | 2000年 | 2001年 | 2002年 | 2003年 | 2004年 | 2005年 | 2006年 | 2007年 | 2008年 |
|---|---|---|---|---|---|---|---|---|---|---|
| 人口发展状况(X) | $X_1$ 常住人口数量(人) | 3755.72 | 3798.51 | 3837.28 | 3869.66 | 3903.7 | 3730 | 3757.18 | 3762.36 | 3793 |
| | $X_2$ 符合政策生育率(%) | 86.6 | 88.9 | 90.6 | 85.1 | 89.1 | 93.1 | 94.6 | 94.5 | 94.1 |
| | $X_3$ 初中阶段毛入学率(%) | 65.2 | 79.7 | 90 | 92.3 | 94.8 | 98.7 | 100 | 97.5 | 95.9 |
| | $X_4$ 人口自然增长率(‰) | 13.06 | 11.33 | 10.75 | 9.04 | 8.73 | 7.38 | 7.26 | 6.68 | 6.72 |
| | $X_5$ 人口出生缺陷发生率(%) | 11.42 | 11.41 | 12.92 | 13.11 | 13.72 | 14.41 | 17.11 | 17.68 | 17.88 |
| | $X_6$ 非农业人口占总人口比重(%) | 23.87 | 23.96 | 24.47 | 25.71 | 26.3 | 26.87 | 27.46 | 28.24 | 29.1 |
| | $X_7$ 65岁以上人口在占总人口的比重(%) | 5.79 | 6.33 | 6.86 | 7.59 | 7.54 | 8.2 | 8.06 | 8.3 | 8.14 |
| | $X_8$ 性别比 | 110.1 | 110.02 | 107.12 | 107.63 | 107.48 | 106.13 | 106.99 | 107.12 | 108.21 |
| | $X_9$ 第三产业从业人员比重(%) | 11.9 | 11.7 | 14.2 | 16.5 | 17.8 | 18.3 | 18.5 | 18.9 | 19.4 |
| 经济发展状况(Y) | $Y_1$ 国内生产总值(亿元) | 993.32 | 1082.19 | 1180 | 1344.31 | 1591.9 | 1942 | 2267.43 | 2710.28 | 3333.4 |
| | $Y_2$ 人均GDP(元) | 2662 | 3000 | 3257 | 3701 | 4317 | 5052 | 5787 | 6835 | 8824 |
| | $Y_3$ GDP增长幅度(%) | 8.7 | 8.8 | 9.1 | 10.1 | 11.4 | 11.5 | 11.5 | 13.7 | 10.2 |
| | $Y_4$ 农民人均收入(元) | 1374.16 | 1411.73 | 1489.91 | 1564.66 | 1721.55 | 1876.96 | 1984.6 | 2374 | 2797 |
| | $Y_5$ 城镇居民人均收入(元) | 5122 | 5451 | 5944 | 6569 | 7322 | 8151 | 9117 | 10678 | 11758 |
| | $Y_6$ 第一产业产值比重(%) | 27.21 | 25.34 | 23.8 | 21.9 | 20.99 | 18.5 | 17.3 | 16.8 | 16.4 |
| | $Y_7$ 第二产业产值比重(%) | 38.83 | 38.96 | 4.2 | 42.5 | 44.89 | 42.4 | 43.3 | 42.3 | 42.3 |
| | $Y_8$ 第三产业产值比重(%) | 33.96 | 35.7 | 36 | 35.6 | 34.12 | 39.1 | 39.4 | 40.9 | 41.3 |
| | Y9 万元GDP能耗(吨标准煤/万元) | 3.8 | 3.9 | 4.05 | 4.2 | 3.8 | 3.25 | 3.19 | 2.9 | 2.4 |

续表

| | 指标 | 2000 年 | 2001 年 | 2002 年 | 2003 年 | 2004 年 | 2005 年 | 2006 年 | 2007 年 | 2008 年 |
|---|---|---|---|---|---|---|---|---|---|---|
| 水资源发展状况（Z） | $Z_1$ 水资源总量（亿 m³） | 1217.5 | 972.5 | 1117.5 | 916.1 | 990.9 | 834.6 | 814.6 | 1054.6 | 1141.2 |
| | $Z_2$ 人均供水量（m³/人） | 265.4 | 229.4 | 234.3 | 242.1 | 241.6 | 260.6 | 266 | 260.6 | 268.7 |
| | $Z_3$ 森林覆盖率（%） | 30.83 | 30.83 | 30.83 | 34.9 | 34.9 | 34.93 | 39.93 | 39.93 | 39.93 |
| | $Z_4$ 水资源开发利用率（%） | 7.03 | 8.96 | 8.04 | 10.23 | 9.52 | 11.65 | 12.27 | 9.29 | 8.9 |
| | $Z_5$ 工业废水排放达标率（%） | 47.41 | 58.21 | 56.79 | 55.97 | 58.16 | 67.7 | 71.84 | 71.92 | 71.7 |
| | $Z_6$ 人均综合用水量（m³/人） | 224 | 229 | 234 | 242 | 243 | 247 | 253 | 246 | 252 |
| | $Z_7$ 万元 GDP 用水量（m³） | 847 | 750 | 701 | 648 | 648 | 490 | 440 | 360 | 306 |
| | $Z_8$ 年人均水资源量（m³） | 3242 | 2560 | 2912 | 2367 | 2555 | 2123 | 2059.6 | 2649 | 2826 |
| | $Z_9$ 有效灌溉面积（万公顷） | 6.53 | 6.6 | 6.72 | 6.83 | 6.93 | 7.12 | 7.28 | 7.8 | 7.2 |
| | $Z_{10}$ Ⅲ类及以上水质所占比重（%） | 77.6 | 68.7 | 79.4 | 78.6 | 79.6 | 81.5 | 64.7 | 55.8 | 56.1 |
| | $Z_{11}$ 蓄水工程供水量（亿 m³） | 29.91 | 28.265 | 31.87 | 33.02 | 32.44 | 33.56 | 31.58 | 34.3 | 32.31 |
| | $Z_{12}$ 城市污水处理率（%） | 3.4 | 3.7 | 2.9 | 2.83 | 10.31 | 21.1 | 21.2 | 29 | 31.2 |

表6-12　贵州省人口、经济及水资源发展状况标准化数据

| | 指标 | 2000年 | 2001年 | 2002年 | 2003年 | 2004年 | 2005年 | 2006年 | 2007年 | 2008年 |
|---|---|---|---|---|---|---|---|---|---|---|
| 人口发展状况（X） | X₁ 常住人口数量 | -0.7741 | -0.0396 | 0.6258 | 1.1816 | 1.7659 | -1.2156 | -0.7491 | -0.6601 | -0.1342 |
| | X₂ 符合政策生育率 | -1.1642 | -0.5163 | -0.0375 | -1.5868 | -0.4600 | 0.6668 | 1.0893 | 1.0611 | 0.9485 |
| | X₃ 初中阶段毛入学率 | -2.2433 | -0.9556 | -0.0409 | 0.1634 | 0.3854 | 0.7318 | 0.8472 | 0.6252 | 0.4831 |
| | X₄ 人口自然增长率 | 1.7930 | 1.0308 | 0.7753 | 0.0220 | -0.1145 | -0.7093 | -0.7621 | -1.0176 | -1.0000 |
| | X₅ 人口出生缺陷发生率 | -1.1675 | -1.1715 | -0.5812 | -0.5069 | -0.2684 | 0.0013 | 1.0568 | 1.2796 | 1.3578 |
| | X₆ 非农业人口占总人口比重 | -1.2500 | -1.2021 | -0.9309 | -0.2713 | 0.0426 | 0.3457 | 0.6596 | 1.0745 | 1.5319 |
| | X₇ 65岁以上人口在占总人口的比重 | -1.8071 | -1.2084 | -0.6208 | 0.1885 | 0.1330 | 0.8647 | 0.7095 | 0.9756 | 0.7982 |
| | X₈ 性别比 | 1.6369 | 1.5782 | -0.5505 | -0.1762 | -0.2863 | -1.2773 | -0.6460 | -0.5505 | 0.2496 |
| | X₉ 第三产业从业人员比重 | -1.4811 | -1.5475 | -0.7165 | 0.0480 | 0.4801 | 0.6463 | 0.7128 | 0.8458 | 1.0120 |
| 经济发展状况（Y） | Y₁ 国内生产总值 | -1.0330 | -0.9229 | -0.8017 | -0.5982 | -0.2915 | 0.1422 | 0.5453 | 1.0939 | 1.8658 |
| | Y₂ 人均GDP | -1.0656 | -0.8991 | -0.7726 | -0.5540 | -0.2507 | 0.1112 | 0.4731 | 0.9891 | 1.9685 |
| | Y₃ GDP增长幅度 | -1.1355 | -1.0744 | -0.8908 | -0.2788 | 0.5167 | 0.5779 | 0.5779 | 0.9242 | -0.2176 |
| | Y₄ 农民人均收入 | -0.9804 | -0.9020 | -0.7388 | -0.5828 | -0.2553 | 0.0691 | 0.2938 | 1.1067 | 1.9897 |
| | Y₅ 城镇居民人均收入 | -1.1418 | -1.0011 | -0.7901 | -0.5226 | -0.2004 | 0.1544 | 0.5678 | 1.2358 | 1.6980 |
| | Y₆ 第一产业产值比重 | 1.5930 | 1.1194 | 0.7294 | 0.2482 | 0.0177 | -0.6129 | -0.9168 | -1.0434 | -1.1447 |
| | Y₇ 第二产业产值比重 | 0.0857 | 0.0959 | -2.6355 | 0.3740 | 0.5618 | 0.3662 | 0.4369 | 0.3583 | 0.3583 |
| | Y₈ 第三产业产值比重 | -1.1865 | -0.5761 | -0.4709 | -0.6112 | -1.1304 | 0.6167 | 0.7219 | 1.2481 | 1.3885 |
| | Y₉ Y9万元GDP能耗 | 0.5035 | 0.6707 | 0.9215 | 1.1723 | 0.5035 | -0.4162 | -0.5165 | -1.0015 | -1.8375 |

续表

| | 指标 | 2000年 | 2001年 | 2002年 | 2003年 | 2004年 | 2005年 | 2006年 | 2007年 | 2008年 |
|---|---|---|---|---|---|---|---|---|---|---|
| 水资源发展状况（Z） | $Z_1$ 水资源总量 | 1.5237 | -0.2465 | 0.8012 | -0.6540 | -0.1135 | -1.2428 | -1.3873 | 0.3467 | 0.9724 |
| | $Z_2$ 人均供水量 | 0.8802 | -1.4984 | -1.1746 | -0.6593 | -0.6923 | 0.5631 | 0.9199 | 0.5631 | 1.0982 |
| | $Z_3$ 森林覆盖率 | -1.1130 | -1.1130 | -1.1130 | -0.0819 | -0.0819 | -0.0743 | 1.1924 | 1.1924 | 1.1924 |
| | $Z_4$ 水资源开发利用率 | -1.5246 | -0.3538 | -0.9119 | 0.4166 | -0.0141 | 1.2779 | 1.6540 | -0.1537 | -0.3902 |
| | $Z_5$ 工业废水排放达标率 | -1.6694 | -0.4495 | -0.6099 | -0.7025 | -0.4551 | 0.6225 | 1.0902 | 1.0992 | 1.0744 |
| | $Z_6$ 人均综合用水量 | -1.6975 | -1.2015 | -0.7055 | 0.0882 | 0.1874 | 0.5842 | 1.1794 | 0.4850 | 1.0802 |
| | $Z_7$ 万元GDP用水量 | 1.4577 | 0.9346 | 0.6704 | 0.3846 | 0.3846 | -0.4673 | -0.7369 | -1.1683 | -1.4595 |
| | $Z_8$ 年人均水资源量 | 1.7326 | -0.0747 | 0.8581 | -0.5861 | -0.0879 | -1.2327 | -1.4007 | 0.1612 | 0.6302 |
| | $Z_9$ 有效灌溉面积 | -1.1843 | -1.0083 | -0.7066 | -0.4301 | -0.1787 | 0.2989 | 0.7011 | 2.0083 | 0.5000 |
| | $Z_{10}$ Ⅲ类及以上水质所占比重 | 0.6068 | -0.2550 | 0.7811 | 0.7037 | 0.8005 | 0.9845 | -0.6423 | -1.5042 | -1.4751 |
| | $Z_{11}$ 蓄水工程供水量 | -1.0825 | -1.9697 | -0.0255 | 0.5948 | 0.2820 | 0.8860 | -0.1819 | 1.2851 | 0.2118 |
| | $Z_{12}$ 城市污水处理率 | -0.8993 | -0.8737 | -0.9419 | -0.9478 | -0.3108 | 0.6080 | 0.6166 | 1.2808 | 1.4681 |

表 6 - 13　总方差解释表

| 主分成 $F_n(X)$ | 最初特征值 | | |
|---|---|---|---|
| | 特征根(λ) | 贡献率(%) | 累计贡献率(%) |
| 1 | 6.7563 | 75.07 | 75.07 |
| 2 | 1.3501 | 15.00 | 90.07 |
| 3 | 0.5425 | 6.03 | 96.10 |
| 4 | 0.2224 | 2.47 | 98.57 |
| 5 | 0.0863 | 0.96 | 99.53 |
| 6 | 0.0342 | 0.38 | 99.91 |
| 7 | 0.0059 | 0.07 | 99.97 |
| 8 | 0.0024 | 0.03 | 100.00 |

从因子得分系数矩阵表(表 6 - 14),可以写出以下两个综合指标:

表 6 - 14　因子得分系数矩阵

| 指　标 | | 主成分 | |
|---|---|---|---|
| | | F1(X) | F2(X) |
| $X_1$ | 常住人口数量 | -0.0281 | 0.6850 |
| $X_2$ | 符合政策生育率 | 0.1196 | -0.3415 |
| $X_3$ | 初中阶段毛入学率 | 0.1363 | 0.2243 |
| $X_4$ | 人口自然增长率 | -0.1459 | -0.0365 |
| $X_5$ | 人口出生缺陷发生率 | 0.1366 | -0.1570 |
| $X_6$ | 非农业人口占总人口比重 | 0.1394 | -0.0729 |
| $X_7$ | 65 岁以上人口在占总人口的比重 | 0.1450 | 0.0941 |
| $X_8$ | 性别比 | -0.1160 | -0.2293 |
| $X_9$ | 第三产业从业人员比重 | 0.1430 | 0.1091 |

$$F_1(X) = -0.0281X_1 + 0.1196X_2 + 0.1363X_3 - 0.1459X_4 + 0.1366X_5 + 0.1394X_6 + 0.1450X_7 - 0.1160X_8 + 0.1430X_9$$

$$F_2(X) = 0.6850X_1 - 0.3415X_2 + 0.2243X_3 - 0.0365X_4 - 0.1570X_5 -$$
$$0.0729X_6 + 0.0941X_7 - 0.2293X_8 + 0.1091X_9$$

以每个主成分所对应的特征根占所提取主成分总的特征根之和的比例作为权重计算主成分综合模型,计算公式如下。

$$F(X) = \frac{\lambda_1}{2 \sum_{i=1} \lambda_l} F_1(X) + \frac{\lambda_2}{2 \sum_{i=1} \lambda_l} F_2(X)$$

即可得到人口发展水平综合得分模型:

$$F(X) = 0.0931X_1 + 0.0412X_2 + 0.1512X_3 - 0.1273X_4 + 0.0867X_5 +$$
$$0.1033X_6 + 0.1364X_7 - 0.1352X_8 + 0.1373X_9$$

（2）经济发展水平评价

对用来衡量经济发展水平的 9 大指标进行主成分分析,结果如下:

表 6 - 15    总方差解释表

| 主分成 $F_n(Y)$ | 最初特征值 | | |
|---|---|---|---|
| | 特征根（λ） | 贡献率（%） | 累计贡献率（%） |
| 1 | 7.1927 | 79.9186 | 79.92 |
| 2 | 0.9517 | 10.5743 | 90.49 |
| 3 | 0.5734 | 6.3715 | 96.86 |

从总方差解释表（表 6 - 15）可以看出,第一主成分和第二主成分两者的累积贡献率为 90.49% ,大于了 85% ,这表明取前两个主成分基本包含了全部 9 个指标所有的信息。从因子得分系数矩阵表（表 6 - 16）,可以写出以下两个主成分方程:

表 6 - 16    因子得分系数矩阵

| 指  标 | | 主成分 | |
|---|---|---|---|
| | | $F_1(Y)$ | $F_2(Y)$ |
| $Y_1$ | 国内生产总值 | 0.1375 | -0.0983 |
| $Y_2$ | 人均 GDP | 0.1362 | -0.1190 |
| $Y_3$ | GDP 增长幅度 | 0.0997 | 0.3952 |
| $Y_4$ | 农民人均收入 | 0.1353 | -0.1355 |

| 指　标 | | 主成分 | |
|---|---|---|---|
| | | $F_1(Y)$ | $F_2(Y)$ |
| $Y_5$ | 城镇居民人均收入 | 0.1382 | −0.0582 |
| $Y_6$ | 第一产业产值比重 | −0.1313 | −0.0556 |
| $Y_7$ | 第二产业产值比重 | 0.0584 | 0.8868 |
| $Y_8$ | 第三产业产值比重 | 0.1285 | −0.2177 |
| $Y_9$ | 万元 GDP 能耗 | −0.1306 | 0.1102 |

$F_1(Y) = 0.1375Y_1 + 0.1362Y_2 + 0.0997Y_3 + 0.1353Y_4 + 0.1382Y_5 - 0.1313Y_6 + 0.0584Y_7 + 0.1285Y_8 - 0.1306Y_9$

$F_2(Y) = -0.0983Y_1 - 0.1190Y_2 + 0.3952Y_3 - 0.1355Y_4 - 0.0582Y_5 - 0.0556Y_6 + 0.88685Y_7 - 0.2177Y_8 + 0.1102Y_9$

以每个主成分所对应的特征根占所提取主成分总的特征根之和的比例作为权重,计算主成分综合模型,计算公式如下。

$$F(Y) = \frac{\lambda_1}{\sum_{i=1}^{2} \lambda_l} F_1(Y) + \frac{\lambda_2}{\sum_{i=1}^{2} \lambda_l} F_2(Y)$$

即可得到经济发展水平综合得分模型:

$F(Y) = 0.1092Y_1 + 0.1056Y_2 + 0.1351Y_3 + 0.1028Y_4 + 0.1147Y_5 - 0.1223Y_6 + 0.1578Y_7 + 0.0869Y_8 - 0.1017Y_9$

(3)水资源发展水平评价

对用来衡量水资源发展水平的 12 大指标进行主成分分析,结果如下:

表 6-17　总方差解释表

| 主分成 $F_n(Z)$ | 最初特征值 | | |
|---|---|---|---|
| | 特征根($\lambda$) | 贡献率/% | 累计贡献率/% |
| 1 | 7.4952 | 62.46 | 62.46 |
| 2 | 2.6332 | 21.94 | 84.40 |
| 3 | 0.8497 | 7.08 | 91.48 |
| 4 | 0.6126 | 5.11 | 96.59 |

从总方差解释表(表6-17)可以看出,第一主成分、第二主成分和第三主成分累积贡献率为91.48%,大于了85%,这表明取前三个主成分基本包含了用来评价水资源发展水平的12个指标的所有信息。从因子得分系数矩阵表(表6-18),可以写出以下三个主成分方程:

表6-18 因子得分系数矩阵

| 指 标 | | 主成分 | | |
|---|---|---|---|---|
| | | F1(Z) | F2(Z) | F3(Z) |
| $Z_1$ | 水资源总量 | -0.0610 | 0.3312 | 0.1572 |
| $Z_2$ | 人均供水量 | 0.0786 | 0.1581 | 0.1352 |
| $Z_3$ | 森林覆盖率 | 0.1267 | 0.0684 | -0.0359 |
| $Z_4$ | 水资源开发利用率 | 0.0922 | -0.2661 | -0.0844 |
| $Z_5$ | 工业废水排放达标率 | 0.1273 | 0.0174 | -0.2179 |
| $Z_6$ | 人均综合用水量 | 0.1259 | -0.0515 | 0.1040 |
| $Z_7$ | 万元GDP用水量 | -0.1283 | -0.0753 | 0.0075 |
| $Z_8$ | 年人均水资源量 | -0.0791 | 0.3013 | 0.1437 |
| $Z_9$ | 有效灌溉面积 | 0.1214 | 0.0749 | 0.1251 |
| $Z_{10}$ | Ⅲ类及以上水质所占比重 | -0.0820 | -0.2185 | 0.5712 |
| $Z_{11}$ | 蓄水工程供水量 | 0.0892 | -0.0077 | 0.8384 |
| $Z_{12}$ | 城市污水处理率 | 0.1215 | 0.1297 | -0.0401 |

$F_1(Z) = -0.0610Z_1 + 0.0786Z_2 + 0.1267Z_3 + 0.0922Z_4 + 0.1273Z_5 + 0.1259Z_6 - 0.1283Z_7 - 0.0791Z_8 + 0.1214Z_9 - 0.0820Z_{10} + 0.0892Z_{11} + 0.1215Z_{12}$

$F_2(Z) = 0.3312Z_1 + 0.1581Z_2 + 0.0684Z_3 - 0.2661Z_4 + 0.0174Z_5 - 0.0515Z_6 - 0.0753Z_7 + 0.3013Z_8 + 0.0749Z_9 - 0.2185Z_{10} - 0.0077Z_{11} + 0.1297Z_{12}$

$F_3(Z) = 0.1572Z_1 + 0.1352Z_2 - 0.0359Z_3 - 0.0844Z_4 - 0.2179Z_5 + 0.1040Z_6 + 0.0075Z_7 + 0.14371Z_8 + 0.1251Z_9 + 0.5712Z_{10} + 0.8384Z_{11} - 0.0401Z_{12}$

以每个主成分所对应的特征根占所提取主成分总的特征根之和的比例作为权重计算主成分综合模型,计算公式如下。

$$F(Z) = \frac{\lambda_1}{\sum_{i=1}^{2}\lambda_l}F_1(Z) + \frac{\lambda_2}{\sum_{i=1}^{2}\lambda_l}F_2(Z) + \frac{\lambda_3}{\sum_{i=1}^{3}\lambda_l}F_3(Z)$$

即可得到水资源发展水平综合得分模型:

$F(Z) = 0.0500Z_1 + 0.1021Z_2 + 0.1002Z_3 - 0.0074Z_4 + 0.0742Z_5 + 0.0816Z_6 - 0.1051Z_7 + 0.0294Z_8 + 0.1105Z_9 - 0.0642Z_1 + 0.1239Z_{11} + 0.1110Z_{12}$

根据以上主成分综合模型即可计算得出贵州省人口综合发展水平、经济综合发展水平和水资源发展水平综合得分,如表 6 - 19 所示,得分趋势图见图 6 - 13。

表 6 - 19  人口发展、经济发展和水资源发展水平综合得分表

| 年份 | 人口发展水平 | 经济发展水平 | 水资源发展水平 |
| --- | --- | --- | --- |
| 2000 | - 1.5890 | - 0.9461 | - 0.7026 |
| 2001 | - 1.1171 | - 0.7885 | - 0.9421 |
| 2002 | - 0.3033 | - 1.0958 | - 0.5686 |
| 2003 | 0.0507 | - 0.4250 | - 0.3381 |
| 2004 | 0.3222 | - 0.1007 | - 0.2167 |
| 2005 | 0.5304 | 0.3588 | 0.2323 |
| 2006 | 0.6420 | 0.5793 | 0.5098 |
| 2007 | 0.7519 | 1.1339 | 1.0640 |
| 2008 | 0.7170 | 1.2856 | 0.9621 |

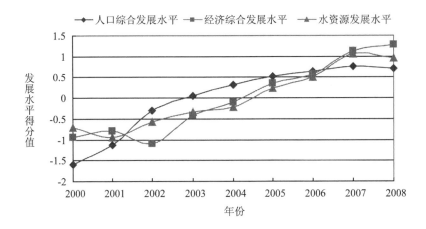

图 6 – 13　2000 ~ 2008 年贵州省人口发展、经济发展和水资源
发展水平综合得分趋势图

　　从图 6 – 13 可以发现,2000 年至 2008 年,人口发展水平、经济发展水平和水资源发展水平的得分保持较大幅度的增长。首先来看人口发展水平得分,人口发展水平得分从 2000 年到 2004 年间得分增长最快,原因在于 2000 年到 2004 年虽然人口增长比较快,但是人口的受教育程度等不断提高,其作用于人口发展的程度越来越明显;从 2004 年之后保持低速增长并有下降的趋势,是因为随着社会的不断发展,计划生育政策得到贯彻落实,人口素质不断提高,且其增长的空间越来越小,因此从 2004 年到 2008 年间人口发展水平得分增长的幅度越来越小;其次看经济发展水平得分,从图中可得知,2000 年到 2008 年间,贵州省的经济发展水平保持快速增长的趋势,在 2001 到 2002 年出现下降的趋势,但是 2002 年以后继续保持大幅度的增长;最后看水资源发展水平得分,总体上在这 9 年间,水资源发展水平得分也是处于不断增长的趋势,但是 2000 年到 2001 年间有小幅度的下降,对比表 6 – 11 各指标的原始数据即可发现,这一阶段出现小幅下降是由于 2000 年到 2001 年间,贵州省的水资源量下降了很多,由于水资源量减少的原因从而影响了水源发展水平得分的发展趋势。

　　3. 贵州省人口与水资源可持续发展综合评价

　　根据以上主分成分析得出贵州省人口综合发展水平、经济发展水平和资源的发展水平状况。分析和评价 2000 年至 2008 年贵州省人口与水资源可持续发展状况。人口与水资源可持续发展程度用人口与水资源可持续发展系数 K 表示。K 的计算采用加权平均型综合评价函数来计算,计算公式为:

$$K = \gamma_x F(X) + \gamma_y F(Y) + \gamma_z F(Z)$$

$F(X)$,$F(Y)$ 和 $F(Z)$:分别指以上主成分分析得出的人口、经济和水资源发展水平综合得分模型;

$\gamma_x$,$\gamma_y$ 和 $\gamma_z$:分别指人口、经济和水资源发展在人口与水资源可持续发展系数 K 中的权重。又公式 $\gamma_i = \dfrac{\lambda_1}{\sum\limits_{i=1}^{n} \lambda_i}$ 计算得出。

以每个评价体系(人口、经济和水资源发展状况)所对应的特征值占所提取特征值之和的比例作为权重计算人口与水资源可持续发展系数 K 值系数的权重。于是,人口与水资源可持续发展系数 K 可以表示为:

$$K = \frac{\lambda_1}{\sum\limits_{i=1}^{n} \lambda_i} F(X) + \frac{\lambda_2}{\sum\limits_{i=1}^{n} \lambda_i} F(Y) + \frac{\lambda_3}{\sum\limits_{i=1}^{n} \lambda_i} (Z)$$

利用以上公式,计算得 2000 年至 2008 年贵州省人口与水资源可持续发展指数 K 值,结果见表 6 – 20,发展趋势图见图 6 – 14:

表 6 – 20　2000 ~ 2008 年贵州省人口与水资源可持续发展指数 K 值

| 年份 | 人口与水资源可持续发展指数 K |
| --- | --- |
| 2000 | 0.709 |
| 2001 | 0.7117 |
| 2002 | 0.6216 |
| 2003 | 0.6528 |
| 2004 | 0.687 |
| 2005 | 0.7533 |
| 2006 | 0.802 |
| 2007 | 0.7518 |
| 2008 | 0.7725 |

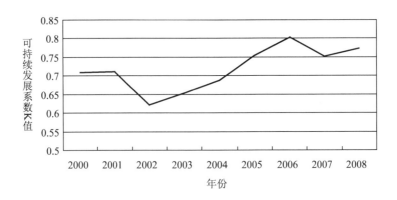

图 6 - 14   2000 ~ 2008 年贵州省人口和水资源可持续发展趋势图

根据可持续发展的相关研究文献,评价贵州省人口与水资源可持续发展标准如表 6 - 21 所示:

表 6 - 21   贵州省水资源可持续发展系数判断标准①

| 可持续发展等级 | 不可持续发展 | 弱可持续发展 | 准可持续发展 | 可持续发展 |
| --- | --- | --- | --- | --- |
| K 值 | 0 ~ 0.6 | 0.6 ~ 0.7 | 0.7 ~ 0.8 | 0.8 ~ 1.0 |

从图 6 - 14 可知,2000 年到 2008 年间,贵州省人口与水资源可持续发展水平波动比较大,2000 年到 2001 年间变化不大,但是 2001 年到 2002 年下降的幅度很大,并在 2002 年达到最低值,然而至 2002 年以后,又出现迅速提高,到 2006 年以后,发展水平提高的幅度越来越小,原因在于随着贵州省社会经济的不断发展,人口对水资源的依赖越来越强,人口与水资源可持续发展受到人均水资源量(即人口数量和水资源总量因素)的影响越来越明显。通过对照表 6 - 20 贵州省水资源可持续发展系数判断标准,可以得出研究结果:

(1)从总体上来看,贵州省的人口与水资源可持续发展水平得分都在 0.6 以上,没有出现贵州省人口与水资源可持续发展水平为不可持续的,即在弱可持续发展水平之上,最低为 2002 年的得分 0.6216,为弱可持续发展,

①　戈亚,董增川,陈康宁等,区域水资源综合规划可持续发展评价研究[J].河海大学学报 2006.5(3):254 ~ 257.

最高为 2006 年的 0.802,为可持续发展。

（2）具体来看,弱可持续发展（K 值 0.6~0.7）的年份有:2002 年、2003 年、2004 年;准可持续发展（K 值为 0.7~0.8）的年份最多,分别是:2000、2001、2005、2007、2008 年;可持续发展（K 值为 0.8 以上）的只有 2006 年,为这一时段中可持续发展程度最高的年份。

（3）从各年可持续发展水平值来看,其变化趋势与经济发展水平密切相关,之所以出现保持增长的总趋势是因为近年来贵州省经济发展水平的迅速提高且幅度很大,而 2002 年为 K 值最小（为 0.6216）与该年经济发展水平得分最低为 -1.0958 有很大关系,即证明了这一点。

贵州省人口与水资源发展呈良好势头,说明贵州省在水资源量方面具有较好的优势,近年经济发展取得了很大进步,人民生活水平有了很大提高,水资源管理和保护方面做了很多工作也取得了可观的成绩,但这并不意味着贵州省的水资源是取之不尽用之不竭的,在增加 GDP 时可以任意用水、耗水,相反,这给贵州省的水资源管理和保护工作带来很大压力,要保持贵州省人口与水资源当前的发展水平甚至进一步取得更好的成绩,需要付出更多的努力。

# 第七章 西南山地人口与资源环境协调发展的模式构建与战略选择

## 一、西南山地人口与资源环境协调可持续发展的必要性

### (一)人口、资源环境协调可持续发展,是实现区域可持续发展的内在要求

适度的人口规模、资源的可持续利用和良好的生态环境是可持续发展的内在要求。人口—资源—环境系统是可持续发展战略的子系统,任何一个子系统的无序变化,均会造成整个系统机能的衰退。可持续发展战略系统地考虑了人口、资源、环境之间的辩证关系,因此,人口、资源、环境协调可持续发展是区域可持续发展战略实施的内在要求,是区域开发能够获得最佳的生态效益的保证。人口的发展与资源、环境的永续开发和利用,是经济社会可持续发展的物质基础。解决西南山地人口、资源、生态环境之间的矛盾,促进协调可持续发展是实现西南山地可持续发展的希望所在。

### (二)人口、资源环境协调可持续发展是区域开发和发展的保证

人口、资源、环境是关系着经济长期稳定发展的三个基本因素,人口、资源、环境的不协调严重阻碍了区域经济的可持续发展,是导致经济发展动力不足的根源所在,粗放落后的生产、生活方式加剧了生态环境恶化速度,进而不能保证区域经济的持续、健康、稳定的发展。在这种现实条件下,如不高度重视和妥善处理人口、资源、环境的相互关系,必然会出现市场经济发展与生态环境的严重失调,成为区域经济运行与发展的障碍。

## 二、西南山地人口、资源、环境发展的 SWOT 战略矩阵分析

SWOT 战略矩阵分析作为一种分析方法是 20 世纪 50 年代国外流行的战略规划学派的一个代表性分析工具,在管理领域一直被广泛应用,是一种企业管理中常用的战略分析方法,通过对自身的优势和劣势来认识自身的实力,关注环境中的机会和威胁,对找到适合自身的、在所处环境中的发展战略是一种有效的方法。在这里,我们将西南山地看作是一个有机的组织结构,其在可持续发展背景下实现人口、资源、环境协调发展战略同样可以运用 SWOT 战略矩阵分析这一方法进行分析。SWOT 即由 Strength、Weakness、Opportunity、Threat 四个单词的第一个字母组合而成,意思分别为:S——强项、优势;W——弱项、劣势;O——机会、机遇;T——威胁、对手。从整体上看,SWOT 分析是一种有效的战略分析决策方法,因为它在理论上具有较高的可信度,因而被广泛采用。SWOT 可以分为两部分:第一部分为 SW,主要用来分析内部条件;另一部分为 OT,主要用来分析外部条件。S(优势) + O(机会) = 开拓;S(优势) + T(威胁) = 抗争;W(劣势) + O(机会) = 争取;W(劣势) + T(威胁) = 保守。另外,每一个单独的指标如 S 又可以分为外部因素和内部因素。运用这种方法,可以对西南山地人口、资源、环境的现状和未来发展有一个科学合理的把握。

通过 SWOT 战略举证分析,西南山地人口、资源、环境协调可持续发展的战略就得以具体化,对于战略选择中的优势、劣势、机会和威胁这些因素,在制定发展战略中必须加以考虑,并且在这个过程中,把握人口、资源、环境协调可持续发展的整体背景是关键。

首先,转变经济发展方式是首当其冲的重任。西南山地人口、资源、环境发展面临的困境是粗放式的经济发展方式所造成的。这种经济发展方式既造成资源的浪费又不利于环境的改善,因此,要加快推进产业结构调整,争取把握不同时期不同地区发展的相对优势,大力发展各具特色的优势产业,形成特色优势产业、高新技术产业、战略性新兴产业协调发展的新局面。

其次,快速形成工业产业布局是经济创收的关键。西南山地由于历史原因、自然地理的限制以及人口思想观念的束缚,其在长期的发展过程中,工业生产相对发展不足,这对于西南地区的整个发展很不利,因为没有工业的支撑,就没有稳定的市场基础和明显的经济效益,也不利于人口、资源、环境的可持续发展,因此,要大力推进工业化与信息化相结合,走新型工业化道路,全面提升能源化工、矿产资源开采加工、农牧产品深加工、旅游、装备制造业等特色产业的现代化水平,不断增加工业经济对整个地区国民经济的带动作用。

第三,充分利用生态和民族文化优势,拉动西南山地生态旅游业和民族文化旅游业的发展是主要途径之一。西南山地由于其优美的自然生态环境以及独具特色的少数民族文化,具有丰富的旅游资源,因此,积极发展生态旅游和民族文化旅游业,扩大旅游消费将是西南山地发展的重要途径之一。

最后,稳定低生育水平,提高人口素质是西南山地人口、资源、环境协调可持续发展的必要条件。人口问题始终是制约西南地区全面协调可持续发展的重大战略问题,人口总量大,人口素质不高,人地矛盾突出,是影响该地区经济社会又好又快发展的关键因素。因此,一方面要进一步稳定和降低生育水平,另一方面,要大力发展教育、科技、卫生、文化、体育等事业,着力提高人口的思想道德素质、科学文化素质、劳动生产技能和健康水平。

通过SWOT战略矩阵分析,我们可以对西南山地人口、资源、环境协调可持续发展做出战略分析和选择,当然,如表7-1所示,也可以从具体的建设实施途径上进行规范。但是,由于SWOT战略分析是受到具体的指标(优势、劣势、机会、威胁)所限,不能结合具体实际情况对西南山地人口、资源、环境协调可持续发展的道路作出分解性分析,因此,我们还需从不同的方面着手,依照当前的发展形势,对该地区的协调可持续发展进行针对性更强的战略分析,我们可以对当前和今后西南山地人口、资源、环境协调可持续发展战略进行大致的描述:

表 7-1 西南山地人口、资源、环境协调可持续发展的 SWOT 矩阵分析

| 内部因素 战略选择 外部因素 | 优势(Strength) 1.民族文化特色:本区域是少数民族人口主要聚居区之一,有众多少数民族生活在此区域,形成独具特色的民族文化旅游资源,少数民族人口在发展过程中也形成了一系列保护自然、人与自然和谐相处的民族文化,独具特色; 2.生态环境优势:拥有丰富的气候资源、生物资源、矿产资源、水能资源、旅游资源,在经济社会发展过程中,拥有丰富的资源支撑,为人口、资源、环境的发展打下坚实的基础; 3.人口优势:本地区亚热带湿润气候条件下形成的高山密林,自然环境优美,空气质量好,夏季气温低,宜居城市较多,区内人均寿命普遍较长,人口自然增长率有所下降 4.特色产业初具规模:生态旅游、民族旅游等产业 | 劣势 Weakness 1.人口发展劣势:历史基础薄弱,人口素质较低,先进因素难以锲入;人口自然增长率高,资源环境压力大;缺乏人才和技术,创新能力较低。 2.交通产业发展欠佳:交通、通信等基础设施建设发展滞后,节点集聚和扩散能力差,资源开发不利于运输;区位偏远和区域封闭,空间传递阻碍大,制约区内外社会经济联系;城镇化发展水平、市场化发育水平较低;产业结构不合理,总体水平较低; 3.生态环境脆弱:破坏不易恢复,环境承载能力低,资源开发容易导致环境破坏;资源利用率低,容易产生环境污染; 4.特色产业发展欠佳:民族特色产业发展不集中,程度不高,未形成市场规模;生态型产业比较利益小,产业结构稳定性较差 |
|---|---|---|
| 机会(Opportunity) 1.由于西部大开发、新农村建设等实施,国家对西南山地区域加大资金支持和政策倾斜; 2.一些大型工程和建设项目,尤其是能源开发项目,对西南山地的发展具有巨大的拉动作用 | S+O 战略选择 如何利用优势把握机会? 1.投入力度开发和保护少数民族文化,发展民族先导特色的旅游业,形成市场化的民族旅游产品,增加山区人口收入; 2.把握机会,展示生态和地方优势大力吸引外资,培育龙头产业,打造品牌优势 | W+O 战略选择 如何克服劣势把握机会? 1.稳定低生育水平,提高人口综合素质,促进人口合理分布; 2.发挥综合优势,合理规划民族特色产业,促进民族产业积极发展 |

| 3. 大湄公河区域合作、泛珠三角区域合作、泛北部湾合作和中国－东盟自由贸易区建设<br>4. 生态旅游和民族旅游业不断成熟和发展 | 3. 加快推进产业结构调整,大力发展各具特色的优势产业,积极有序承接国际国内产业转移,将资源优势转化为产业优势和竞争优势。<br>4. 把握西南地区旅游业大发展的实际,加大特色宣传,吸引外来游客。 | 3. 引导生态产品走向市场,以促进山地人口增收,使其尽快脱贫;<br>4. 扩展投资渠道,调整能源结构,提高能源效率,加强资源开发和综合利用,加大生态环境保护力度 |
|---|---|---|
| 威胁(Threat)<br>1. 随着旅游的开发和交往的日益频繁,民族文化容易遭到破坏;<br>2. 许多资源型的产品比较优势逐渐丧失;地区之间分工不合理,丧失地方特色,产品和产业结构趋同;市场竞争力越来越激烈;品牌效益对市场的影响日趋明显;<br>3. 随着资源开发和城镇化建设,环境污染问题日益突出,生态环境容易遭到破坏;<br>4. 耕地面积的减少,导致非农业人口增多 | S+T战略选择<br>如何利用优势以应对所面临的威胁?<br>1. 注重在产业开发中的民族文化保护;<br>2. 发挥特色产业优势,在原有规模的基础上,加强市场竞争力;<br>3. 巩固和增强生态优势,提高生态承载力,增加环境保护投入,加快环境污染治理的力度;<br>4. 调整产业结构,吸引非农业人口在当地产业就业 | W+T战略选择<br>如何避免劣势以应对所面临的威胁?<br>1. 集中民族特色优势,积极参与市场竞争;<br>2. 改善投资环境,重点开发投资效益好的产业;<br>3. 优化生态环境,加大宣传保护,形成友好型环境局面;<br>4. 扩大经济林木面积,形成生态补偿机制 |

## 三、西南山地人口与资源环境协调发展的原则与思路

### (一)基本原则

1. 坚持以人为本原则

以人为本是科学发展观的本质要求和核心内容,也是实现西南山地人口与资源环境协调可持续发展所必须坚持的最重要原则。西南地区的人口与资源环境协调发展的最终目的是实现社会全面进步和人的全面发展,化解人口发展与资源环境之间的矛盾。必须把人民群众的利益作为一切工作

的出发点和落脚点,一切为了人民,最大限度地满足广大人民群众的根本利益。

**2. 坚持因地制宜原则**

西南山地虽然在地形地貌上具有一定的相似性,但是由于该地区地貌的特殊性和复杂性,使得其又具有一定的异质性,各个地区的具体情况亦有所不同,其生产力、稳定性、生态环境恢复的可能性和恢复过程也有很大差异。因此,我们在制定人口、资源与环境协调发展战略时,必须遵循因地制宜原则,依据各个地区人口、资源与环境方面的具体情况,从当地的历史、政治、经济、文化和社会发展水平出发,摸清具体地理环境、气候条件及生态结构,并结合当地经济状况和居民生活水平等不可忽视的因素,才能有的放矢地制定方针、政策,才能科学地、有效地解决所面临的实际问题,并最终探索出具有当地特色的、符合当地社会经济发展及与生态环境相协调的发展模式。

**3. 坚持综合统一发展原则**

如前文所述,人口系统与资源系统和环境系统是一个大的系统的三个方面,三者相互制约、相互影响,因此,要科学正确地处理西南山地人口与资源环境之间的问题,一方面,要解决好各个系统在发展中所面临的问题,这是实现三个系统协调发展的基础;另一方面,又不能片面地将这三方面割裂开来,而要综合考虑、统筹解决,将这三个系统有机地结合起来,人口、正确处理好三者之间的矛盾问题。

**4. 坚持动态和谐原则**

人口、资源、环境所组成的经济系统始终处于平衡与不平衡的矛盾运动之中,并且正是在这种平衡—不平衡—新的平衡的矛盾运动中发展的。因此,在促进西南山区的发展过程中,在从事宏观经济管理的过程中,应创造条件,通过调控,自觉地打破不平衡和旧的低功能的平衡,实现新的更高水平的平衡,以促进人口、资源与环境的协调可持续的发展。

**5. 坚持多方面入手的原则**

造成西南山地人口与资源环境发展矛盾的原因是多方面的,既有制度管理方面的,也有历史文化方面的,因此,在解决这一矛盾的过程中,就必须从法律、制度、管理、经济、文化等多个方面入手。既要更新法律制度,也要加强管理和监管力度,大力推进与发展循环绿色经济,还要注重少数民族的传统生态文化的作用,多方面、多层次、多角度地推进人口与资源环境协调可持续发展。

6. 坚持最终实现社会经济效益的原则

对西南山区人口与资源环境的研究,归根结底,是为了认识和掌握该地区人口与资源环境发展的状况,认识其规律性,从而采取有效的措施实现人口与资源环境的协调可持续发展。在此基础上,其终极目标是要取得最佳的社会经济效益,促进这一地区的社会经济的良性运行和协调发展。同时,要看到单纯地抓经济建设或孤立地搞生态建设都是行不通的,必须坚持"生态－经济二元中心论",兼顾社会经济效益与生态效益,把二者紧密结合起来,创建生态－经济双优耦合模式,在保住"青山绿水"的前提下,实现社会经济的不断发展。

（二）基本思路

过度的人口规模、对经济增长的现实需求、资源的过度消耗和浪费以及环境的容量瓶颈是阻碍西南山区人口与资源环境可持续发展的根本原因,而协调好西南山区人口与资源环境之间的关系,实现人口与资源环境的协调可持续发展,这是一个系统工程,要转变传统的发展思维和模式,树立新的发展观,要努力实现人口协调发展、环境不断改善、资源永续利用、生态良性循环、经济持续发展、社会全面进步的协调统一。

第一,对于人口发展而言,由于过度的人口规模超过了西南地区的生态承载力,且人口素质偏低、人口分布不合理更是对原本脆弱的生态环境造成了更大的压力,因此,要实现西南山地人口、资源、环境协调可持续发展,就要继续稳步推进实施计划生育基本国策,控制人口规模,使人口数量与生态容量相协调;要着力提高人口的教育文化素质、思想道德素质、劳动生产技能;还需要大力推进城市化建设,统筹谋划人口发展与产业布局、土地利用、基础社会建设等,使人口分布与生态环境、生产力布局相协调。

第二,对于资源开发与利用而言,要提高能源的使用效率,加强资源的合理开发和综合利用。西南地区原本拥有丰富的资源,这是其优势所在,但是资源优势往往面临着许多限制性因素,加之资源的开发利用不合理,资源浪费现象的存在,导致资源的优势作用并没有得到充分发挥。因此,要促进资源的节约利用,对资源进行合理开发和利用,资源的开发利用还必须有利于促进区域人口、资源、环境与社会经济的协调发展,要注意生态、社会、经济三效益的紧密结合。与此同时,要在现有资源的基础上,积极发展风能、太阳能、地热能、水能、沼气等清洁能源,调整和优化能源消费结构。

第三,对于生态环境的保护与治理而言,西南山地生态环境本来就很脆弱,加上人为因素导致水土流失、石漠化等生态环境问题突出,要实现人口、资源、环境与社会经济的协调可持续发展,就必须着力构建促进可持续发展的生态安全屏障。要继续实施生态修复工程,巩固和增强生态优势,提高生态承载力,不断改善西南山地区域的生态环境;同时,加强环境污染控制,加快环境污染治理的力度,增加环境保护的资金和技术投入,转变经济发展以环境污染为代价的发展模式。

第四,对于经济发展而言,要加快经济发展方式转变,探索出适合西南山地实际的、具有区域特色的、有利于资源环境协调可持续发展的经济发展道路来。要大力发展循环经济,加快产业结构调整,建立生态、经济复合系统的生态农业模式,大力发展生态旅游业,走可持续的经济发展之路。

## 四、西南山地人口与资源环境发展的模式构建

所谓发展模式,即为一个国家、一个地区在特定的生活场景中,也就是在自己特有的历史、经济、文化等背景下所形成的发展方向,以及在体制、结构、思维和行为方式等方面的特点,是世界各国或地区在实行现代化道路过程中对政治、经济体制及战略等的选择。可持续发展是人类在经济社会发展现实活动过程中,为寻求对人类发展更加有利的背景下提出的,是以人为中心和归宿,以环境为条件,以自然资源为基础的发展模式。1987 年,环境与发展委员会在《我们共同的未来》中对可持续发展做了明确的概括,即"既满足当代人的需求,又不对后代人满足其自身需求的能力构成危害的发展"。

人口、资源、环境是一个既矛盾又统一的整体,平衡是相对的,不平衡是绝对的、长期的,出现不平衡是正常的,但一定要把失衡控制在一定范围内,否则,将对经济和社会构成较大的危害。因此在可持续发展的理论支撑下,协调好这三者矛盾之间的关系,才有实现有限资源环境条件下,人类"无限"的持续发展的可能。人口、资源、环境协调,就是指三要素之间及各个层次的相互配合,主要表现在以下四个方面①:

---

① 尹建中,李望. 论人口与资源环境的系统关系[J]. 西北人口,1996(2).

第一,结构性协调。它是指人口、资源、环境系统的内在联系具有较严密的组织构成,较合理的比例关系,和较高的有序性。这种协调是多方面、多层次的。人口、资源、环境系统的结构不仅是其运行的前提,而且对运行状态也起着根本性的制约作用。是否能结构性协调是决定其运行类型的基础,良性运行必须建立在结构协调的基础上。由此看来,改变人口、资源、环境的恶性运行状态,使之向良性运行发展,基本途径是进行系统的结构性调整。也就是说,既要使人口增长、资源承载、环境容量具有严密的组织构成,合理的比例关系,又要调整好各子系统的结构,使各子系统都具有合理的比例结构。

第二,功能性协调。功能与结构紧密相连,在系统中,结构是功能的基础,功能是结构在运动中发挥出来的作用。功能性调协是指人口、资源、环境系统中内部各要素的相互配合与相互促进。它在人口、资源、环境系统运行中起着重要作用。一方面,功能性协调与否,是人口、资源、环境系统运行状态的直接标志。因为结构作为基础往往隐藏得较深,功能则是表层的东西,可以直接表现出来。所以,只有结构上的协调是不够的,必须实现功能上的协调,良性运行才能真正实现。另一方面,功能作为一种活动是经常变化的,表现出很大的灵活性,给系统以深刻的影响。因此要加强维护和协调人口、资源、环境系统各要素的功能,使之在运行中相互配合,相互促进。

第三,区域性协调。人口、资源、环境是一个开放的系统,所以,任何地区都不可能单独达到理想的目标,而只能是与周边地区一起逐步协同向前发展。要实现人口、资源、环境系统的良性运行,区域间的协调是不可少的。发达地区在利用落后地区的资源同时,要向他们输送先进的技术,帮助他们合理地开发资源,保护资源和生态环境,要帮助他们解决教育问题,提高劳动者素质。通过这些做法,促进区域间人口、资源、环境的协调必使其互利,否则,人口、资源、环境问题将发生区域间制约作用,而不能走向良性循环。

第四,时段性协调。人口、资源、环境协调具有时段性,不同社会经济阶段有不同的目标和任务。这是不以人的主观意志为转移的客观规律,否则只能自食恶果。

从当前西南山地人口资源环境发展的实际看来,这一区域的发展主要是以西部大开发为背景,各自发展,联合程度很低。具体而言,同一区域内不同地方的人口发展、资源环境发展之间的相关程度和关联意识都比较低。

尚未形成合作发展和协调发展的局面。在理论上,区域的联合有利于带动不发达地区的同步发展和提高,但需要经历从区域不平衡发展到多极合作发展的过程。相关理论主要是对国外有关区域发展理论的借鉴。区域均衡增长的主要涵义是指各部门相互协调、共同增长。主要包括赖宾斯坦(H. Leibenstein)的临界最小努力命题论、纳尔森(R. R. Nelson)的低水平陷阱论、罗森斯坦和罗丹(P. N. Rosenstein – Rodan)的大推进论,以及纳克斯(R. Nurkse)的贫困恶性循环论和平衡增长理论。区域不平衡增长论认为增长过程在实质上是不平衡的。其代表理论有佩鲁(Perour)的增长极发展理论、缪尔达尔(Gunnar Myrdal)的循环累积因果理论和赫希曼(A. O. Hirschman)的依附理论。依据这些理论,我们可以对当前和今后西南地区发展的主要模式做一划分和设计,实质上,西南山地人口与资源环境发展的模式讨论,就是对当前发展模式的总结和优化。

**(一)生态环境保护主导的特色产业带动模式**

西南山地的优势资源,主要是奇特的地理条件为基础的生态环境和特色民族文化为契机的旅游业。可以说,西南山地脆弱的生态环境同时给山地生态环境赋予了多彩的奇特性和神秘色彩,山民与山地融为一体的发展历史,造就了奇特的民族文化。近年来,随着内地交通条件的改善和信息化的发展,西南山地对外宣传水平的提高给这些地区的对外影响力注入了全新的能量,越来越多的外地游客在对西南山地特殊的生态环境和气候条件向往的驱动下,纷纷来到西南山地偏远的民族地区,感受这里的奇特地理和人文,充分带动了当地旅游业的发展。据统计,近五年以来,西南山地如贵州、云南、四川等地的生态旅游业外汇收入每年都能保持恒定比例增长,甚至成为地方财政收入的重点内容。尤其是在云贵地区,由于分布着众多少数民族,其中很多世居民族如苗族、侗族、彝族、仡佬族、水族等更是以其独特而又充满魅力的民族文化,成为当地旅游业发展的主要依托。而事实证明,旅游业的发展反过来带动了当地人生态环境保护意识的增强,改善群众生活水平的同时,增强了与外地的沟通,展示当地的优势和魅力,客观上加强了民族文化和区域外文化的对接水平。这也为西南山地拥有相同或类似资源的地区发展旅游业提供了相互学习的经验,为区域内各种资源的协调和整合创造了条件。

从理论上来说,由于不同地区的生态文化资源客观上有差异,就不可能一开始就实现全面整合或均衡照顾的模式,但我们在实践中可以从政策机制上发挥地区协作和强势联合的作用,将不同地区的优势集中起来,形成特色更明显,对外吸引力更大的产业带,进而带动其他方面的发展。就旅游业来说,西南山地可以以此为契机,借鉴当前长三角和珠三角经济带所推行的联动模式,形成一个"西南山地特色文化生态旅游带",将四川地区的佛教生态文化、重庆的红色旅游文化资源、云、贵、桂的特色民族生态文化联动整合起来,借鉴"一票通"的模式,在加强地区协作的基础上,发挥旅游业带动交通运输、环境保护发展的先进模式,并最终实现地区人口发展的共同目标。

**(二)多极互动的整体推进模式**

从长远看来,西南山地协调发展的最终归宿,必将是整个地区的共同发展和协作发展,是一种既包含了人口素质提高,文化修养和文明程度提升,生态文明和环境友好、资源节约在内的全新发展模式。从实践途径上看,这是对当前不均衡发展模式的承接和延伸,将当前那些单一的资源模式充分整合起来,在既能增加地方竞争力的同时,又能壮大整个合作区域的竞争力。首先是多个增长极的培养。不同地区的不同资源优势、人口优势、地理环境优势甚至文化优势等,都被当做重要的增长极加以发展,或者实现经济实力的提升,或者强化民族文化的对外影响力,或者发挥生态文明建设的典范作用,或者成为资源节约和利用效益提升的技术基地,与此相适应的政策体系,制度机制,法律保障以及理论研究同时都在完善,最终形成了一整套有利于多极增长带动整体发展的实践和理论体系。

具体而言,对西南山地整体推进发展模式的构建,也是对国外区域均衡发展模式的借鉴和发挥。理论上的均衡发展,必须要落实到具体的山地区域才能实现,但重要的是,地区内部的多极增长,必须考虑对整体的贡献和促进作用,将当前利益和长远效益结合起来考虑,将小范围的发展优势放归到更大区域内的整体提升层面来规划。也就是说,在保证当前经济增长和社会发展优势的同时,让各地以人为本的发展成果惠及范围得以扩展,成功效应得以延伸。当然我们必须清楚一点,就是区域协作发展并不是将区域内的发展变成一个标准,套用一套体制,相反,这种多极增长带动的整体推进模式恰恰是在保证了现有地区发展优势基础上的强强联合,层层升级。如将贵州生态文明的经验和成果推广到川、渝、滇、桂等生态文明建设程度相对较低的地区;在保持西南山地民族文化优势特色的基础上,实现人口素质提高的整体目标;在坚持经济、环境、资源增长极充分发展的基础上,并其合力扩大整个西南山地的对外影响力。只有这样,西南山地人口资源和环境的协调发展才能找到长期有效的模式,才能打开整体提升的局面。

## 五、促进西南山地人口与资源环境发展的战略选择

一般来说,一个发展战略的决策和运行需要遵循三个基本依据,即理论依据、历史依据(亦称经验依据)和现实依据。从理论层面看,区域协调发展战略离不开马克思主义理论的指导。马克思主义哲学为区域协调发展战略的研究提供了世界观。生产力观点揭示了生产力是最活跃、最革命的因素,是社会发展的决定性因素,从而为区域协调发展战略要素中的战略方针、战略目标、战略重点以及战略保障提供了重要的依据。区域协调发展战略坚持以人为本,把解决人民群众切身利益问题放在首位。当然,区域协调发展战略还要以作为马克思主义中国化过程中产生的具体理论毛泽东思想、邓小平理论、"三个代表"重要思想和科学发展观、社会主义和谐社会建设理论为依据,从一定意义上说,这是实现区域协调发展战略更为重要的理论依据。此外,区域协调发展战略还要靠诸如系统论、控制论、信息论,以及发展战略学、发展社会学等专业理论提供的支持。

从现实层面看,不同地区的区情和资源环境发展状况是该国区域协调发展战略的最基本的现实依据。区域协调发展战略的决策和运行也要靠我们自己来创造,这种创造必须立足于我们"直接碰到的、既定的、从过去承继下来的条件"即各省的情况出发,实事求是地选择和确定符合人口、资源环境、发展不平衡这个基本情况的区域协调发展战略。同时,现实又是一个宽泛的范畴,既要考虑国内的发展状况,也要考虑其他地区的发展程度和趋势,全方位地分析面临的现实和未来的有利条件和不利因素。

### (一)战略目标

战略目标包含了西南山地区域协调发展战略的指导思想,亦即制定和实施区域协调发展战略的基本出发点和基本原则。对战略重点、战略阶段以及其它具体措施起着指导性作用,因而是西南山地区域协调发展战略的灵魂。战略目标的选择和确定尤为重要,它既是旗帜,昭示着发展方向,也是一定发展理论、区域协调发展战略的宗旨和意图的集中体现。作为一个有机的群体,区域协调发展战略目标大体上包括促进人的全面发展、保持生

态环境、提高资源有效利用率以及正确处理各种内部和外部的关系。

战略重点就是为实现战略目标而确定的主攻方向。区域协调发展战略重点主要包括社会体制的完善、结构的优化、关系的调整和区域管理的强化。正确地选择和解决好这些战略重点问题,对区域协调发展战略方针和目标的实现具有决定性的意义。

全面、协调、可持续发展必然是一个结构合理的发展过程。我国社会主义社会现阶段的社会结构主要包括人口结构、就业结构、社会阶层结构、城乡结构、区域结构、组织结构等。因此,随着经济的发展,制订和实施区域协调发展战略要注重调整和优化资源配置和分配的结构。从总体上说,政府要利用财政、税收、福利等杠杆,大力支持西南山地人口结构优化、素质提高等方面的事业,加大改善和保持生态环境的力度,在技术创新和资源节约上下大力气,提高效益的同时要能带动全面的发展,更要有利于协调发展。具体地说,一是重视山地人口发展。要稳妥调整人口结构,关键是继续坚持计划生育的基本国策,改善教育、卫生状态,做好提高人口质量的工作,争取人口结构逐渐趋于合理;二是要加快城乡结构调整的步伐,加快城市化进程,尽力转移和改变山地群众落后的生活和生产方式。

理顺和调节社会关系。马克思说:"人们奋斗所争取的一切,都同他们的利益有关。"实践证明,利益关系的协调是经济、政治、文化和生态健康发展的必要条件,更是社会发展的基础。理顺和调整社会关系的关键在于调节好利益关系。制订和实施区域协调发展战略,要坚持把广大人民的根本利益作为基本出发点和落脚点,进一步增强战略决策的科学性、全面性和系统性,正确反映和兼顾不同方面的利益。要高度重视和积极维护人民群众最现实、最关心、最直接的利益。抓准绝大多数社会成员的共同利益与不同阶层的具体利益的结合点,认真解决改善环境和维护权益中的实际问题,继续采取有效的扶贫帮困的社会政策,确保西南山地全体人民能够共享改革和发展的成果。同时,要教育人民群众正确处理个人和集体、局部和整体、当前和长远利益的关系,引导他们以合理合法形式表达利益要求、解决利益矛盾。

### (二)战略选择

在当前看来,西南山地要实现长期的协调发展,必须综合考虑到阶段性发展目标和中长期目标的分步实现,所需求的战略安排也必须有所区别,相互承接。

1. 阶段性不均衡战略

不平衡发展战略是由于各地区发展水平和现状不尽相同,在资源十分有限的情况下,为提高资源配置效率,必须集中有限的人力、物力和财力,采取重点开发的方式,并在资源分配和财政投入上对重点区域进行倾斜的一种空间发展战略。不平衡发展战略的思想基础是:平衡是有条件的,相对和暂时的状态。地区之间的经济发展不平衡是客观的,绝对的。没有高差的地方的水是静止的,没有活力的,而有高差地方的水是汹涌澎湃的,充满活力的。区域发展要想有活力,就必须存在着发展的不平衡,区域不平衡发展有其存在的必然性。1965 年,美国经济学家威廉姆森( J. G. Williamson)把库兹涅兹的收入分配倒 U 型假说应用到分析区域经济发展方面,提出区域经济差异的倒 U 型理论。他通过分析 24 个国家的国际横截面数据和 10 个国家的时间序列数据,认为国内不同发展阶段区域不平等的变化趋势,地区间收入差异的长期变动趋势大致呈倒 U 型。单于广(2003 年)认为我国当前宜采取非均衡协调发展战略。在实践领域,我们可以借鉴国外的做法。

(1)前苏联区域开发的"倾斜"战略

前苏联在区域开发上采取的是"倾斜"战略,主要是通过建立一些科研中心来辐射周围地区,为周围地区经济发展提供资金、技术、人才支持,以此来促进相应地区的经济发展。

(2)巴西区域开发的"发展极"战略

巴西在区域经济发展过程中,采取的措施是在落后地区建立"发展极"并以此形成发展网络,带动整个落后地区的经济开发。巴西"发展极"的建立是通过设立专门的开发机构来指导、组织并实施的。

(3)日本区域开发的特殊战略

20 世纪 60 年代,日本政府为缩小经济发达地区与落后地区之间的差距,缓解经济布局的不合理现象,先后制定了四次全面综合开发计划,采取了"据点开"、建设"定居圈"和"技术集成城市"等措施来促进区域经济发展。

西南山地各地区的人口、资源环境和社会经济条件的地域差异十分明显。在区域发展的初期阶段,资金和人才等往往会被吸引到区域条件较好的地方,因为在那些地区的发展潜力大,效益相对较高。不均衡发展虽然是我们在区域合作协同发展初期的战略选择,但不得不考虑,这发展的长期存在也有其不能与时俱进的弊端。区域经济发展不平衡会形成一种具有超稳定性的现象,在通常情况下,一般不易改变,甚至可能强化贫困落后的恶性循环现象。然而不平衡发展,产生的后果是发达地区与不发达地区的经济都会得到发展,但不会趋于平衡状态也不会导致贫富更加悬殊,而应该是经历短暂的平衡状态,又出现了不平衡发展,但这种不平衡发展不再是低层次的贫与富的不平衡发展,而应该是更高层次的共同富裕的不平衡发展。

### 2. 区域均衡发展战略

地区发展水平越高,越有可能从规模化和集聚形式中获益,使其在地区竞争中处于更有利的地位,从而全面带动本地和周边地区的发展。结果是使该地区的人口数量趋于合理,素质逐步提高,资源利用联动性增强,技术普及加速,创新能力增强,对生态环境的保护意识趋同,并有利于促生"环境友好型"意识的产生和形成,最终整个西南地区将会选择一种均衡性的发展路子。例如,20世纪90年代末,我国提出了"西部大开发"的口号,将投资的重点从东部转到了西部,实行了平衡发展的战略模式。在发展的区位选择上,国家本着战略的眼光选择了西部进行大开发。方创琳(2002年)在《区域发展战略论》中提出,区域发展战略就是根据区域发展条件、进一步发展要求和发展目标所做的高层次全局性的宏观谋划。从国外看,发达的美国,在区域开发上就采取了这种战略。美国在开发不发达地区时,采取的是均衡战略,其有七个主要措施:一是对不发达地区实行优惠税制;二是由政府出面组建经济开发区,帮助落后地区加快发展经济;三是以交通运输为重点,扶持经济落后地区加快基础设施建设;四是利用财政金融手段,鼓励并引导私人企业向落后地区投资;五是优化产业布局,拉动经济增长;六是有意识提高劳动力素质,注重引导人力资源流向;七是重视对生态环境的保护。

显而易见,西南山地区域协调发展战略凸显全面性、长远性和根本性三个基本特征。区域协调发展战略的全局性既有宏观意蕴,也有各个地区和相关部门自身的某一特定全局的意蕴,还有体现在区域协调发展战略系统空间上的整体性意蕴。这说明,区域协调发展战略是对社会发展的全局性问题的谋划,它作为一个系统是由大量的局部或部分优化组合而成,从而具有整体功能效应,并在质和量上都有与局部或部分炯然不同的特性。然而,由于解决全局性的问题往往不是一时可以实现的,所以又必须赋予区域协调发展战略以谋划长远性问题的含义。同时,一般来说,全局性、长远性的问题,必然都是带根本性的重大问题,因而区域协调发展战略有了根本性的特征。我们研究区域协调发展战略始终必须紧紧围绕上述战略的三个基本特征,偏离了这一点就会出现方向和目标的错位,甚至不称其为战略问题。

## 六、西南山地实现人口与资源环境协调发展的对策建议

### (一)控制人口数量,提高人口素质,优化人口分布

西南山区人口的过度增长与资源环境的发展不相协调,而人口素质偏低、人口分布不合理对西南地区的生态环境的影响也是不容忽视的,人口问题已经影响到了西南地区经济社会的可持续发展,因此,控制人口的过度增长,适度调节人口规模,实现物质资料的再生产和人口的再生产相协调和平衡,提高人口素质,优化人口分布对西南山区实现人口与资源环境、经济社会协调可持续发展具有重要意义。

#### 1. 稳定低生育水平,控制人口增长

控制人口增长是西南山区实现可持续发展的根本途径,也是减少对生态环境破坏的有效方法。要以科学发展观为指导,继续贯彻实行计划生育基本国策,控制人口数量,提高人口素质,改善人口结构,尤其在农村地区,要不断稳定低生育水平。要切实强化创新人口和计划生育工作机制:保障群众的合法权益,建立和完善依法管理机制;强化"少生快富"工作,建立完善利益导向机制;满足群众计划生育和生殖需求,进一步完善农村基层计划生育服务体系建设,重点加强边远山区和少数民族地区计划生育服务机构建设;建立完善适应社会主义市场经济体制的科学管理考核机制。同时,建立和完善医疗保障制度、最低生活保障制度、养老保险制度并做好相关的配套措施,特别是在农村地区,同时尽快制定、出台关于农村社会保障的相关政策和法规,使农村社会保障有法可依。与此同时,还要做好相应的宣传工作,使各民族民众能真正"生有所靠、老有所养、病有所医",这样才能有助于消除人们"养儿防老"的心理,促进人们生育观的转变,从而抑制人口的快速增长。

#### 2. 提升教育发展水平,提高人口素质

人口素质特别是科学文化素质的提高,对解决人口与资源环境发展的矛盾具有重要意义。一方面,人口科学文化素质的提高能为经济发展提供技术熟练的劳动力,从而可以提高劳动生产率,不仅有利于产业结构的调整,也有利于促进经济的发展。另一方面,人口文化素质的提高,特别是育

龄妇女文化素质的提高,不仅对生育意愿与生育行为起着直接的制约作用,而且还对优生优育、降低婴儿死亡率和提高下一代人口生活质量以及推进国民经济的现代化方面,都起着关键性的作用,另外,人口思想道德素质对于资源环境的保护利用工作有至关重要的作用。因此,要大力发展科技、教育、文化、卫生、体育等事业,着力提高人口的科学文化素质、思想道德素质和劳动生产技能,同时要加强环境保护教育,加大环保的宣传力度,特别是加强与城乡居民密切相关的煤、电等安全与环保使用知识的宣传。

3. 促进人口合理分布

要降低生态脆弱地区的人口压力,实现人口的合理再分布,一要对户籍制度进行改革与调整,积极稳妥推进城镇化,通过城镇化建设增加城市人口、减少农村人口,从而促进城乡消费群体结构调整,有效扩大消费需求,同时积极做好农村劳动力转移工作,加大农村剩余劳动力的培训转移力度,进一步做好劳务输出工作;二要结合产业结构和区域经济发展的调整布局,统筹规划人口发展与产业布局、土地利用、生态建设、基础设施建设等相互协调,充分发挥市场对人力资源配置的基础性作用,促使人口分布与生产力布局相协调。

**(二)转变经济增长方式,促进特色经济发展**

传统的以高投入、高污染换取产量的经济增长方式是不可持续的,因此,必须转变经济增长方式。按照可持续发展的要求,经济增长应该从主要依赖物质资本和劳动力数量的增加,逐渐转变到更多地依赖科学技术进步和人力资本提高的轨道上来。当前西南地区发展面临的最大机遇就是中央深入推进新的十年西部大开发战略实施,是西南地区加快以能源化工、矿产资源开采加工、农牧产品深加工、旅游、装备制造业、高新技术产业等产业发展的重要机遇期,也是实现经济增长方式转变的重要时期。为实现经济增长方式的转变,在资源的利用上,就应该坚持资源开发与资源节约并举,在保护中开发,在开发中保护,在生产活动和消费活动的过程中都要充分考虑到环境和资源的保护和合理开发。努力提高资源的利用率,防止生态破坏和环境污染。要加快推进产业结构调整,正确把握不同时期不同地区发展的相对优势,大力发展各具特色的优势产业,形成特色优势产业、高新技术产业、战略性新兴产业协调发展的新格局。大力推进工业化与信息化融合,走新型工业化道路,全面提升能源化工、矿产资源开采加工、农牧产品深加工、旅游、装备制造业等特色产业的现代化水平,不断增强工业经济对整个国民经济的带动作用。抢抓深入实施西部大开发战略建设特色经济区的重要历史机遇,依托能源矿产优势,在大力发展煤化工、磷化工和煤电化、煤电铝、煤电磷一体化等优势原材料工业,力争取得更大突破——加大科技创新、体制机制创新、整合煤化工、磷化工和煤电化、煤电铝、煤电磷一体化资源,实施产业集群发展战略。同时,充分利用西南地区电力、劳动力、气候、环境等各种优势,积极有序承接国际国内产业转移,将资源优势转化为产业优势和竞争优势。

**(三)发展循环经济,促进经济与环境的和谐发展**

循环经济是一种把物质、能量进行梯次和闭路循环使用,在环境方面表现为低污染低排放,甚至零排放的一种经济运行模式。传统经济发展模式给西南地区资源、环境带来了巨大压力,要保护青山绿水,要节约能源资源,只有将传统经济发展模式转变为循环经济发展模式,也就是在可持续发展思想指导下,把清洁生产和废弃物综合利用融为一体,运用生态学规律指导人类利用自然资源和环境容量,使经济系统和谐地纳入自然生态系统的物质循环过程中,建立起一种新型的经济。发展循环经济,就是要引导今后的产业结构调整方向,改变当前单纯依赖资源优势发展经济的模式。要牢固树立和落实以人为本、全面协调可持续发展理念,紧紧围绕实现经济增长方式的根本性转变,以提高资源利用率为核心,以调整经济结构为主线,以制度创新为动力,完善循环经济发展的基本政策和相关制度措施,建立循环经济的评价考核制度,完善有利于节约资源的财税政策,推进循环型生产方式,建立健全资源循环利用回收体系,建立循环经济促进机制,强化节约意识,完善政策措施,建立长效机制,以资源的高效利用促进经济社会的可持续发展。运用循环经济的思路,以产业生产过程中的资源(包括废弃资源)流动为主线,研究如何利用高新技术、企业群集、关联产业互动等途径,把炼焦炉、冶金炉煤气利用与城市(镇)居民燃气改造结合起来,把煤矸石、废气、废水综合利用与工业小区生态型工业体系建设结合起来,使环境保护产业与经济增长联动,解决当前企业群集引发的污染在部分区域趋强问题,逐步推动经济发展步入与环境协调发展的轨道。

**(四)将资源优势转变为比较经济优势**

资源优势是西南山区发展的最大优势,但技术条件、生态环境、市场需求、产品成本等制约性因素的影响使得资源优势与经济优势之间还存在着差距,因此,要发展资源优势产业,变资源优势为经济优势。第一,建立生态、经济复合系统的生态农业模式。目前,西南喀斯特山区的农业生产方式为传统的粗放经济方式,无法摆脱农业生产与环境保护这一固有矛盾。要从根本上化解这对矛盾,就必须转变思路,同时进行技术探索,大力发展集经济、社会、环境效益于一体的生态农业,转变传统的农业生产方式为生态农业生产方式。要建立木本粮油生态经济复合系统、优质水果生态经济复合系统、茶叶生态经济复合系统和中药材生态经济复合系统。第二,合理开发与利用丰富的旅游资源,发展生态旅游。生态旅游通过资源开发与保护之间的相互促进,经济效益与社会效益之间的相互协调,以实现资源的可持续利用和区域的可持续发展。在开发之前,应该对环境影响进行评价,明确生态风险,以减少不利影响。在发展生态旅游的过程中,还应注意两点:一是要注重结合当地居民的利益开发生态旅游项目;二是要对游客进行生态环境保护的意识教育,防止各类废弃物的污染。

**(五)调整能源结构,加强资源开发和综合利用效率**

首先,要积极发展清洁能源,提高能源的使用效率。根据强化能源节约和高效利用的国家政策导向,对现有的能源结构进行调整:一要在以煤为主的能源结构基础上,大力发展太阳能、地热能、风能、水能、生物能等清洁能源;二要积极推进地热、煤层气体的开发利用;三要加强农村沼气建设,调整和优化能源消费结构。其次,要加强资源开发和综合利用,要提高能源使用效率。对于土地资源,要重新划定永久性基本农田保护区,加大土地整治力度;对于地质矿产资源,要进一步加强优势和急需矿种的勘查,力争在发掘地质矿产资源方面实现新的突破;对于可回收资源,要进一步提高工业固体废物综合利用水平,以再生金属、废旧轮胎、废纸、废旧家电及电子产品为重点,推进再生资源回收利用,积极支持并开展工业固废和林木采伐剩余物的综合开发利用项目。最后,要加强机制创新,充分利用经济政策手段,促进资源的科学合理、节约利用。要认真落实有关清洁生产、资源综合利用和废旧物资回收经营的税收优惠政策,建立节约资源的体制机制和政策体系;充分发挥市场机制和经济杠杆的作用,注重运用价格、财税、金融手段促进资源的节约和有效利用,积极稳妥地推动水价、电价和油气价格改革。

**(六)强化污染治理,提高环境资源配置效益**

要强化污染治理,推动结构调整进程,就必须继续加强环境污染控制和进一步巩固"一控双达标"成果。一是要加大对浪费资源、污染环境、破坏生态平衡的土小企业的关停取缔力度；二是强化现有企业的排污治理工作，把污染排放量减下来。从而在保持区域环境质量稳定趋好的基础上，把当前由产出效益低、污染严重的技术落后企业占用的环境资源提供给潜力产品、新兴产业和高新技术产业使用，为新上调产项目提供排污容量。资源环境是一种公共资源，政府是资源的管理者。当前，政府通过排污总量控制和对生产企业的排污达标控制来配置环境容量。国外发达国家的成功经验证明，市场配置环境资源，可达到以最低费用实现污染控制的目标。因此，为了减少行政手段配置环境资源导致的资源利用效益低下、资源闲置等不经济的弊端，有必要引入市场竞争机制，提高环境资源配置效益。把排污权交易与排污达标控制结合起来实施，可对结构调整起到积极的促进作用。

# 第八章 西南山地人口与资源环境发展研究余论

　　改革开放 30 年来,西南地区和全国一并取得了社会主义建设举世瞩目的发展成就,尤其是在生态环境方面保持了绝对的优势和资源,但同时,东、中、西部发展不平衡,同时区域内的发展差异严重的现象也越来越突出。就西南地区来看,区域整体经济发展落后于全国,无论是在工业化、市场化、信息化、国际化、城市化程度还是从人均 GDP 水平以及公共服务质量等方面,也一直处于发展不平衡状态,差距日趋加大。区域问题或区域发展不平衡、区域发展差距拉大问题,历史地摆在了我们面前。为了缩小区域发展差异、引导生产要素跨区域合理流动、实现区域协调发展,提升国家或地区的整体竞争力,我们必须站在更加现实的角度对待这一历史问题,更深入地探讨西南地区发展所必须解决的理论关系问题,区域发展问题和理论承接问题。

## 一、西南山地人口与资源环境协调发展和其他地区发展的关系与联系

　　马克思对经济全球化趋势的预见性论断,在当代已经成为强劲的时代潮流。当今世界,各经济强国都在通过实施区域一体化完善自身的经济安全战略,全球区域经济发展势头强劲,区域合作形式已经超过 160 个,区域一体化已成为世界经济格局变化的主要趋势。据不完全统计,目前世界上 187 个国家中,有 80% 左右的国家均参加了不同的区域经济组织。所谓区域协调发展,主要指的是适应市场经济的要求,打破原有行政区域界限的限制,实现生产要素的自由流动和优化配置,进行产业的合理分工和优势互补,达到区域间经济社会发展的良性互动,谋求区域的整体共同进步。推而广之,

这一经济发展理念可以运用到整个西南地区全面发展的实践中来。

区域协调发展是科学发展观的内在要求。党的十六届三中全会提出了以"坚持以人为本,树立全面、协调、可持续的发展观,促进经济社会和人的全面发展",坚持"五个统筹"为基本内容的科学发展观。党的十六届五中全会在总结我国社会主义现代化建设经验的基础上,进一步提出了我国区域发展的总体战略。党的十六届六中全会把"落实区域发展总体战略、推动各地区共同发展"作为构建社会主义和谐社会的重大举措。胡锦涛在2007年中央政治局第三十九次集体学习上强调,把区域协调发展摆在更加重要位置,切实贯彻落实好区域发展总体战略。党的十七大报告又一次强调指出:要促进国民经济又好又快发展,必须推动区域协调发展,优化国土开发格局。建设"资源节约型和环境友好型"社会。

在这一背景下,西南地区的人口与资源环境发展问题,就有了可以依托和参考的理论方针。首先西南地区的发展必须符合国家统筹发展的战略目标,要考虑其他地区的发展带动要素,更要借助发达地区的发展成果、经验促进自身的跨越式发展;其次,要统筹西南地区山地区域发展和城市地区发展的关系,用发展较快地区的经验和理论指导山区的发展,要协调对山地发展中所需资金、资源和人力资源的支持,制定有利于山地发展的政策措施;最后,要厘清西南山地人口资源环境发展与区域外发展的关系和联系。从整体上说,西南山地的发展,从根本上解决了整体发展的后顾之忧,才能最终实现西部地区的全面发展,才能真正落实科学发展观和统筹发展的战略目标,保证在21世纪中期实现现代化发展目标的宏伟愿望;就西南地区本身来看,山区和城市中心区的差距不断拉大,不利于西南地区跨越式发展的战略目标实现,相反,综合考虑西南地区全面发展的战略措施,才有利于在保护脆弱生态环境的同时,促进地区人民尤其是山地群众生活水平的提高,不违背科学发展的宗旨。

## 二、西南山地人口与资源环境协调发展的伦理承接与观念创新

实现西南地区的协调发展,就必须站在现实的问题一面,本着实事求是的态度原则,认真总结发展中的问题和经验,全方位借鉴发达地区的成功经验,探索出一套适合区情地情的科学发展理论体系。在这一发展伦理下,首先要借鉴发达地区经济发展的区域合作模式。根据区域协调的主体的区

分,我国目前的区域协调联盟主要有三种类型:第一种类型是跨地带(跨多个不同发展水平行政区域)的区域合作。如"9+2"泛珠三角区域合作;第二种类型是几个省份组成经济区(跨处于同一发展水平的不同行政区域)。在市场经济时期,相距较近的城市靠市场的力量互相联合共同发展,在国际上就是"南南合作"的形式;第三种类型是组建大城市群或大都市圈(以一中心行政区域+周边行政区域),这是近年来区域合作发展最为迅猛的一种模式。三种跨行政区域的发展联盟组成,实际上形成了几种大的经济发展和环境友好发展区域,它们之间也必然会产生多种多样的联系,其相互协调合作,又将产生丰富多彩的联盟样式,最终有利于整个西南山地的发展。

在21世纪这样一个急剧变革的时代,任何一成不变的经验模式都可能会失灵,正如江泽民同志所言:创新是一个民族的灵魂。我们可以说,创新是一个地区发展的灵魂。创新意味着"变"。中国人其实很懂得"变"的道理。古代先哲就有很多论"变"的思想。如西周《易经》强调一个"易"字,实质上就是讲"变"。《周易·序卦》①所说"革"卦的"井道不可不革也,故受之以革",说明了在当今时代环境中,更应该"以变应变",不断创新。这也符合《易经》所说的"穷则变,变则通",强调了"变"的目的是为了"通"。

区域协调发展中的行政管理体制创新必须紧密结合区域差异的基本格局和发展态势,处理好以下几个关系:一是正确处理与国家区域协调发展战略的关系;二是要根据省域经济调控的特点,采取适度可行的调控手段,促进区域的协调发展,逐步缩小地区差距,尽力把区域经济发展的差距控制在可承受的范围之内;三是要处理好不同类型区域之间的关系。从总体上,要有利于西南地区整体发展,从可持续发展的战略高度,充分认识区域协调发展的战略意义,积极扶持欠发达地区的发展。同时要顾及发达地区(如重庆、四川)的利益,以不削弱经济发达地区的经济发展为前提,促进各类型区域的共同发展。

从实际上看,行政托管作为一种创新性的行政重组形式,也是在行政体制改革上抢得先机的突破口。行政托管的根本特点在于,被托管区域的行政隶属关系不变,行政"所有权"没有改变,只是被委托给"行政他方",以新

---

① 马恒君(注释).周易.北京:华夏出版社,2001:86.

的理念和机制进行运作管理。相对于行政区划重新调整,行政托管不改变行政区划的现有格局,因此,实行的权限在本级政府,难度相对较小。行政托管可以使由于历史和现实等主客观原因而形成的发展较慢地区作为委托方,把隶属的某一行政区域全权交给某一发展较快地区在一定的时间内进行管理,从而实现区域管理从管理理念到管理模式都发生"脱胎换骨"的改变,尽快达到跨越发展的目标。

合理的行政体制重组是体制创新的出发点和落脚点。长期计划经济体制中形成的各自为政的行政管理体制及其催生的地方保护主义,是实现区域协调发展的大敌。实际上,地方保护主义不可能保护地方利益。它违背发展规律,窒息地区发展的生命力、竞争力和创造力,损害投资和发展环境。这样看来,建立和实行一定程度上的行政重组体制势在必行。行政重组的另一个优点就是有利于形成各省区多极联动体制。多极联动的主体,既是单独行政区域,也是跨行政区域组成的区域。对照区域协调发展的目标,目前区域的划分较为多样,既有大的资源工业经济带,也有许多属于"带中带"的旅游产业小经济带,但是各"带"之间的联动性还明显不足。主要表现在:龙头的带动、辐射、影响力还不充分;重点领域的合作,包括建立区域金融、区域旅游、区域交通、区域环保、区域会展、区域能源等,有的已开始逐步建设,但还有待进一步完善,如交通、环境保护等,还需要大大加强。

当然,我们所说的西南地区人口资源环境协调发展观念的创新,绝不止于体制创新这样一个单一方面,还必须有发展方式的创新、合作方式的创新、环境保护方式的创新、资源利用模式的创新、山地保护手段和技术的创新等等,只有全面的科学创新,才能更加有助于西南山地协调发展的总体目标早日实现。

## 三、西南山地人口与资源环境协调发展的当前博弈与未来影响

实现西南山地人口资源环境协调可持续发展,是一个长期的历史过程,在这个过程中,涉及到多方利益的较量,也充斥着各种关系的推挤,还可能出现政治利益和伦理习俗的冲突,可以说,这是一个漫长而潜伏着众多力量的博弈过程。所谓博弈,亦名"对策论",属应用数学的一个分支,是根据信息分析及能力判断,研究多决策主体之间行为相互作用及其相互平衡,以实现收益或效用最大化的一种对策理论。博弈论已经成为经济学的标准分析

工具之一。目前在经济学、战略等和其他很多学科都有广泛的应用。[①] 从这个层面来看,西南山地人口与资源环境问题实际上是一个地区利益、环境、资源和人口本身之间竞争较量最终使得发展成效最大化合理的过程。换句话说,这个过程中首先充满了竞争。从合作的层面看,这种竞争博弈过程首先是不同省份(市、自治区)之间效益争取的定点竞争。关于这一点,美国哈佛大学的竞争战略专家 M·波特在《竞争论》[②]一书中,专门讨论了地点的竞争问题,提出了著名的"地点的悖论"。他认为:"经济地理在全球竞争的时代里,涉及一个悖论:当一个经济体拥有快速的运输和通讯,很容易接近全球市场时,地点仍是竞争的根本。可是,一般看法认定,技术和竞争的改变,会削弱地点的许多传统角色……标准化的元件、信息和技术很容易通过全球化取得,但是更高层面的竞争仍然有其地域界限。进入 21 世纪后,地点只会更重要。"地点的竞争何以如此重要呢? 波特教授根据客观的横向的国别研究,得出结论:区域产业集群的诞生、发展和衰亡,皆与其所在地点的竞争能力息息相关。而地点的竞争能力的高下,关键又与地区政府能否更好地发挥作用,积极制定合理的政策有很大关联。由此可见,以一定区域内各政府为核心的区域公共管理主体必须发挥其公共职能,为区域竞争力的提升创造良好的外部条件与制度环境。而在这个竞争的博弈过程中,地区内的不同行政主体的较量,实际上也是一种优化合作的过程,这个博弈的实际内容涉及经济效益、资源开发的价值、环境保护的代价、人口发展的理想程度等,从当前发展的实际看来,这种博弈势必会影响到区域合作的各个领域,也有助于西南地区协调发展的目标实现。具体而言,例如贵州、四川、云南强势的生态旅游和民族文化旅游业作为山地经济带动的龙头产业,将会带动整个西南山地旅游业的发展,形成区域旅游带和壮大旅游产业,进而延伸到生态环境保护的层面,将旅游业发展的效益惠及环境保护的需求方面,促进环境保护水平提升和模式的创新。

　　从未来西南地区协调发展的战略趋势来说,当区域合作发育比较成熟完善,区域内的发展差距就会逐渐缩小。同时,区域整体发展达到一定水平程度,区域协调发展进入制度性发展阶段的时候,政府在区域协调发展中发

① 参考百度百科:http://baike.baidu.com/view/18930.htm
② [美]迈克尔·波特著.高登第等译.竞争论[M].北京:中国中信出版社,2003.

挥的作用亦将由主导变成为一种辅助,因此区域协调发展应该坚持"利益为主导,政府为推动"的原则,强调效益"无形之手"的力量。站在现实的起点上,我们会发现,当前的博弈既是必要的,也是有利的,是合理的。只不过目前在山地与中心城市、不同行政区域之间相互合作的过程中,还需要政府的主导和引导规划,还需要政府行政和地区效益两条腿走路。

如果用发展的眼光看,博弈的最终结果将势必会建立一种互惠共赢的长效机制,这一机制的核心在于保持区域协调发展的内在永续动力,有了这个机制,将会整合并消除当前发展中的诸多不足和问题,必然消除发展中的缺欠和制约。一是当前西南山地众多地区单纯依靠"对口支援、挂钩扶贫"发展的方式,转变为合作共赢,互利互惠的模式。催生一种区域互补共生、互惠互利的合作关系,并最终形成区域协调发展的固定格局,从而促使区域协调发展健康持续的机制;二是对西南地区人口、资源环境不协调因素逐渐削弱,一种人口发展、资源高效、环境友好的全新格局将替代当前的问题格局。各区域,尤其是欠发达地区,更加充分发挥比较优势,在协调发展中突出自身特色,找准自身位置,建立起在比较优势基础上的长期协作、协调关系;三是西南山地之间形成一种利益对等的发展模式,这种模式完全符合西南地区和西部地区、中东部地区统筹发展的战略要求,山地优势异军突起,在比较优势的推动下,人口分布趋于合理、环境优势吸引力增强、资源短缺和特色资源开发问题得以解决。最终,我们甚至可以设想,西南山地人口资源环境协调发展的模式和经验,将成为其他地区借鉴的蓝本,其积累的理论成果,成为全国实现协调可持续发展,建设"两型社会"的理论典范。

# 下篇　专题研究报告

# 专题一:西南山地人口与资源环境发展的文化传统:民族人口生态文化

西南山地是我国少数民族聚居的重要区域,在这片土地上,各民族在其历史发展的长河中,在探索认识自然规律,适应和改造生存环境,协调人与自然关系并实现与自然环境系统和谐相处的同时,形成了许多优秀的文化传统,也有着各自独特的生态意识,并在人口再生产、人口与生态环境协调共进等方面发挥了积极的作用与功能。

## 一、西南民族人口生态文化的内容

人口生态文化是人们对人口要素和人口过程与其自身并赖以生存的生态环境关系的总体认识和基本观点,包括社会观念、社会制度和物质形态三个层次。人口生态文化与有关人与人关系的社会文化或人文文化相对应,其主要内容为探讨和解决人口与自然之间的复杂关系。人口生态文化问题,实质上就是人口生态观的问题。在几千年的发展历程中,西南各少数民族积淀了丰富的人口生态文化,为中国西南边疆的人口再生产和生态保护做出了不可磨灭的贡献。就内容而言,西南山地少数民族人口生态文化既包括各民族对人与自然关系的形而上的思考和认识,也包括各民族对人与自然关系的实践与经验性的感知,当然更包括居住在特定自然生态条件下的各民族,在谋取物质生活资料时由客观的自然生态环境和主观的社会经济活动的交互作用而形成的人口生态文化类型和模式。此外,还包括少数民族民间文学艺术、习俗和禁忌中所内含的人口生态文化成分。大体来说,西南山地少数民族生态文化主要包括自然崇拜和宗教信仰中的人口生态文化、社会组织结构和制度层面所反映的人口生态文化,生产生活中的人口生态文化,禁忌习俗所体现的人口生态文化以及村规民约和习惯法中的人口生态文化和民间文学艺术承载的人口生态文化等方面。

**（一）观念层面所反映的人口生态文化**

西南少数民族观念层面所反映的人口生态文化主义体现在哲学观念及宗教信仰中，在这些观念中充满了敬畏自然、热爱自然、保护自然的情感观念。

古代西南山地少数民族的文明属农业文明和狩猎文明，完全以大自然恩赐而生存，同时，当生产力水平低下古人还不能对自然万物作出科学解释，于是便对其给予人格化、神秘化，选出许多自然神灵，予以崇拜，因此出现了对天、地、水、山、树、石等自然物的崇拜和禁忌，进而形成了对大自然的敬仰与崇拜。比如西南山地民族普遍流行对树林的崇拜，一些民族如彝族甚至将本民族归源于树木，认为他们的祖先是由某种树木演变而来，或者某些植物曾经救了他们的祖先才使其得以繁衍，普遍流行对竹、杉树或栗树的崇拜。有些民族如彝族、羌族、苗族、侗族、壮族、瑶族等将树木视为自己民族的保护神。一些民族对山石有着特殊的感情，如居住在云贵高原的山地民族，普遍崇拜山神。一些民族如怒族、土家族、白族、纳西族、傈僳族等把某种动物、植物甚至自然现象当作自己的祖先。布依族古歌中的十二个太阳、十二个月亮，水族古歌中的人、龙、雷、虎争天下，都把自然界的日、月、风、雷视为有灵之物。苗族不仅赋予太阳而且赋予其他自然诸如月亮、星星、山石、花草、树木、牲畜等人一样的灵性，认为人与周围自然界、动物、植物的关系是一种社会化的个体之间人与人的社会关系，人与自然可以结成良好的社会关系甚至亲密的血缘关系。苗族史诗中说，人类的始祖姜央就与自然物雷公、牛、龙、蜈蚣等是亲兄弟，是蝴蝶妈妈所产的 12 个蛋所生。岜沙苗族热爱自然，亲近树林，崇敬树神，认为每一棵大树都是一个灵魂，是祖先的化身，依然故我的维护祖先千百年来珍爱树木、保护森林、维护生态的传统，使人与自然环境一直处在良性协调中。

远古时代生产力水平低下，人类对自然处于一种依附或顺从的心理。由于那时人类完全依赖大自然的恩赐而生存，以采集、渔猎为生，因而认为大自然是神圣不可侵犯的，山山水水、花草树木都是有神灵的。如贵州许多少数民族都有自己的"神林文化"，即在村寨后方或附近有一片被赋予神秘色彩或崇拜对象的树林，这就是神林。这种神林在苗族、侗族、彝族、水族、瑶族等民族文化中都占有重要位置。凡有神林文化的少数民族对神林都十分崇敬,一系列民族节日、祭祀活动和禁忌习俗都与神林有关。在不同民族的文化中,神林有不同的含义,主要有三种:一是安葬祖先的护寨神;二是掌管风调雨顺的神灵或神龙居所或化身;三是自然崇拜的护寨神。在少数民族的文化观念中,神林是圣洁的,人不能在里面打猎或行走,更不允许在其中放养牲畜。人类祖先最早就生活在茂密的森林中,这就很自然地在其心中唤起对森林和树木的崇拜。传说神林是神的“家园”,是神圣不可侵犯的,保护神林就可以消灾除难,可以健康长寿和幸福平安。众多神林的存在,对于保护森林、保护物种、涵养水源、调节气候和美化环境都起着十分积极的作用。这种世代相传的民族文化不仅使西南山地大批珍贵的树种得以保存下来,而且也提高了人民爱护自然资源、保护生态环境的意识。

西南少数民族的宗教信仰十分复杂,既有全民族共信一种宗教,又有一族中多种宗教信仰共存;既有对世界几大宗教的信仰,又有对本土宗教(如本教、巫教)的信奉。佛教是西南山地民族中普遍的一种宗教,纳西、藏、傣、壮族等少数民族都信仰佛教,佛教在这些民族中有着深刻的影响,对其基本的生存态度和价值观念起着决定性的作用。佛教自然观认为众生平等、万物平等,不仅一切生命都有平等的地位,就是草木、瓦砾、山川、大地等没有意识的事物,也有佛性,必须予以尊重。可以说,尊重生命、珍惜生命是佛家的根本观念。佛教教义中的这些生态意识深深地根植于教徒心中,规范教徒的行为。如西双版纳现有的许多植物物种都是在佛教影响下传入的,如菩提树、大青树、贝叶棕等。另外,藏族是一个普遍信仰藏传佛教的民族,其节日、各种禁忌也大多与宗教有关,许多蕴涵着极其丰富而深刻的生态保护意识,其中的一些思想客观上对保护生物多样性起到了重要作用。所以,藏区一般不准捕杀野生动物,对于以打猎为生的人予以鄙视和谴责。许多寺院专门设有“放生节”,在该节日放生的牛马,被视作神牛神马,不得驱赶、乘骑和捕杀,任其自然死亡。各寺院周围,严格禁止砍伐树木、破坏森林、捕猎杀生等,还严格禁止进入神山圣水砍伐、打猎、采集和渔猎等。在西双版纳地区崇尚的小乘佛教中,如傣、布朗、德昂和部分阿昌、佤、彝等民族也有着丰富的生态意识。傣族人民世代追求从里到外清洁纯净的天性,人们祥和、宁静地生活。这里有不少“绿色净土”或“自然圣境”,大多存有一些原始森林片断,残存着珍贵的原始森林种质资源。

道教在西南山地少数民族中有着广泛的影响,在瑶族、壮族、苗族中十分突出,在土家族、仡佬族、毛南族、京族、黎族、白族、阿昌族、羌族、彝族、纳西族等少数民族中也很明显。道家提出"道法自然",认为,人与万物在道性上是平等的,富有灵性的人类应与"大地合德",对万物利而不害;毁灭自然物的行为,是在扼杀自然的生机,必将给人类带来祸害。"重人贵生"是道教最重要的教义,要求人对待生命应当是"贵生"、"乐生",善待万物。① 这些观念与教义对西南山地少数民族影响较大,我们从瑶族的命名礼就可知其一斑。瑶族人一生取有多个名字,法名、郎名都要通过严格的道教仪式而获得。其命名仪式贯穿着诞生礼、成丁礼及入教仪式等内容,而这些仪式都表明了瑶族对人自身生命及其社会化教程的高度重视。

在贵州黔东南侗族地区,"萨"是侗族的保护神,侗族人普遍认为,萨能够使人们逢凶化吉,战时,保佑自己战胜敌人;平时,保佑村寨庆吉平安,牛强马壮,人丁兴旺。《萨之歌》说"今日吉时引萨进村寨,引着萨老进寨魔鬼进河潭;魔鬼滚进河潭我们引着萨老进村寨,咱们引着萨老进到地方,家家甩掉灾难;让灾难同魔鬼一样进河潭,潭水漩涡搅着魔鬼随浪顺流而下。本土无根,举目不见;砍去祸根,断了坏根。地方得福,村寨受益,众人得个欢乐,免得招来烦恼。得个满肚甜蜜,年过年往,月来月去,过着这样的日子,心没有什么想,有话也没有什么说的,那才是真正好的心安。""山上岭子得到萨子保佑,田里塘里得到萨子照顾。如今请萨来保佑,保佑牛马与咱同耕种。保佑牛、牛让使,保佑马、马让骑。白天自己出圈去吃草,晚上自己进圈把家回。马长得大,牛养得肥。"可见,萨是侗族的保寨安民之神,体现了少数民族对自然的情感和保护自然的神佑观。

**(二)社会组织结构和制度层面所反映的人口生态文化**

具有地域和民族特点的人口生态文化体现于其基本的社会组织结构和制度层面中。这里所指的社会组织结构,包括西南各少数民族的宗教组织、家庭组织、社区组织以及行政组织。这些组织及由之而形成的相关制度与人口生态文化有着密切的关系。

在西南山地多民族中,苗族社会历史悠久,各种社会结构和社会组织制度相对其他人数较少和历史较短的民族则要复杂和完整,族内权利组织更是赋有特色。村寨内既有共同推选出的德高望重、办事公正、能言善辩、熟

---

① 张继禹.道教对生态保护的启迪[J].中国宗教,1999(2).

悉榔规的寨老,也有按照血缘关系产生的具有宗教性质的鼓社——江略(苗语称为 Jangd Niol)及社长。社长被称为"果略"(即鼓头),相当于族长。鼓社的最高权力机构是全体社员大会,其基本职能包括组织发展生产、农业、林业、狩猎及牲畜饲养等。鼓头全权管理全社事务,其职能之一是:"领导共同保护鼓社山村及村寨环境,管理耕种公田,修建鼓社庙等。"①苗族的传统村寨制度—议榔制(苗语称为 Gneud Hlangd,音构榔,构即议定,榔即公约)是不同宗的家族组织成的地域性村寨组织,其以地缘关系为基础,规模大小不一,是苗族传统社会的一种基本制度。榔头、款首是经过公推的议榔执事首领。议榔的最高权力机构是议榔大会,由榔头、款首主持,通过议榔大会商定共同的大事,并制定款约。议榔大会所产生的款约涉及生产生活各个方面,包括不得乱砍寨子树木、森林、风景林和集体山林等。

苗族的"榔规"、侗族的"侗款",不仅用于维护社会秩序,调节人与人的关系,也有相当多的条款是保护森林,保护水源,保护野生动物的。"侗款"第十三款说:"向来山林森林,各有可得,山冲大梁为界。……莫贪心不足,过界砍树。""侗款"中的五层五部讲到塘水和田水:"咱们要遵照祖宗的公约办理。水共一条沟,田共一眼井。上边是上边,下边只能让上边有水下边干,不能让下边有水上边干。如若哪家孩子,偷水截流,破塘埂,毁沟堤。他私自开沟过山坳,他私自引水过山梁。害的上边吵,下边闹,这个人拿来手臂粗的木棒,那个人拿起碗大的石头。咱们要让水往低处流,咱们要理往尺上量。要让他的父亲出来修平田埂,要让他的母亲出来赔礼道歉。严禁偷水截流,破坏水利设施。""款"词中说,如有私自引水翻坡,牵水翻坳,在上面的阻下,在下的阻外,要他父赔工,要他母出钱。苗族的"议榔"和"理词"规定:"鼓山林"须到鼓灶节按规定看法,公共山林和牧地也要根据公约保护和使用。"封山才有树,封河才有鱼。封山育林,不准烧山。哪个乱砍山林,我们要罚他十二两印祖;他若不服,要加倍罚到二十四两至三十六两。"再如贵州榕江县平永区高兴、俾丢、华有、归利等几个村落在清道光二十七年"议榔"中制定的有关"榔规"、"榔约":"一议:不许偷砍柴山、放火烧山,罚钱一千二百文。乱割叶子,罚钱六百文。一议:革昆、歇气坳二处小坡,本放牛之地,凡近田边,不许强挖寸土。"苗族先民也深谙"封河才有鱼,封山才生树"

---

① 何积全.苗族文化研究.[M].成都:四川民族出版社,1992.

的道理,其榔规、理词规定:"烧山遇到风、玩狗雷声响。烧完山岭上的树干,
死完谷里的树根。地方不依,寨子不满⋯⋯罗栋寨来议榔。"意思即要求人
们要自觉爱护山林,保护生态,凡有损害行为均要按榔规理词来处罚。

瑶族传统社会中,由各户户主公议产生并由全村寨群众共同遵守的规
定,多刻在石碑上,立于村寨经常举行聚会的场所,昭示村民共同遵照执行,
这种石碑被瑶族群众称为"石牌",在近代又被民族学、民俗学、法律学的专
家学者称为"石牌律"。从历代散布于瑶族各支系的"石牌"来看,其"料令"
的条款基本上都有封山育林,禁止乱砍、乱猎、乱捕及保护水利设施等方面
的内容,并有相应的奖罚条款,有的"石牌"所定的"料令",还有包括山林、水
源等发生权属纠纷时的调处原则及相关条款。传统布依族的地缘性社会组
织称为"榔团联盟",经过榔团联盟议定的有关规定称为"榔团盟约"。诸如
"不准放火烧山","不准乱伐林木,违者罚银洋伍元";"不准在水井边洗衣、
洗菜,违反者罚款银洋伍元"等等。

苗族崇巫尚鬼,在生态保护方面也常借助鬼、巫的力量。其中"闹清"就
是借用神鬼力量强化群体管护森林的自觉性而采取的形式之一。这种形式
是通过一定的仪式,经过巫师无情的诅咒,让大家承认维护众愿、永远遵守
共同制定并通过的条款。这些条款一般不准谁盗伐别人的树木,不准勾结
外人来偷砍盗伐,不准烧林,不准剐剥别人的树皮以毁林,甚至不准砍小树
或提早采摘林中茶籽、桐子等。①

"最后一个枪手部落"——黔东南从江岜沙苗族对"神林"规定为两种类
型:村寨"神林"和家族坟山"神林"。每个家族(或以家庭为主体的自然寨)
都定位于一定的"神林圈"内,并规定对"神林"中各种树木一律禁止乱砍乱
伐,各个家族中的人自觉义务巡视守护;对私自到神林内乱砍乱伐者,一经
抓获,则罚其砍牛祭山,并当众向"神山"道歉。②

### (三)生产生活中的生态文化

西南山地各少数民族为了适应所处的生态环境,不仅在生产耕作方式
上采取了许多积极的措施,而且在日常生活中形成了一定的生活习俗,促进

---

① 邢启顺、麻勇斌.黔东北苗族传统文化约束力在森林管理中的嬗变.何丕坤等.乡土知识的
实践与发展[M].昆明:云南民族出版社,2004.
② 吴正彪.乡土知识中的"自然中心主义":岜沙苗族的生态伦理观.孙振玉主编:人类生存与
生态环境[M].哈尔滨:黑龙江人民出版社,2005.

了当地农业生态系统的良性循环,也保证了当地农业生产的可持续发展,有利于保护当地的生态环境,进而维系着人口再生产。

首先,西南少数民族为了适应与生态环境的关系,在长期的生产劳动中,形成了一套与本民族生产劳动相适应的生态系统和保持生态平衡的伦理规则,也自觉形成了具有生态保护内容的生产行为,在生产耕作方式上采取了许多积极的措施,促进了当地农业生态系统的良性循环,也保证了当地农业生产的可持续发展。这些农耕传统或方式便构成了农耕型生态文化。

一是传统刀耕火种农业中的生态文化。西南地区实行传统刀耕火种农业的民族有苗、黎、傈僳、彝、纳西、阿昌、景颇、独龙等民族,这些民族多处于一个以森林为核心的生态系统中,他们根据森林种类分布情况、稀密程度以及在生产系统和文化系统中的重要程度,对村寨内的森林资源进行总体规划,划定哪几片森林可以砍树,哪几片森林不能砍伐,砍伐活动被严格限定在划定区域之内。而且这些山地民族有一套完善的调适生态平衡的轮歇制度,如佤族是 10 年,布朗族是 12 ~ 15 年,基诺族是 13 年,同时,将轮歇地的地区根据海拔、土壤、坡度的不同划分,采取不同的耕作方式,最终达到调适生态平衡的目的。其次,建立严格的防火措施,防止区域性森林火灾的发生。如贵州黔东南侗族民众在人工林或天然林之间,设立防火隔离带。铜仁地区土家族烧山前要修好防火线,烧时要放倒火,即从上向下烧,火不熄灭人不离开。砍树垦地和烧树肥地是刀耕火种中最基本的两道工序,盲目肆意地"砍"和"烧",将带来严重的灾难性的后果。但是山地少数民族大都具有生态观念,将"砍"和"烧"严格限定在生态系统所能承载的限度内,这样既有利于农业生产,又维持了区域性的生态平衡。同时,人们实行有序的垦休循环,保护自然植被,进行人工造林,这些为农耕文明的延续奠定了坚实的生态基础。

二是林粮兼作型农业生产中的生态文化。林粮兼作型农业是一种以林为主、立体开发、综合利用、长短结合的生态经济型农业,它解决了林粮争地的问题,实现了生态效益、经济效益和社会效益的有机结合,从而找到一条切合山区实际的可持续发展之路。林粮兼作型农业也是一种以林作文明为主、农耕文明为辅的文明形态,它与刀耕火种文明迥然相异。在刀耕火种农业中,森林的经济机制只能通过间接地体现,而在林作—农耕文化中,森林直接服务于民众,民众世世代代从保护森林、发展林业中得到实惠。久而久之,人们逐步形成了吃山养山、植树护林的传统,积累了丰富的造林护林经验。

三是梯田稻作农业中的生态文化。梯田的建造一般选择较平坦的缓坡、山脚、山洼或河川沟道两侧,山顶的原始森林严禁开辟为梯田,每一村落附近的寨神林业严禁砍伐,涵养了水土,保护了森林。同时,每块梯田不论大小,都是平坦的,具有保水、保土、保肥的功能。由于梯田层层而上,每块梯田之间要垒砌一道很高的田埂,垒砌田埂便成为梯田建造中的重要环节。如果田埂坍塌,则水肥不保。为了使梯田能永续利用,人们还采取一些维持土地肥力的措施,如对秧田施绿肥,对水田利用杂草和树叶进行浸泡,使梯田年年栽种,仍能地力不衰,丰收可保。梯田稻作农业中的生态文化,如森林保护、涵养水土、增产增效和减少污染,对现代社会生产仍有一定的借鉴意义。

四是坝区稻作农业中的生态文化。虽然西南地区以山地地形为主,但是山地和丘陵地区之间仍存留着一些不等的坝区和小盆地。从事坝区稻作的民族,要世世代代在一个相对固定的土地上繁衍生息,就要十分注意恢复和保持土地肥力。冬季农闲时节,人们便将牛牵入杂草丛生的农田吃草越冬,经过牛群的反复践踏将野草、稻茬和牛粪踏入田中。夏季时再施绿肥。每年农历四月,稻田耙过一次,人们便纷纷到山上砍枫叶、蕨类、草莽等,砍好后捆紧,挑到田里,用柔软的田泥严严盖好,过十天半月用刀将树叶砍碎,然后用水浸泡使原来清凉的田水变成暗红色,这样既增加了土地的肥力又不污染环境。同时,坝区民众为建立较为完备的水资源管理制度,建立了一套严密的垂直管理系统,并有组织地定期维修水利设施,公平合理地分水用水,促进了水资源的有效利用。

其次,保护生态环境意识,还渗透于西南山地民族的衣食住行、言谈举止、婚育丧葬和岁时年节等日常生活的各个领域。如侗、苗、水等民族自古以来就爱护树木,珍惜森林,酷爱造林,有把爱林护生视同命根的习俗。每年春季,各地苗族、侗族村民踊跃过"买树秧"节;乡场集市上,总是摆着大捆大捆健壮的杉秧果苗;中老年人买苗为子孙造林,未婚青年男女则互换树苗作为恋爱信物。有人家生孩子,不论男女,长辈亲人都要为其种上100株小杉树,18年后孩子长大,杉树成材,即以成年杉树为其操办婚事,当地称此习俗为"种十八年杉"。黔东南清水江流域流传着一首民谣唱到:"十八杉,十八杉，妹仔生下就栽它，姑娘长到十八岁，跟随姑娘到婆家。"苗族、侗族居住的山区，杉林遍野，与此风俗关系极大。生活在黔东南锦屏县清水江一带深山老林的苗族、侗族同胞，靠山吃山，他们一方面以自然的杉林为生，一方面又为维持、改善自己的生存条件，栽培经营着林木，由此形成一系列的林木买卖租佃关系，自然而然地防止着破坏性的采伐，形成生态环境的良性循环，与自然和谐相处。再如每年正月初一到十五，所有藏族人要种树，因为老人告诉晚辈，种一棵树可以延长五年寿命，损一棵树就要折寿五年。藏族人家生小孩请喇嘛取名，生病时请喇嘛祛病，喇嘛都会叫人们去种树，并规定必须种多少棵树。傣族、独龙族、贵州岜莎苗族死者葬入墓地后，不留坟堆，过一段时间后，墓地复归自然，生态环境不会受到任何破坏；怒族、傈僳族不设立专门的墓地，葬死者的地方仍可耕作种地，从而很好地保持了原有的生态平衡。

再次，西南山地民族的宗教活动中也无不渗透着保护环境的生态意识。如贵州省黔东南苗族侗族自治州台江、雷山、榕江、从江、剑河和凯里等县市特有一种苗族宗教习俗——招龙。招龙活动的规模有大有小，由家庭举行的小规模招龙活动，没有固定的时间；大规模的招龙活动中人们就要植树，并且要"敬树"。尽管从表面上看，招龙仪式是以龙神为关注的焦点，但是在很大程度上，树木亦是人们所关注的对象。有人解释说，龙神来保护树木，然后再由树木保护村寨，所以招龙仪式既具有保护树木的目的，又具有保护生态环境资源的象征和意义。

### （四）禁忌习俗所体现的人口生态文化

禁忌，是关于社会行为、信仰活动的某种限制观念和做法的总称，是一个民族在不同的自然环境和社会交际中，自发地逐渐形成的一种复杂的社会文化现象。它作为人们的一种消极防范性的信仰行为和手段，是用来以约束、限制、规范自己的社会行为和信仰行为的一种方法。对于人口生态环境，西南少数民族也产生和形成了五彩缤纷的禁忌习俗。这些禁忌虽然大多含有鬼神等迷信色彩，但在客观上有利于生态环境的保护，偶立于维持人口与自然界的平衡。

一是关于严禁砍伐树木、破坏山川的禁忌。如广西壮族有祭"龙山"的古老宗教仪式。为保持"龙山"神圣性，有不成文的村规民约，如禁止上山挖药、砍伐、狩猎等。土家族把村前村后的山视为"神山"，四季封锁，并不准在有古树的地方大小便。四川凉山的彝族把"神山"看作撑天的巨柱,禁止任何人面对着神山吼叫,不许人们上山随便开采山石,不许砍伐山上的一草一木。藏族忌讳在某一地方和神山上随意挖土、挖药材、打猎、砍伐森林。下种后,不准砍树,不然会触怒神灵下冰雹。严禁割草,怕触怒地神,遭霜灾。严禁挖药材,怕触怒土地神,放出虫来吃庄稼。哈尼族禁止在村寨附近的神林中砍树、放牧、追捕动物。布依族禁止任何人触摸和砍伐村寨的山神树。德昂族禁止任何人走近、砍伐被视为神树的"蛇树"。苗族在其禁忌中规定:"藏木鼓的山上一草一木,都不得攀摘或砍伐";"寨中敬奉的古树和风景树,要以神相待,不准亵渎或砍伐。"彝族禁忌道:"树上有鸟巢者不砍,雷击之木不砍,坟场之木不砍,独木不砍,泥石流中的树木不砍。路遇猴等动物只能驱赶,不能射杀;禁止在防止祖筒的祖灵箐洞附近鸣枪行猎,或砍树烧山;禁止上坟场或墓地打猪草,放牧;忌平整地基时,挖出蛇、鼠、青蛙等动物,更忌将其打死。"不少侗族地区禁止小孩在果树上边摘边吃,来年树就不会开花,及时开花结果,也一定收成不好。因为果树神昭示在树上吃果,很容易使小孩放松警惕而掉下树来,或因洁净问题而导致肠胃疾病的产生。

值得注意的是,许多少数民族保护森林的生态观念还通过宗教文化的形式展现出来。民族考古学家汪宁生先生1982年考察了云南省沧源县一个叫勐角的村寨,在其后来所著的《西南访古卅五年》一书中,他记道:"(勐角村)附近有一小山,树木葱郁,称'龙色勐',为全勐之'神林'。无人敢进,故树木得以保存完好。内有植物达2000种,野生植物考察队数次来此研究。此一生态环境竟赖宗教活动得以保护。"①

二是关于关于严禁捕杀动物的禁忌。如彝族、傈僳族、壮族、佤族等在出猎前都要举行供献猎神的仪式,以求得神灵的保护。云南大理洱海边的白族渔民禁止捕捞巨鱼和怪鱼,更忌食用。广西壮族视青蛙为神灵,认为青蛙可预告旱涝灾害及一年的农作物丰歉,因此严禁捕捞青蛙,亦忌食青蛙。侗族民间认为蛇既可降灾于人,又可赐福于人,故禁止捕蛇和食蛇。白族崇奉鸟类,每年清明节都要举行祭鸟节。在祭鸟节期间,禁止捕杀鸟类,禁止在山林燃火或煮饭。藏族大都禁止杀害野生动物及禽兽,也不肯借给煮这些动物的肉的工具,喜欢吃的牛羊肉,由专门的屠夫宰杀,宰杀时还要念专

---

① 汪宁生.西南访古卅五年[M].济南:山东画报出版社,1997.12.

门的经文，严禁打鱼，怕触怒水神，使庄稼遭旱。彝族和景颇族忌吃狗肉。一些少数民族如傈僳族、独龙族、怒族、布朗族、阿昌族等各民族，狩猎时都有一定的狩猎规则和禁忌，他们规定，忌打怀崽、产崽孵卵动物，对于正在哺乳的动物"手下留情"，忌春天狩猎，因为许多动物在春天下崽等。

三是关于禁止污染水源的禁忌。如傣族多临河而居，却不饮河水，而从旁边有大青树的水井或从大树旁流下的山泉中挑水饮用。各地傣族水井上必盖有井亭，以防泥土、污物落入，井旁备有公用取水器具，以保证井水的卫生。藏民族禁忌在泉源、水井、河流边大小便，不准将垃圾等不洁之物倒入水中，怕触犯龙神而受相应处罚。

**（五）乡规民约和习惯法中的人口生态文化**

西南山地各少数民族一些乡规民约和习惯法中渗透着生态保护意识，特别是对与民族的生存发展息息相关的护寨林、水源林、风水林等等的保护更是明确而严格。彝文典籍《西南彝志》卷八"祖宗明训"一章里，以习惯法的形式定下规矩："树木枯了匠人来培植，树很茂盛不用刀伤害，祖宗有明训，祖宗定下大法，笔之于书，传诸子孙，古如此，而今也如此。"彝族《彝汉教育经典》上也说："山村中的野兽，虽然不积肥，却能供人食，可食勿滥捕，狩而应有限。山上长的树，箐中成的林，亦不可滥伐。有树才有水，无树水源枯。"各民族保护森林的制度和规定还通过一些仪式表现出来，如四川省茂县赤不苏区的羌族每年冬季都要择一吉日举行吊狗封山的仪式，以强调对森林的保护。

据各地的护林石碑显示，各民族保护山林植被的意识较强，方法也多种多样。如云南剑川县金华山麓的"保护公山碑记"指出："剑西老君山为全滇山祖，安容任意侵踏。如敢私占公山及任意砍伐、过界侵踏等弊，许看山人等扭禀（即扭送官府）。"贵州黎平南泉山"永远示禁"碑记载："自此山中凡一草一木，不得妄伐。'公仪禁止'碑文：其有一切大小树木，日后子孙并众人、山僧等，记不许砍伐。违者送官究治。"贵州普定布依族火田寨护林碑规定"一禁水火，二禁砍伐，三禁开挖。"清嘉庆二十五年（1820年）立于贵州黔东南锦屏县九南乡的碑文规定："一禁大木如盗伐者，罚银三两，招谢在外；一禁周围水口树林一载之后不准砍伐枝丫。如有犯者，罚银五钱。"道光七年（1827年）立于贵州省黎平县泉山的"永远禁"石碑记载："兹有不法山僧，暗约谋买之辈，私行擅伐。合郡绅士，因而禀命干预，除分别惩治外，理合出示晓谕,再行勒石,以垂久远。自后山中凡一草一木,不得妄砍。"贵州榕江高兴地区的"百世流芳"碑规定:"一议:不许偷砍柴山,防火烧山,如有不遵,罚钱一千二百文;乱割叶子,罚钱六百文。"普定火田寨护林碑规定"一禁水火,二禁砍伐,三禁开挖。"①贵州榕江冷里"禁条碑记"规定"不准砍伐生柴,若有乱砍破坏,日后查出,罚钱一千二百文。"②龙里龙家坡防火碑碑文为:"时值冬令,万木发荣。虫物蛰动,同系生灵。防火烧山,忍付一烬。出示禁止,违□责惩。"③再如贞丰"众议坟山禁砍树木"碑,其碑文有"一议戎瓦、戎赖山林、树草、秧青并不准割,若肆行故违者,罚银八两八入祠;若有仁人见者报信,谢银一两二;脏贼俱获者,谢银二两四。"贞丰县长贡护林碑,其碑文其内容记载"如有妄砍树木,挖伤坟墓者,严拿赴公治罪,莫怪言之不先。"如上等等,不一而足。

### (六)民间文学艺术承载的人口生态文化

民间文学艺术是人类对自然及人类自己认知的审美化表达,涵盖宇宙观、自然观、人生观及社会文化观。"民间文学大致可分为散文体民间文学和韵文体民间文学两种。散文体民间包括文学神话、传说、故事、寓言、笑话等;韵文体民间文学包括史诗、叙事诗及民间歌谣等。"④民间文学艺术当然还包括表演类的说唱、戏剧、歌舞、音乐、杂技及各类手工艺术作品,如刺绣、印染、绘画、镂刻、编织、雕塑、陶艺、金属工艺等。所有的生态文化几乎都通过民间文艺表现出来,并融入各民族的日常生活中。其中的许多认识和思考,其思想之精深、表现之生动、形式之精致和情感之朴素都令人敬佩和感动。如一首名为《天地经典》的摩梭达巴口诵经这样唱道:"在蓝天笼罩着四野的时候,大地上苍凉迷茫没有边际,祖辈先民不知天和地,原始人类不辨东和西,江河连绵不知南和北,日月混沌一片暗淡,是翱翔在云空的山鹰,带着人找到了鸟羽一样的土地,是奔驰在群山间的猛虎,领着人找到了潺潺的溪流,是沉夜不眠的白天鹅,指点人找到吉祥的星辰,不是美好的土地,抬举不了人类……飞跑千里的骏马有缰绳,穿林过山的猎狗有铃声,江河奔流千

---

① 贵州省地方志编纂委员会.贵州省志·文物志[M].贵州:贵州人民出版社,2003;344.
② 贵州省地方志编纂委员会.贵州省志·文物志[M].贵州:贵州人民出版社,2003;346.
③ 黔南布依族苗族自治州史志编纂委员会.黔南布依族苗族自治州志·文物名胜志[M].贵州:贵州民族出版社,1989;94.
④ 顾军等.文化遗产报告—世界文化遗产保护运动的理论与实践[M].北京:社会科学文献出版社,2005.

里有源头,万物生在大地有原因,要分清神和鬼的踪迹,要辨明真和伪的界线,挥起吉祥的香枝将神灵祭奠,捧起洁净的泉水将自然膜拜,不是自己的神灵不会保佑自己,不是自己的家园不会抬举自己。"① 这首朴实、优美、生动的诗歌,所表达的是摩梭人对本民族所居地区多样性的自然生态环境和山川万物的赞美、眷恋和热爱,以及对养育本民族的自然万物的感激、敬畏和膜拜。苗族古歌《枫木歌·十二个蛋》中,苗族先民提出人、神、兽共祖,但人高于神、兽的说法。认为龙、蛇、虎、牛、象等以及天上的雷公神和地上的人,都是"同一个早上生",是同一个母亲下的蛋。侗族古歌《人类的起源》也认为,最初的人和动物是兄弟,他们在一起生活,后来人靠自己的智慧,从动物中区分出来。其他民族的民间文学中也都饱含着人口生态文化的内涵,如土家族关于人类起源神话代表作《衣罗娘娘》、《水杉的传说》、《涨齐天的大水》、《十八姓人的来历》、《余氏婆婆》中,饱含着人民对植物和动物的崇拜,对自然的敬畏和遵从。

另外还有一些典籍中的记载体现了自然天地万物的对立统一观。如在《宇宙人文论》等彝族典籍中,像乾坤、哎哺、阴阳、父母、天地、男女、清浊、形影、明晦、昼夜、雷风、水火、大小、上下等都是对立统一的,一方不存在,对方也不存在。"阴阳两结合,广阔的苍穹,美车连连转。"阴阳互相结合,构成宇宙万物。同时在《宇宙人文论》中,还以"五生十成图"和"十生五成图"以及"八卦方位图"说明宇宙都是由八卦类要素组成,这也是宇宙系统的整体观。水族的水书也认为自然万物有正反、阴阳、复活、寿夭等相辅相成的两个方面,两个方面在一定的条件下可以相互转化。这些典籍表达出了朴素的生态文化思想:世界由自然万物构成,它们既对立又统一,没有对立统一就没有丰富性,没有自然万物的丰富性就没有世界的多样性。

## 二、西南山地民族人口生态文化的价值

历史上,西南山地各民族长期深居高山大川,地表切割,山高坡陡,河急涧深,关山重重,因此各民族民众在朴素的自然宗教观的信仰下、在对自然界的崇拜下,产生了对自然万物的敬畏之情,导致其产生了最初的保护自然生态的传统文化。这些传统的人口生态文化是在特定的自然生态条件下适

---

① 天地经典.山茶 1998(6).

应和改造自然生态环境而创造出来的物质文化和精神文化的总和,其在民族发展历史进程中及对西南地区生态环境保护的过程中发挥着重要的意义和作用。

**(一)有利于西南民族传统文化的保护和传承**

文化是一个民族和国家赖以生存发展的重要根基,也是区别于其他民族和国家的重要标志。任何文化都与历史发展的一定阶段和具体的社会经济形态相联系,渗透于社会生活的各个方面,影响着人们的精神世界和行为方式。先进文化是人类文明进步的结晶,是一种博采古今中外、广集世间百家的与时俱进的文化。西南民族人口生态文化是少数民族人民在长期的生活实践过程中,在认识和改造自然的过程中所形成的,是社会主义先进文化的构成要素,有利于人与自然的和谐与全面协调可持续发展。

社会主义经济的建设,从某种意义上讲将打破少数民族地区原有的封闭状态,造成内外文化的互动,使当地本土文化在外来文化的影响下发生各种变化,从而使我国少数民族文化资源受到严重的冲击,许多文化资源遭到破坏,甚至有些已经到了濒临灭绝的地步。近几年来,少数民族传统文化越来越受到国家和社会的重视,它是一个国家,一个民族的象征。西南民族传统的生态文化,剔除其带有封建思想的内容,都是传统文化中的精髓部分,因此,研究并进一步继承和发展这些生态文化,对于保护和传承西南民族传统文化有着积极的作用。

**(二)有利于培养人们的生态文化素质**

由于西南山地民族传统人口生态文化是西南各民族在悠久的农业文明中,延续了数千年之久而留下的关于人与自然和谐相处的丰富经验和深刻智慧,是各民族在长期的历史实践基础上形成的,以自然保护和自然崇拜为特征,一方面是自发的和朴素的,大多融汇于生活生产实践之中,较少理论的演绎和归纳提炼。如用蕴含生态价值取向的宗教戒律、乡规民约和习惯法乃至禁忌习俗来调节或规范自己的行为,大多融汇于生活生产实践之中。另一方面又是普遍的和实用的。它们充分体现在各民族社会生活的不同层面,无时不在、无处不起作用。可以说这些生态文化对于人们都具有普遍的约束力,各民族通过对外在自然生态的敬畏,有效地约束了有损自然的不良行为,使自然生态始终保持在一种可自我恢复的平衡状态。这些可以称之为"环境保护法"的生态文化对于增强民众的生态保护意识更有效力,并更能为他们所接受,以此来规范人们的行为,并逐渐确立适应环境、适度开发的生态伦理观念更能为社会全体成员所遵循。

这些生态文化在建设生态文明的新时期,对于培育人们生态文化教养有着重要的意义与价值:一是有助于人们形成人口与生态协调、和谐互动的生态思维。西南山地民族传统人口生态文化以人们直接的生存经验为基础,具体真切地把握了人类生存与自然界的有机联系,从中可使人们认识、洞悉到,人类只有维持与自然界长期的和谐共生关系,才有可能获得持久健康的生存。二是有利于完善当代人口生态伦理。西南民族人口生态文化有助于人们在体验自然、领会自然、热爱自然的过程中,发自内心地尊重和关爱生命,真诚地产生"万物一体"、"民胞物与"的人口生态关怀并产生对养育人类生命的自然界的报恩情怀。第三是能够深化社会成员对人生价值的认识,丰富自己对生命意义的体验,并促进人们在全球生态危机日益加剧的今天形成必需的人口生态生存论的态度,重建富有时代精神的健康、文明、环保生活方式,提供不竭的建设生态文明所需要的智慧、道德和精神氛围的历史源泉。

### (三)有利于西南山地生态环境的保护与和谐发展

生态环境是构建和谐社会的基石,构建社会主义和谐社会必须建立和谐的生态环境。作为人与自然的许多正式的制度安排,包括几十年来大规模的工业开采(尤其是森工企业),短期经济利益的疯狂追求、频繁的政策变化和政治运动、人口的急剧增长等,使各民族传统的生态信念收到冲击,并日趋淡漠,不同程度的失去了其对民众原有的规范和约束功能,造成了民众对生态保护的机会主义行为。尤其是对于年轻人,由实践经验获得的新的意识形态比老年人更快,使传统生态文化的约束力变小。

西南民族传统生态文化是西南民族几千年传统文化的升华,也是西南少数民族生态文化的集中体现,不断弘扬各民族传统人口生态文化,树立人口与自然和谐发展的坚定信念,对西南民族地区美化生活环境、保护生物多样性从而构建和谐生态环境有着积极的促进作用。如侗族人民的古朴而又超前的生态意识,使得侗乡成为生态优美、风情古朴、返璞归真、回归自然的人居胜地。贵州黔东南黎平、榕江、从江、锦屏四县的各族人民长期和森林保持着相互依存的良好关系,在这里,森林的覆盖率达到了61%以上,无论走到哪村哪寨,都是青山绿水,满目锦绣。生活在青藏高原的牧人,沐浴着自然的空气,自己也与草原融合,成为草原的一部分。他们的生活如同蓝天白云一样舒展,性情像雪山草地一样沉静而明朗,人与人之间、人与动物之间像清清泉水一样纯净而欢畅。这些无疑对于改善西南地区的生态环境有着积极的影响。

### (四)有利于西南民族地区的社会经济发展

在我国社会主义建设的新阶段,生态环境对社会经济发展的意义日益凸显。经济社会可持续发展目标的体系既应包括物质财富的极大丰富,又应包含保持良好的生态和优美的环境,应该是在确保生态系统平衡健康和自然环境良性循环基础上,实现社会物质财富的持续增长,而其基础就要求采用科学的发展方式,实现人口合理增长、资源永续利用、生态良性循环。人与自然和谐发展,正是在确保生态系统平衡健康和自然环境良性循环的基础上,实现社会物质财富的持续增长。西南山地资源禀赋相对贫乏,资源利用效率相对低下,人口负担沉重、资源约束严重、生态环境容量有限等一系列问题严重制约着其经济社会的可持续发展。充分发扬并合理利用西南民族传统人口生态文化中合理、优秀的成分,不断强调生态平衡和环境健康,统筹人与生态环境的和谐发展,促进资源的合理开发利用,同时继续做好控制人口数量、提高人口质量的工作,对于化解人口与可持续发展特殊瓶颈、促进西南民族地区社会经济发展具有积极的意义。

### (五)有利于西南各民族地区的生态文明建设和可持续发展

十七大作报告提出了实现全面建设小康社会奋斗目标的新要求,其中提出要建设"生态文明",因此生态文明建设已经成为建设小康社会的重要组成部分。西南民族传统人口生态文化是西南各民族在长期与自然互动中形成的一系列规范和行为模式,在一定程度上是该地区人口发展、历史与风俗民情的凝结,是生态文明建设的重要组成部分,是维护西南山地生态平衡的有效手段,对人口与生态和谐发展有着重要作用。

在西南边疆各民族的人口生态文化中,无论是原始宗教的"万物有灵"观念,还是传统知识中人与自然相互依存的认识,都折射出这样一种生态智慧:即人口、自然、动植物是一个相互支持相互依存的生命整体。这种认识实质表现为一种朴素的或者超前的共生意识和敬畏生命思想。现代伦理学的精神是把道德所规范的行为延伸到人同自然关系中,不仅强调人与人和谐相处,而且也强调人与自然的和谐相处。西南山地各民族地区早在几千年前就已存在并运用着的人口生态文化,无论从哪个角度看,都符合现代可持续发展理论目标,而且其深层含义更强调人与自然和谐。虽然它没有形成系统性的理论,但从建设生态文明社会视角看,它应属于传统科学的范畴,内涵丰富而又价值久远。

因此,不断弘扬各民族传统生态文化,树立人与自然和谐发展的坚定信念,对民族地区的生态文明建设和可持续发展具有相当重要的意义。在此基础上,实现传统生态文化的现代化,并最终实现西南民族地区经济、社会、生态环境的可持续发展。因此,在传统人口生态文化的基础上,与时俱进地发展与时代相适应的现代性的生态观念,对于党和政府制定正确的生态环境政策和民族地区经济社会发展规划、实现民族地区生态环境和社会经济的相互协调发展、加快生态文明建设步伐都具有重要的现实意义。

### (六)有利于西南山地人口再生产

西南山地民族人口生态文化是西南山地各民族在长期与自然互动中形成的一系列规范和行为模式。在历史上,尤其是农业社会,西南山地各民族借之得以和谐处理人口与生态环境的各种关系,从而使各民族人口再生产得以顺利进行,人口增长得以实现,人口与资源的关系得以持续,人口与环境的互动得以协调。在一定程度上可以说,人口生态文化既体现出了西南山地各民族之于人与自然关系的聪明智慧,又是各民族处理事关生产发展而认识自然、尊重自然、改造自然的规范形态,尽管这些规范、规则在理论上尚不系统且处于不断的变动发展中。但是不可否认,由于诸多因素的影响,特别是不断增多的人口生产需求与自然环境的博弈以及工业文明的影响,人们不时遭受着自然的报复和惩罚,这使人们不得不反思人口问题与经济增长方式对自然环境的作用,倡导并实践人口与生态环境和谐共存、统筹人与自然和谐发展的生态文明建设。而人口的合理增长是统筹人与自然和谐发展的最重要的条件之一,人口素质的提高和人的全面发展是统筹人与自然和谐发展最关键的要求。作为西南各山地民族在生产生活实践中形成的人口生态文化,在漫长的历史进程和各民族人口生产繁衍中,不仅发挥了其积极的功能,而且在促进人口与可持续发展、促进人口与自然协调的行为时代,也有着不可忽视的积极意义和价值。

## 三、西南山地少数民族人口生态文化的嬗变

自文艺复兴时代以来,随着资本主义生产的兴起,近代科学技术取得了

前所未有的认识自然和改造自然的伟大胜利,造就了人类征服和改造自然的巨大社会生产力,把人类社会从农业文明推进到工业文明时代,由此,人类从古代对自然力的崇拜,转向对科学技术的崇拜。正是由于科学技术使人类从自然界获得取之不尽、用之不竭的财富的巨大作用,致使人与自然的关系发生了根本性的变化,人类逐渐成了自然界的统治者和主宰者,并依靠掌握的科学技术,毫不顾忌地开发自然、掠夺自然。到了 20 世纪,特别是 20 世纪中叶以来,随着科学技术的高度发展,人类认识水平和实践能力的大大提高和人类日益增长的物质和文化生活的需要,人类对自然界资源进行了近乎是"竭泽而渔"的掠夺性、粗放性的开发和超负荷的索取,由此使得人类从自然界索取资源的能力,大大超过了自然界的再生增殖能力以及人们补偿自然消耗的能力;同时人类排入环境的废弃物大大超过了环境的承受能力,结果使得环境污染加剧,气候发生异常,自然资源枯竭,动植物数量减少,热带雨林缩小,沙漠面积扩张,地球臭氧层遭到破坏等全球性问题日益严重,使整个人类的生存和发展受到直接威胁。在这一大背景下,包括中国在内的发展中国家自 20 世纪中叶后,由于"迟发展效应"的影响,人口生态环境问题不可避免地愈益突出。由此,我们不得不对上述讨论的西南民族传统生态文化的变迁状况以及生态环境问题进行审视,亦即对现阶段西南少数民族地区生态环境的现实状况与人口生态文化问题进行总结和思考。

当前西南民族地区的人口生态文化已经出现了严重的危机,正在发生着巨烈的嬗变,这种嬗变的主要特征是在工业文明的背景下,人们淡去了传统生态文化的合理成分而转为对自然索取的急功近利意识追求及其在实践上的"竭泽而渔"行为。就其原因来讲,不外乎是传统人口生态文化本身的缺陷、全球化的影响、相关政策的设计偏差,以及制度缺陷而造成的观念和行为等。

在此我们仅讨论西南传统人口生态文化本身问题。即是说,虽然我们对西南民族传统生态文化的考察表明,西南民族传统生态文化从总体上来说是一种能够自我调适、具有可持续发展特征的文化,但同时我们也要看到其本身所存在的某些缺陷。对于这一点,袁国友先生曾有过大致的思考和总结,即:第一,少数民族传统物质生产方式中也存在对自然生态环境采取竭泽而渔式的掠夺性开发的传统和习惯,这种情况以流动性较强的游牧民族和游耕民族表现最为突出;第二,中国少数民族的传统生态文化类型和生态文化模式是建立在一定的生产力水平和一定的经济活动规模下的,在这种生产力水平和经济活动规模下,人类物质生产活动与自然生态环境之间维持着一种低水平、低层次的脆弱平衡,一旦生产力发展水平和经济活动规模超过了这种层次和水平,这种脆弱的平衡状态必然要被打破,生态危机的出现自然也就难以避免。并认为"在上述影响少数民族地区生态系统动态平衡特性的两个因素中,第二种因素具有根本性和决定性的作用,也就是说,当人口数量急剧增加、人类改造自然的能力进一步提高、经济规模在广度和深度上都大大拓展的情况下,如果人们的物质生产活动没有科学的现代生态观的指导,没有这种生态观指导下建立起高效的生产体系和经济体系,少数民族地区的传统生态文化必将走向崩溃,这就是目前西部生态危机出现的一个基本原因。"①

关于这一点,我们可从云南基诺山区生态环境变迁的调查资料中得到证实。云南基诺山区的基诺族长期以来沿用着刀耕火种的生产方式,这种生产方式尽管以砍伐森林进行烧荒作为耕作的前提和条件,但由于历史上这种砍伐被限制在一定的范围和程度内,因此,这种生产方式与当地生态环境之间维持着一种脆弱的平衡,既满足了基诺族物质生活的需要,也没有造成大的生态灾难。然而,这种情况近几十年来发生了显著的改变。吴应辉先生在经过实地考察后指出,基诺山地区的生态环境问题表现在:森林覆盖率降低、水土流失、灾害增多、生物多样性受到破坏等方面。从森林覆盖率来说,在 20 世纪 50 年代中期,森林覆盖率在 60% 以上,而到了 90 年代中期,则下降到 40% 左右。而造成森林急剧减少的原因是人们为了获取物质生活资料而进行的大规模刀耕火种活动。吴应辉先生的调查表明,1949 年后基诺山的大规模毁林开荒活动包括三个高峰时期,即 60 年代初期、末期和 70 年代末期。60 年代初期,由于"大跃进"造成了严重的粮食减产,饿怕了的人们便拼命毁林开荒种粮,在 1959 年轮歇地即突破 2 万亩大关。在此后的三四年间连续以每年三四千亩的速度递增,到 1963 年达到了 31112 亩。在"文化大革命"期间的 1969 年和 1970 年,轮歇地面积增加到了 32793 亩。在 70 年代末期,为了解决温饱问题,在政府的鼓励下,农民开荒种地、发展生产的积极性更为高涨,轮歇地面积也从 1976 年的 23650 亩陡增到 1979 年的

---

① 袁国友. 中国少数民族生态文化的创新、转换与发展[J]. 云南社会科学,2007(1).

33474 亩,净增 9824 亩。①

　　实际上,中国少数民族传统生态文化面临的危机不独在基诺山和基诺族中如此,在其他许多少数民族地区,传统生态文化与现代经济发展之间矛盾所导致的生态危机都是触目惊心的。已故著名民族学家何耀华先生在考察山区少数民族经济发展情况时,就对少数民族传统生态文化面临的危机和少数民族地区生态保护与经济发展之间的两难困境作了深刻的分析和揭示。何耀华先生写道:"水土不断流失,森林不断消失,山体不断滑坡,山地地力不断下降,正使山区各族人民陷于生存的困境。自然的财富是否可以'取之不尽,用之不竭',关键在于人们有没有明确的环境保护意识,并能以之约束自己的行为。在生产力还比较落后的时代,大自然以人类的相对贫困为代价保持着自己的平衡状态。但近几十年来,经济发展的浪潮冲破了一切堤防。乱砍滥伐森林和过量采伐森林被作为一种'靠山吃山'而致富的手段。但很少有人想到,人们辛辛苦苦挣来的那点'富足'毕竟不会长久,而永久受穷的厄运难免要降临。"②

## 四、西南山地民族人口生态文化的发展方向与路径思索

　　人口生态文化是人与自然协调发展的文化。随着人口资源、环境问题的尖锐化,为了使环境的变化朝着有利于人类文明进步的方向发展,人类必须调整自己的文化来修复由于旧文化的不适应而造成的环境变化,创造新的文化与环境协同发展、和谐共进。各民族在其历史发展的长河中,在探索认识自然规律,适应和改造生存环境,协调人与自然关系并实现与自然环境系统和谐相处的同时,形成了许多优秀的文化传统,也有着各自独特的生态意识,并在人口再生产、人口与生态环境协调共进等方面发挥了积极的作用与功能。但由于传统人口生态文化本身的局限,特别是全球化的影响和解放后我国相关政策的设计偏差,以及制度缺陷而造成的观念和行为等原因,西南人口文化自 20 世纪 50 年代后期起发生了一系列的嬗变,致使人口生态环境处在恶化状态之中。

　　人口生态文化承认自然的价值,按照人与自然和谐发展的价值观,建设

---

① 吴应辉.基诺乡生态保护与农民利益调查[J].云南社会科学.1999 年增刊.
② 何耀华.关于促进山区民族经济开发与社会进步问题(G)//何耀华.山区民族经济开发与社会进步.学林出版社,1994.

尊重自然的文化,实现人与自然的共同繁荣;实现科学、哲学、道德、艺术和宗教发展"生态化",使人类精神文化沿着符合生态安全的方向发展。人口生态文化建设的目的是实现人口再生产、物质再生产和精神再生产兼顾、自然生态与人文生态的统一;是提高人们的人口意识、生态环境意识与可持续发展意识,以人口、生态意识的提高,人口、生态知识的普及,生态环境和自然资源的保护,生态科技的实践活动和生态产业的形成为其物质基础,促进人类社会和谐、协调发展之观念形态体系建构,并以之培育一代有文化、有理想、高素质的生态社会建设者。

由此,西南民族人口生态文化的建设与发展路径应紧紧围绕生态文化的时代精神,立足于民族地区的历史、自然、社会、经济、文化等实际,在认真总结、不断探索的基础上,促进人口生态文化建设向前发展。

首先,要从我国传统文化中汲取营养。我国传统文化主张"天人合一"和"和而不同",有"一种值得羡慕的对生命的尊重",具有丰富的生态文化基因。《论语·述而》主张"钓而不纲,弋不射宿。"荀子曰:"草木繁华滋硕之时,则斧斤不入山林,不夭其生,不绝其长也。"《淮南子》讲:"不涸泽而渔,不焚林而猎。"《齐民要术》指出:"丰林之下,必有仓庚之坻。"朱熹提出"天人一理,天地万物一体",对资源"取之有时,用之有节"。清代洪亮吉对人口数量与生产、生活资料增长之间的矛盾进行了研究,写出了《治平篇》和《生计篇》。从实践上看,我国早在帝舜时期就设立了官员——虞,使其管理山林、川泽、草木、鸟兽等,以后又设立虞部下大夫、大司徒等。《周礼》中规定大司徒"以土宜之法,以阜人民,以蕃鸟兽,以毓草木,以任土事"。管仲明确提出以法律手段保护生物资源,并设置相应官吏。总之,从老庄"道法自然,返朴归真"的自然主义到孔孟的"尽心知性"、"与天地参"的伦理主义,中国传统文化对人与自然的和谐相处表现了极大的关注和热情,具有丰富的环境意识和生态理念。而且,这种根植于民族文化土壤的思想意识,在实践上也更易于为社会公众所接受。

当然,由于历史的局限性,中国传统的人口生态文化思想具有朴素性、萌芽性、零散性等特点,不能与当代生态文化观同日而语,但其基本精神是一致的。正如美国世界观察研究所的一位高级研究员所指出的:"数千年来中国文化和哲学有两个对当今思想产生重大影响的主题:与自然和谐发展以及对家庭的承诺。中国的传统和哲学与可持续发展社会的现代化观念是一致的——即在不损害子孙后代可能的选择和自然环境健康的情况下满足现代人的需要。"①中国古代传统文化中的确蕴含着许多现代人口生态文化观的宝贵思想萌芽,以致现代西方人纷纷到中国古代的"天人合一"观中去寻找解决人与自然和谐可持续发展的答案。因此,我们要充分挖掘我国传统文化中有关人口生态文化的思想观点,运用到人口生态文化建设之中。

第二,高度重视西南少数民族人口生态文化现代发展和转换中的制度化建设。少数民族现代生态的构建,并不是完全继承和保留传统生态文明的制度层面就可实现的,而必须从内容和形式上实现对传统生态文化的制度层面的超越和转换。即是说,在内容上,西南少数民族传统人口生态文化中的有关制度和习俗毕竟是在当时生产力水平和科技水平都较低的情况下对人与自然关系的朴素认识的反映,它具有一定程度的科学性,也包含着一定的科学内容,但从总体上来说,与现代人们对人与自然生态相互关系的认识相比,与现代情况下人们面临的生态问题的艰巨性、严重性、特殊性和复杂性相比,传统人口生态文化中的制度化层面内容,都远远满足不了少数民族地区社会经济发展的要求的,因此必须在继承传统人口生态文化制度层面的合理内容基础上,从总体上实现对传统制度文化内容的发展和超越。从形式上来说,西南少数民族传统人口生态文化的制度层面除了少数部分具有成文法典有形式外,大多是以乡规民约和风俗习惯的形式体现出来,这种形式离现代制度文明所要求的规范性、系统性和准确性还有较大的距离。为此,西南少数民族现代人口生态文化的制度化建设必须按现代制度文明的要求,进一步提高制度文化的水平和层次。

第三,人口生态文化的建设必须以科学文化为支撑。人口生态文化是以科学文化为其基础的,是科学文化发展的新形式。这里之所以说是新形式,主要指它对科学文化的"生态化"要求。科学技术不能单纯地以人的欲望和需求为出发点,必须兼顾到自然环境的可持续性,才能使其符合人类的根本利益。可持续发展的前提是发展,我国政府倡导的全面、协调、可持续的科学发展观,也是以人的全面发展为追求,这一切都离不开科学技术的进一步发展,离不开对客观规律的更深层次的认识和把握。科学技术是社会进步的根本动力,传统技术所带来的负面效应,需要高度发展的科学技术,

①　参见《未来与发展》,1995 年第 3 期.

才能从新的观点和方法去遏制。人口生态文化需要科学文化提供认识世界的广阔视角,提供改造世界的生态工艺、适度开采资源的环保技术。因此,人口生态文化不是对科学文化的否认,而是给科学文化提出了更高的要求,是对科学文化的"生态化选择",是对科学文化的继承、创新和发展。就西南民族地区来讲,经济发展的落后和人口与资源环境的尖锐矛盾,都是由于观念意识、科学文化的相对落后而造成的人口的过快增长、物质生产方式的落后和物质生产水平的低下所带来的。因此,必须依托科学文化的发展,实现人口均衡发展以及人的全面发展,走一条人口均衡型、适度型与经济发展集约型、效益型、科技型、环保型相结合的道路,并最终实现人口与经济社会、资源环境的可持续发展,实现人和自然的和谐互动与友好协调。

## 五、构建西南山地现代人口生态文化的思考

首先,对于思想观念所体现的人口生态文化,必须在继承少数民族传统生态观的合理内核的基础上,确立少数民族科学的现代生态文化观。少数民族传统生态文化中包含着许多科学的、辩证的自然生态观的思想因子,也即是许多科学的、合理的成分。但是,少数民族传统生态文化在现代社会经济发展进程中难以有效地应对和解决随之而来的一系列生态问题。一是因为随着历史的发展人类的物质生产活动在更大的规模上展开和进行,传统的生态文化模式从总体上来说已不适应现代社会大规模的以追求经济收益最大化为目的的物质生产活动的要求;二是少数民族传统生态文化中的科学性和合理性的因素,从严格意义上来说,毕竟是一种直观、朴素、经验性的前科学时代的自然观,按照现代科学的实证性和精确性要求来看,少数民族传统生态文化是不可能对人与自然之间的复杂关系作出全面、准确的科学解释和说明的。为此,少数民族的传统生态文化观必须在继承其中所包含的科学性、合理性因素的基础上,实现向现代科学的自然生态观的转换,使新时期的少数民族生态文化真正建立在现代科学的基础上,形成现代生态文化,即建设生态文明。

其次,对于社会组织、社会制度、乡规民约和习惯法等所体现出的制度文化而言,必须高度重视少数民族生态文化现代发展和转换中的制度建设,以制度化和规范化作为构建少数民族现代生态文化的重要内容和基本保障。少数民族现代生态文化的构建,除了以科学的自然生态观为指导外,还

必须以现代社会的制度文化作为保障,或者说,把少数民族生态思想和行为的制度化作为少数民族现代生态文化构建的重要内容,并且从内容和形式上实现对传统生态文化的制度层面的超越和转换。即是说,从内容上来说,西南山地少数民族传统生态文化中的有关制度和习俗毕竟是在当时生产力水平和科技水平都较低的情况下对人与自然关系的朴素认识的反映,它具有一定程度的科学性,也包括一定的科学内容。但是从整体上来说,与现代人们对人与自然生态相互关系的认识相比较,与现代情况下人们面临的生态问题的艰巨性、严重性、特殊性和复杂性相比较,传统生态文化中的制度文化层面的内容是远远满足不了少数民族地区经济社会发展的要求的,因此必须在继承传统生态文化制度层面的合理内容的基础上,从总体上实现对传统制度文化内容的发展和超越。从形式上来说,西南山地民族传统生态文化的制度层面除了少数部分具有成文法典的形式外,大多是以乡规民约和风俗习惯的形式体现出来,这种形式离现代制度文明所要求的规范性、系统性和准确性还有较大的距离。为此,少数民族现代生态文化的制度化建设必须按照现代制度文明的要求,进一步提高制度文化的水平和层次。即是说,一些全局性、根本性的生态保护和生态建设行为规定,应该纳入少数民族地方性法规的范围之中,并使之与国家的有关法律法规相衔接和配套,以增强其权威性、规范性、科学性和可操作性。一些局部的生态保护和生态建设规范,也应由民族自治地方所在地政府以行政命令的形式进行规定和实施。与此同时,一些关于生态保护和建设的传统乡规民约也应进一步规范和完善,使之既发挥出保护生态环境的积极作用,同时又消除传统乡规民约所存在的一些缺陷,使其不与国家现行法律法规相抵触或冲突。

最后,对于生产生活中所体现的物质文化而言,构建西南山地民族现代生态文化必须在物质层面上使少数民族的物质生产方式实现由传统的粗放型和数量型向现代的集约型和效益型转变,发展生态经济和生态产业,建立生态化、环保化的物质生产方式和生活方式。从直接的因果关系来看,西南山地少数民族地区经济落后和生态环境恶化都是由于少数民族物质生产方式的落后和物质生产水平的低下造成的。即是说,少数民族地区粗放型的物质生产方式不仅不能带来较高的产出和收益,而且还对各少数民族自身所赖以生存的自然生态环境造成严重破坏。为此,必须改变少数民族传统的粗放型、低效型的物质生产方式,走一条集约型、效益型、科技型、环保型的经济发展之路。这条道路实际上就是以科技为动力,以市场为导向,以效益为中心,以可持续发展为目标的生态经济发展道路。

西南山地各民族在其历史发展的长河中,在探索认识自然规律、适应和改造生存环境、协调人与自然关系并实现与自然环境系统和谐相处的同时,形成了许多优秀的文化传统,也有着各自独特的生态意识,并在人口再生产、人口与生态环境协调共生等方面发挥了积极的作用与功能。不可否认,传统人口生态文化本身有着难以克服的局限,再加上全球化的影响和解放后我国相关政策的设计偏差,以及制度缺陷而造成的观念和行为等原因,西南山地民族人口文化自20世纪50年代后期起发生了一系列的嬗变,致使人口生态环境处在恶化状态之中。因此,深入探究西南山地民族人口生态文化,不仅有利于继承和弘扬各民族优秀的文化传统,也能够为西南山地各民族人口与资源环境可持续发展、加快生态文明建设步伐提供重要的历史参照。

# 专题二:西南山区高龄人口与长寿文化
## ——基于贵州黔东七个民族县的实证资料

"人过半百想长寿",这是我国由古而今的祈望长命百岁的名言。中华民族是一个特别关注养生的民族,我国的古人很早就认识到了养生长寿的意义,记录远古人生活的典籍中,不少提到了远古中国人的养生方法。《黄帝内经》记载的养生保健经验,为中国养生学奠定了坚实的基础。葛洪所著的《神仙传》中记载了古代寿星彭祖因养生有道、懂得情志调理和饮食起居调理、懂得练气运动,到商朝末年已活到相当高龄的事。当今中国,随着经济的发展、社会的进步,人民生活水平不断得到提高,健康而长寿在老龄化加速的背景下成了人民生活的一大理想和追求,并在日益凸显,重视对高龄人口和长寿文化的研究,显然有着重要的现实意义与学术价值。

## 一、长寿文化的内涵及其喻意

《尚书·洪范》云:"五福:一曰寿,二曰富,三曰康宁,四曰攸好,五曰考终命","五福"以寿为先,以长寿为中心,以追求生命的长久为重。汉代许慎在《说文解字》明确认定:"寿者,久也",其涵义是指人寿长,物久存,道恒在。古往今来,人们对"寿"字赋予了诸多的情趣、理趣和意趣,并形成了一种大众性的文化——寿文化。

"人情莫不欲寿",我国是一个文明古国,在许多古籍中都有探求长寿的记载。《史记》中《封禅书》记载有长生不老的神仙,认为蓬莱、方丈和瀛州三座神山有人吃可长生不老的仙药。自秦始皇派韩路、徐福率童男童女入海求药以求千古起,历代都有帝王将相相信有"长生不老草"而派人四处找寻。再后从草木到金石、炼丹术,以至气功,长寿"仙姑"的寻求,长寿术的探究也未曾放弃和中断。

而在一个中医文化历史悠久的国度,我国有关养生(养性、道生、卫生、保生)方面的论著非常丰富。著名的代表作先秦时期有《黄帝内经》、《古今医统》、《彭祖摄生养性记》等;汉晋六朝有《养生记》、《养性延命录》、《太上老君养生诀》;唐代有《千金要方》、《养生要集》、《摄生经》、《延寿赤书》、《四时养生记》;宋代有《保生要录》、《养老奉亲书》、《养生类纂》、《养生秘录》、《延寿第一绅言》、《问养生》;元朝有《摄生消息记》、《泰定养生主记》、《饮膳正要》、《丹溪心法》;明朝有《修龄要旨》、《摄生集览》、《颐生微记》、《修真秘要》、《医门法律》、《延年良箴》、《延年却病筏》;清代有《老老恒言》、《人生要旨》、《临证指南医案》、《世补斋医书老年治法》等。这类专著大约在 150 种以上。影响较大的代表人物有华佗、王充、嵇康、葛洪、陶弘景、孙思邈、蒲处贯、邱处机、颜元等(钟炳南等,1997)。我国两千多年来的关于健康延寿的论著,在《养生寿老集》(林乾良等,1982)中有系统的介绍,从中可以看到我国从古到今在老年保健方面积累的丰富经验,以及之于当今长寿文化建设的重要价值。

关于中华长寿文化的表征喻意,一些学者从不同角度进行了阐释,统而观之,可作如下归纳:

第一,从文化性质与特点的角度看,中华长寿文化属中华传统文化的重要组成部分,是中华民族历数千年社会生活领域实践创造和积累的关于健康长寿事象的观念意识,是对中华民族影响最为持久的传统文化之一,同时其有着自身古朴、凝重,既注重理念作用,又注重实践功效的特点,就发展历史与内容而言,可谓源远流长,多姿多彩。

第二,从文学语言的角度看,长寿文化有多重意义的内涵。寿即指寿命,长寿有年岁长久之意,指老年人。《庄子》云:"人,上寿百岁,中寿八十。"60 岁以上者,即可称之为"寿"。而在社会生活中,人从生到死。均有与"寿"组成的词相伴。例如,人出生有寿诞、寿辰等;活得安康快乐有寿安、寿康、寿恺等;生日或寿礼上,既有寿桃、寿酒、寿面,又有寿诗、寿联、寿画等;人走完生命历程,即为寿终、寿寝等。在祝贺语方面,更是吉语丰富,含义深远,如寿比南山、寿山福海、万寿无疆、长命富贵、福寿安宁、寿倒三松等。

第三,从别称的符号意义上看,文化内涵和意义同而有异。我国长寿的老人,一般 60 岁称为"花甲之年",由于《论语》中有"六十而耳顺",故又有"耳顺之年"之称;70 岁为"古稀之年",是故杜甫有"酒债寻常行处有,人生七十古来稀"之诗句;80～90 岁,称"耄耋之年";其中 88 岁,民间多以"米寿"相祝;90 岁有"九秩"、"九龄"、"眉寿"之谓;99 岁为"百"岁去"一"年,故有"白寿"之称,而从寿辰。

第四,从长寿文化的本质看,长寿是人们寿命延长的追求,但更重要的是要健康长寿,发病期短的长寿,在增寿的同时劳动期延长、社会资源价值增强的长寿,是谓"健康长寿化"、"积极长寿化"。

第五,从长寿的原因上看,长寿是多种因素综合作用的结果,体现着人与自然、人与社会之间的关系,实现长寿依赖着个人、家庭、社会的共同努力,依赖着良好的生态环境、健康的人文文化、和谐的社会关系和有规律的原生态的生活方式。

从上不难看出,长寿文化是中华优秀文化遗产的重要组成部分,已有3000 多年的历史,源远流长,内容丰富,喻意深刻。中国长寿文化是在中国文化母体中孕育出来的,是中国文化精神和传统意识在某一具体文化的投影和折射。对长寿文化主体进行过去与现在、传统与跨越、精神与物质方面的微观或宏观、具体或抽象的分析、研究,实质上就是发展、弘扬中华传统文化,使之在新时代环境下得到进一步的扬弃、创新和光大,更好地为今人的健康长寿服务,为赋有时代特色的社会主义和谐文化建设服务。

## 二、贵州高龄人口状况及特征分析

贵州地处中国著名的西南长寿带,截至 2008 年 12 月底,拥有百岁及以上老人 718 位,全省有 36 个县市百岁以上老人比例在十万分之二以上。孕育了 147 岁的"中国长寿之王"龚来发,114 岁的"2008 年首届中国十大寿星"高务虽。而从贵州地理位置看,百岁老人又多集中于黔东多民族聚居区域(从人口普查"三普"至"五普"资料有"黔东南铜仁等地是我省百岁老人分布的主要地区"之结论;2009～2010 年"贵州长寿之乡"推荐评选活动的系列申报材料,课题组数据材料核检,论证评审结果等均提供了有力材料支撑)而该地区又以山区为主。这一区域不仅百岁老人比例大而且 80～100岁之间的老人比例也高于全省其他区域,长寿现象有着明显的持续性特征。如 2009 年 3 月,黔东南目前共有百岁老人 127 人,其中女性 101 人,男性 26人,百岁老人在总人口中的比例位居全省之首,同时该州 80～100 岁之间的老人共有 651351 人,长寿链条坚实,长寿现象具有明显的可持续性。(石刚,2009)为较为深入地认识贵州民族地区高龄人口与长寿现象的基本概貌和特征,我们特在此以 2010 年 4 月 22 日贵州省首批"贵州长寿之乡"黔东 7 县高龄人口状况进行分析。

在 2009 年 6 月起,贵州省民政厅、老年委、贵州省老年学会、《晚晴》杂志社启动了"贵州十大长寿之乡"的推荐评选工作。经过近一年的工作,于 2010 年 1 月共评出贵州七大"长寿之乡"。七大长寿之乡均集中于黔东北、黔东南两地州,亦即黔东地区的少数民族集中居住区域。其具体高龄人口与百岁老人情况如表所示：

表 2-1　贵州长寿之乡的高龄人口分布状况表(2009.8)

| 县名 | 总人口（万人） | 平均预期寿命(岁) | 80 岁及以上高龄人口 | | 100 岁以上老年人口 | | 备注 |
|---|---|---|---|---|---|---|---|
| | | | 人数 | 占总人口比例 | 人数 | 占总人口比例 | |
| 从江县 | 29.54 | 70.20 | 5653 | 1.91% | 18 | 6.09/10 万 | 黔东南州 |
| 黄平县 | 36.60 | 68.90 | 5702 | 1.56% | 21 | 5.74/10 万 | 黔东南州 |
| 台江县 | 14.77 | 72.97 | 1929 | 1.31% | 8 | 5.42/10 万 | 黔东南州 |
| 印江县 | 43.02 | 74.50 | 6120 | 1.42% | 32 | 7.44/10 万 | 铜仁地区 |
| 玉屏县 | 14.3 | 72.61 | 2060 | 1.44% | 8 | 5.59/10 万 | 铜仁地区 |
| 石阡县 | 40 | 69.18 | 5289 | 1.32% | 23 | 5.75/10 万 | 铜仁地区 |
| 江口县 | 23 | 69.25 | 3228 | 1.406% | 14 | 6.09/10 万 | 铜仁地区 |

根据 2009 年 8 月《贵州长寿之乡》申报材料统计

从上表可以看出,贵州长寿之乡的平均预期寿命都在 70 岁左右,80 岁及以上人口均占总人口的 1.30% 以上,最高从江县达到 1.91%,100 岁以上老人均超过了十万分之五的省颁长寿指标,其中印江县十万分之七点四四,超过了固定水平。从文献与调查资料综合来看,贵州高龄老人状况呈现如下几个方面的特征：

一是在性别上,女性多于男性。高龄人口中,由于自然生理规律和多种社会因素的影响,现代社会中男性死亡率一般高于女性,这种差异随着高龄的增大而扩大。贵州民族地区也处于这一规律运动之中。从表 2-2 可以看到,在 80~90 岁高龄老人中,整体上女性所占比例超过了 50%,其中尤在农村老年人口中表现突出,最高黄平县达到了 58.46% ,而在百岁老人中,总体女性百岁老人占了 72% 。在 7 个长寿县中最低比例也在 60% 以上(从江),最高台江达到 90% 。

表 2－2　贵州"长寿之乡"80 岁及以上高龄人口及性别情况表(2009.8)

单位:人、%

| 县名 | 人口总数 | 年龄段 | 城区、农村老年人口总数 | 城镇老年人口 | | | 乡村老年人口 | | |
|---|---|---|---|---|---|---|---|---|---|
| | | | | 总人口数 | 女性 | 占总人口比例(%) | 总人口数 | 女性 | 占总人口比例(%) |
| 从江 | 5653 | 80～99 | 5635 | 179 | 116 | 41.58 | 5456 | 3005 | 55.18 |
| | | 百岁及以上 | 18 | 0 | 0 | 0.00 | 18 | 11 | 61.11 |
| 黄平 | 5702 | 80～99 | 5681 | 438 | 191 | 43.60 | 5243 | 3065 | 58.46 |
| | | 百岁及以上 | 21 | 3 | 2 | 66.67 | 19 | 16 | 84.21 |
| 台江 | 1929 | 80～99 | 1919 | 178 | 46 | 25.84 | 1741 | 877 | 50.37 |
| | | 百岁及以上 | 10 | 2 | 2 | 100.00 | 8 | 7 | 87.50 |
| 印江 | 6120 | 80～99 | 6088 | 548 | 297 | 54.19 | 5540 | 3113 | 56.19 |
| | | 百岁及以上 | 32 | 0 | 0 | 0.00 | 32 | 24 | 75.00 |
| 玉屏 | 2060 | 80～99 | 2052 | 597 | 303 | 50.78 | 1463 | 835 | 57.08 |
| | | 百岁及以上 | 8 | 1 | 1 | 100.00 | 7 | 5 | 71.43 |
| 石阡 | 5289 | 80～99 | 5266 | 525 | 293 | 55.81 | 4741 | 2629 | 55.45 |
| | | 百岁及以上 | 23 | 0 | 0 | 0.00 | 23 | 17 | 73.91 |
| 江口 | 3228 | 80～99 | 3214 | 378 | 209 | 55.29 | 2836 | 1447 | 51.02 |
| | | 百岁及以上 | 14 | 0 | 0 | 0.00 | 14 | 11 | 78.57 |

资料来源:根据贵州省 2009 年首届"长寿之乡"评审申报材料统计、整理

　　二是民族构成上,7 个"长寿之乡"百岁老人的少数民族成分占绝大部分。具体为从江县少数民族百岁老人 16 人,占百岁老人的 88.89% ,其中在苗族 9 人,侗族 6 人,壮族 1 人;黄平 17 人,占 80.95% ,全部为苗族;台江县 6 人,占 75% ,全为苗族;印江 25 人,占 71.42% ,其中土家族 23 人,苗族 2 人;玉屏 5 人,占 62.5% ,全为侗族;石阡县 15 人,占 65.22% ,其中仡佬族 4

人，侗族5人，苗族3人，土家族3人；江口县10人，占71.43%，其中土家族5人，苗族4人，侗族1人。"长寿之乡"少数民族百岁老人所占比例较大与各县少数民族比例固然相关，而不可否认尚有环境、文化、生活习俗等因素在其中起着重大作用。

三是在城乡结构上，农村高龄老人比多于城镇。单从表2-2的数据直观来看对此问题的说服力似乎不强，从城镇、乡村人口数量与其高龄老人数量比则可见事实的客观。2009年，贵州城镇化率为29.9%，而黔东七县除玉屏为42.5%外，其余六县均低于全省水平，其中台江、从江还不到20%。以城镇化水平最低的台江县为例：2009年8月，该县总人口14.77万人，根据其城镇化15%计算可知，其城镇人口22167人，理论上其高龄老人应为290人，乡村人口125533人，理论上高龄人口应为1639人。而实际上是乡村高龄多102人，为1741人，城镇为178人，少112人。其他各县计算的结果也完全一致，就是城镇化水平最高的玉屏县，其农村高龄老人的比例也完全高于城镇。而在百岁老人的比例上，农村显然更具数量上的绝对优势。这一方面可从各方原因而导致的自然长寿得以理解；另一方面又可从改革开放后劳动力人口的大量外出流入城市改变了城乡人口结构基数予以说明。

四是在增长速度上，高龄老人增长速度快于其它年龄组。从贵州全省来看，高龄人口数量在1982年"三普"时为10.94万人，到2005年1%人口抽样调查时增至46.67万人，增长了327%，而同期贵州15～19岁和60～79岁组人口年龄增长速度分别为12.6%、173%，均低于高龄老人平均增长速度。可以说20世纪80年代以后高龄人口是贵州各年龄组人口中增长速度最快的群体。虽然，我们难以在总体上概述黔东7县高龄老人的增长情况，但我们择其一二，即可窥其斑。黔东南从江县2000年，0～14岁组占总人口的28.47%，15～59岁组占60.86%，60～79岁组9.82%；80及以上组占0.53%。2008年，0～14岁组占总人口28.41%，15～59岁组占60.87%；60～79岁组占9.82%；80岁及以上组占0.90%。

五是高龄老人健康呈良好状态。高龄老人的健康状况是"健康老龄化"、"积极老龄化"的重要表征。贵州黔东7县高龄老人在身体健康、认知能力、自理能力等方面整体上处于良好状态，均达到"贵州长寿之乡"三项指标70%以上的要求。这里我们以贵州省从江县卫生局于2009年7月5日—2009年8月18日对该县80岁以上老人健康状况调查评估为示：

表 2 – 3　从江县 80 岁以上老人健康状况调查结果统计表

| 调查项目 | 调查人数 | 结果 | | | | | | | | | |
|---|---|---|---|---|---|---|---|---|---|---|---|
| | | 好 | | 良好 | | 好 + 良好 | | 一般 | | 不好 | |
| | | 人数 | % | 人数 | % | 人数 | % | 人数 | % | 人数 | % |
| 老人健康信息表（身体健康状况） | 1545 | 577 | 37.3 | 641 | 41.5 | 1218 | 78.8 | 209 | 13.5 | 118 | 7.6 |
| MMSE 量表（认知能力） | 1545 | 710 | 46 | 481 | 31.1 | 1191 | 77.1 | 251 | 16.2 | 103 | 6.7 |
| ADL 量表（生活自理能力） | 1545 | 434 | 28.1 | 753 | 48.7 | 1187 | 76.8 | 295 | 19 | 63 | 4.1 |

资料来源:从江县人民政府.从江县申报"贵州省长寿之乡"——高龄老人健康状况篇.2009.8.

从表 2 – 3 中可以看出,从江县 80 岁以上老人的身体健康达到"良好"等级率为 78.8%,自理能力达到良好等级率为 77.1%,认知能力达到"良好"等级率为 76.8%。不少百岁老人尚耳聪目明,手脚灵活,既能参加社会交往,还力所能及参加适当的生产劳动。

六是长寿可持续性特征突出。长寿可持续性是长寿文化的固有特点,也是"长寿之乡"的内涵规定。从 80 岁及以上老年人口占总人口的比重来看,台江为 1.31%,从江为 1.9%,黄平为 1.63%,石阡为 1.32%,玉屏为 1.42%,江口为 1.41%,印江为 1.42%,均超过了贵州省规定的 1.3% 以上的长寿持续性指标。同时,黔东 7 县 60 岁及以上老人占总人口的比例均在 10% 以上,如从江县 10.67%,江口县为 11.8%,石阡县为 12%,印江县 11.7%,玉屏县为 12.9%,黄平县为 11.97%,台江县为 11.38%。再从百岁老人的比例来看,长寿之乡也呈现出明显的特点特征,如从江县 2006 年百岁老人 26 人,占常住总人口的十万分之七点九六,2007 年 24 人,占 7.31。又该县根据"五普"相关资料预测,2019 年,120 岁老人数的比例将达到 8.13。整体老龄化程度明显,高龄老人的后继之人可谓是浩浩荡荡、纷至沓来,而这又无疑是老龄化程度加剧的必然趋势。

## 三、贵州高龄人口折射出的长寿文化内涵

贵州高龄人口突出的长寿现象,多少年学者和实务部门都在进行着不

断的探索，多数观点认为是民族地区优越的自然环境、浓郁的民族文化氛围、田园牧歌式的农耕生活，规律有序的人生历程以及经济社会发展变化的共同作用，成就了该地区百岁长寿高龄老人比例突出的长寿文化。在此，特结合黔东7县的长寿现象，就贵州民族地区长寿文化内涵作如下概括、分析：

**（一）家庭和睦、尊老敬老是长寿的基础环境**

"家和儿女孝"是贵州民族地区长寿老人的共同特点。高龄老人三十四年的晚年生活绝大多数都是在家中度过的，良好的家庭环境是他们进入高龄后延寿的主要原因。贵州少数民族地方几乎都是他们进入高龄后延寿的主要原因。贵州少数民族地方几乎都有祖先崇拜、图腾崇拜的久远历史，尊重老人、注重家庭和睦不仅是民族社会家庭生活中的显著特征，同时得到了习惯法的规制和保障。如侗族款词明告："人无两次年十八，个个都有老时，今日你敬老人，明日儿孙都敬你。"入情入理，言简意明。

贵州民族地区对老人的尊敬、孝顺和重视，在社会生活的方方面面都有体现。多数民族自然社区的自然领袖——"寨老"都由德高望重的老人担任，老年社会组织是自然社区的最高决策议事机构，老年人是寨中的精神象征。不少民族社区成立了"老人节"，有的还有专门的敬老意识和祝寿舞蹈。如仡佬族每逢年过古稀的老人大病痊愈后，亲人们便要聚集在厅堂上跳"牛筋舞"，向老人祝寿。舞毕，将数斤鲜牛肉和牛筋献给老人，祝福他身体强健，生命顽强，犹如牛筋一样坚韧有力。瑶族60岁老人生日时，女婿要献送岳父"牛筋椅"。这种椅子形状和安乐椅相似，可坐可躺，既结实耐用又舒适，涵概着晚辈对老人的多重祝愿，意蕴深刻。在日常生活中，少数民族常通过"禁忌"，如祭"老人房"，过"鳌老节"等活动来表达对老人的尊重，来强化人们的敬老尊老意识。只有在这种社会环境中，老年人的心灵才能得慰籍，生活才有保障，日子才能舒心。也正因为这样的环境，老年人从中也认识到老年人的地位、价值和意义，从而坚定生命意愿，而实践长寿行为。

**（二）生态友好，环境优美是延年益寿的客观"硬件"前提**

自然环境指的是环境于人类周围的各种自然因素，如大气、水、土壤、生物和各种矿产资源等。生态友好、环境优美，亦即优良的自然环境对于人类的身心健康有着延年益寿的作用。用环境与生态来解读贵州民族地区的长寿现象，显然非常容易因果对应。中国科学院地理所王五一研究员通过系列资料分析得出了中国长寿区域的一些空间分布特征和环境共性，即中国长寿特别集中于西南部,长寿区域一般海拔高度适中,气候凉爽宜人,植被覆盖密度高、空气质量清新,饮水质量好,食物中富含硒等微量元素。(王五一,2009)贵州民族地区气候湿润,资源丰富,四季分明,冬无严寒,夏无酷暑,为群众生活和长寿奠定了丰厚的自然条件。

贵州"五普"与"三普"的资料都有"黔东南、铜仁等地是我省百岁老人分布的主要地区"这一结论。自北向南,有武陵山脉、雷公山脉、月亮山脉纵贯其间;乌江、清水江、都柳江三大水系河网密布,崇山峻岭,水秀山青。这与黔东南、铜仁两地较高的森林覆盖率和保存完好的植被、清新的空气等优越的自然环境有着极其重要的关系。如省内 10 个重点林业县,黔东南就占了 8 个,其森林覆盖率达到 62.8%。黔东南州还是木材大州,群众有强烈的护林意识,在发展木材经济的同时,重视边砍边种,保持生态良性循环。与梵净山并称"姊妹山"的石阡佛顶山,一年四季,气候湿润,夏无酷暑,冬无严寒;每立方厘米空气中含负氧离子数超过 8 万个,有的地方达到 16 万个,有"天然氧吧"之誉。这里森林密布,峡谷幽深,清溪浅流,是超脱尘嚣、爽心悦目的理想场所,更是老年人修身养性的圣地。

"社会是人同自然界完成的本质统一,是自然界的真正复活。是人的实现了的自然主义和自然界的实现了的人本主义。"(马克思,1844)"青山绿水,和谐人寿"是人类社会共同的理想和追求,长寿现象是人与自然和谐相处的结果。贵州民族地区人与自然和谐共生所呈现出的长寿现象,在现代社会无疑是人们所关注的热门议题。

**(三)生活有制,勤俭朴素是高龄长寿的能力之源**

良好的生活制度指的是合理分配一天的工作、学习、饮食及其体育锻炼时间。首先,要养成早睡早起,饭后散步的习惯。保证有充足的睡眠,这样可以使大脑和全身机能得到休息。其次,饮食有节、不偏食、不过量。如《管子形势篇》中指出"饮食有节,则身体而寿命益","饮食不节,则形累而寿命扳"。《素问·上古天真论》中记载"饮食有节,起居有常,不妄作劳,度百岁乃去"。元朝朱丹溪在《饮食箴》一书中也指出"益彼胖者,因纵口味,五味之过,疾病峰起。"说明合理的膳食是健康长寿的基础。

百岁老人大多生活在青山绿水的农村,一生喜欢劳动,闲不住,绝大部分长期从事体力劳动,且老年人喜欢早睡早起,饮食起居相当规律,平日喜食五谷杂粮,喜好低热量、低脂肪和多蔬菜的饮食。

凯里独特的饮食，也是当地老人长寿的一大秘诀。凯里的各类美食总的来说都突出了一个"酸"字，在这里，日常生活中的各种宴会，红、白喜事，酸食无处不有，男女老少，都有"嗜酸"的爱好。据研究，人类长寿，确有几份酸的功劳：酸食有防病健胃之药效和除惑提神之功效，还有防腐保鲜之功能。

从江长寿老人吃的菜以新鲜的韭菜、白菜、青菜、萝卜、蕨菜、笋子为主，还经常吃包谷、小米、红薯、水芋等杂粮。从江有鲜甜可口的从江椪柑、黑（黄）米饭、油茶、扁米等能够延年益寿的绿色食品；还有神奇的"瑶族药浴"，既可舒筋活络、抵御风寒，又可健身洁体、防病治病。

**（四）乐观淡泊，心地善良是高龄长寿的心境支持**

有研究表明，健全的性格（安详、善良、温顺、随和、宽容、坚持）、开朗乐观而又稳定的情绪等绿色心态；"日出而作，日落而息"的起居方式；视疾病、死亡、困难、挫折如四季中春夏秋冬而泰然处之，视死亡为落叶归根而顺其自然的生死观；终身沐浴在大自然中，把适度劳作看作是生命之本，视付出为生存价值和快乐之本，独立性强依赖性小，对家庭和亲友要求少，奉献多，善待家人、亲朋和邻里的处世观等被认为是长寿的重要条件，（央吉，2005）这无疑对贵州民族地区高龄长寿现象是一个最好的理论阐释。

贵州民族地区的自然环境，各民族长期的历史文化积淀，其中尤其是遵从自然的朴素生命观、生死观、价值观，使得人们长期以来在封闭与地理割离的环境中，以家庭为单位，以族系（家族）为依托，随即斡就、生产于较为狭小的区域内，共同的地域使他们形成了系列的处世为人，对待生活和社会事物的规范和惯制，共同的血缘（族系）又使这里人与人之间、家庭与家庭之间、支系与支系之间有着长贤幼孝、友善和睦、互助协助的传统。人民按照自然的规律和生命历程的生活符号快乐而又有意义地走过春秋冬夏，执着而又淡泊，恬静而又安然地履行着生命的职责。如台江县台拱镇炮台路109岁老人姚子清，腰不弯、耳不聋、眼不花、腿不软。"每天都在房前屋后劈柴、砌墙、砍猪菜、平整土地，打理庄稼等，总是看到他每天都在默默无闻不停地活动着，没有一刻闲下来。"又如该县百岁老人李正芝，生于1905年9月2日，不仅健在，而且还能从事适当家务，究其长寿有为的原因，相关文献将其归结为"勤劳养身，唱歌养心"，具体内容为："坎坷人生，从容面对"、"一生勤劳，勤俭持家"、"以歌养心，保持快乐"、"生活规律，平和乐观"。如此所体现出的与现代社会喧嚣与浮躁、势力相左的心境是为益寿延年的宝贵良方。

**（五）丰富的传统文化与浓郁的民族风情是健康长寿的精神支持**

人是自然界中具有思维意识的高等动物，对客观世界有着自己的认识和反映，他们构成了人的精神意识，而人的精神状态关系着人的健康与寿命。贵州民族地区各民族在漫长的历史长河中，创造出了各具特色的丰富文化，形成了民族文化、民族风情、乡土文化特色并重的传统文化。"儒家文化"的逐渐渗透以及与民族文化的兼容，民族传统宗教与佛教、天主教、基督教，尤其是与佛教的并存、采借，使民族地区的"福寿文化"进一步演绎和发展，并渗透于民间，广为传播。

在国家公布的非物质文化遗产中，贵州民族地区共有 190 个，其中国家级 44 个，省级 146 个，著名的侗族大歌被列入世界非物质文化遗产名录。黔东南被誉为"歌的世界，舞的海洋"、"人类疲惫心灵栖息的最后家园"，在黔东北就有中国的"萧笛之乡"、"矿泉水之乡"、"木偶戏之乡"，以梵净山为中心的崇敬文化享誉海内外。各民族人民在绣苗绣，做银饰、舞龙嘘花、龙舟竞渡、芦笙舞、木鼓舞、摆手舞、飞歌、斗鸡斗牛、花灯、茶灯、杂技、傩戏表演、"上刀山下火海"，以及欢度丰富多彩的民族民间节日，参与各种习俗等劳动生活中，经常沉浸于无边的欢乐中，净化了心灵，陶冶了性情，忘却了忧伤、烦恼和痛苦，也忘却了岁月的匆匆与无情。"生命于动"、"美意延年"，民族地区的每一个节日，每一项活动，每一种习俗，都包涵着沉积厚重、源远流长、博大精深的历史文化和民族风情，彰显着"天人合一"的养生理志，体现了贵州各民族求福求寿求平安的精神生活、心理素质、思维方式等文化特征，是民族地区延年益寿、高龄长寿的精神支持。

## 四、贵州民族地区长寿文化发掘保护与开发弘扬的路径思考

贵州民族地区山清水秀、气候宜人，原生态文化与中原文化千百年间碰撞融合，各族人民团结和睦，与自然和谐共处而成就的高龄长寿现象和长寿文化，是对这一地区"青山绿水、生态自然、和谐宜居、文明独特、科学发展"的生动诠释，凸显着生态文明和社会和谐的音符。系统而又全面、深入地认识贵州民族地区独特的人文地理和长寿现象，挖掘贵州民族地区浓厚的长寿文化和丰富的资源，保护和传承长寿文化中科学的合理的成分，向社会提

供解读贵州民族地区长寿现象的翔实资料。毫无疑问，这正是贵州民族地区改革开放以来取得的辉煌成就的具体展现，也是民生状况和人民幸福指数的生动展示，有助于在全社会大力推进，营造尊老爱幼的良好氛围，推动长寿地区旅游产业和养老休闲产业的发展，进而促进民族地区经济社会向前发展，加快民族团结、共同发展繁荣的步伐。

首先，要将贵州民族地区的长寿文化建设纳入到社会主义初级阶段"文化软实力"建设体系中去。党的十七大报告指出："当今时代，文化越来越成为民族凝聚力和创造力的重要源泉，越来越成为综合国力竞争的重要因素"，因此，必须"提高国家文化软实力，使人民基本文化权益得到更好的保障，使社会文化生活更加丰富多彩，使人民精神面貌更加昂扬向上。"（胡锦涛，2007）"国家软实力"的建设离不开各民族传统文化中科学的、合理的、有益的成份的发掘、整理、弘扬和光大。包括贵州民族地区在内的各民族各地区长寿文化无疑是其中的重要组成部分。这些长寿文化不仅蕴含了各民族在长期的生活生产实践中对生命延续和生活质量提高的追求和尊重，也与我们当代文化建设的发展方向相一致，即体现着以人为本、人与自然和谐协调发展的理念和精神。因此，民族地区应在充分认识长寿文化重要性的基础上，以满足高龄老人健康需求为基本内容，以健康、积极、和谐为特征，实现高龄人口群体健康基础上的生活质量的全面提高和老年人口的全面发展，将当代长寿文化作为社会主义文化"软实力"建设的重要组成部分来培养，并在其中吸取现代的科学理念、精神，进而得到发展创新。

其二，进一步发掘整理和保护民族地区的长寿文化。任何一种民族文化，都深深扎根于民族的社会历史土壤中。这次贵州"长寿之乡"的评审与命名，所获殊荣者全为多民族居住而又民族人口比例大的县份。高龄长寿人口的现象无不与当代的饮食结构、膳食方式、居住环境、婚恋生育、养生保健、医疗医药、社会交往、自然崇拜、宗教信仰、文化娱乐、节日庆祝、生产劳动等有着紧密的关系。其中可能有一两种因素在起作用，也可能有多种因素共同发挥着相像的功能，并因此而形成一地长寿现象的文化特征和地方特色，这无疑需要人们在挖掘、整理当代高龄长寿资料的基础上，提炼出一方而有利于他方的特征，从而形成自己长寿文化品牌的特有内涵。比如湖南麻阳强调的是"孝"，黑龙江延寿提炼的是"法、习、健、食、笑"五字精髓，广西巴马强调的是"自然生态"、"社会文化生态"和"精神生态"的共同作用，四川彭山有着彭祖"导引术、调摄术、膳食术、房中术"四大养生术的归纳等等。贵州"长寿之乡"之评选仅仅发端了贵州长寿文化发掘与研究的开端,其中无疑有很多深邃的文化内涵,环境、人文与精神的关系联系值得人们深入的探索总结。只有经过这样的过程努力,贵州民族地区的长寿文化才不至于仅仅为人们知其一端而不及其里,才能将其系统、深刻地揭示,展现于人们面前,从而作用于老龄事业的发展、老龄化的繁荣,促进人们身心健康、益寿延年。

其三,利用"长寿之乡"品牌,推动长寿文化发展。作为经济欠发达,医疗条件相对落后的贵州,却有着独具特色的气候条件、青山绿水;作为中原文化和多种其它民族文化碰撞、交融的重要区域,构建了独具特色的山地文化。贵州的百岁老人,大多生活在山清水秀的农村。一定程度上,科学与养生之说为贵州不具有力的支撑,但恰好能反证贵州长寿的原生态价值——自然和谐长寿,也证实了贵州是人类宜居、自然长寿的样板,是人类美好理想的承载福地。"贵州长寿之乡"是相关地区社会各项发展指标的综合反映,是人居环境和幸福指标的重要标志,是一项"含金量"极高的荣誉和品牌。放大长寿现象,无疑是助推经济发展社会进步的宝贵资源。省外与长寿有关的活动,如中国龙口南山长寿文化博览月、山东平邑的"蒙山长寿文化旅游节"、中国(文登)国际长寿美合节、巴马长寿养生文化旅游节、"中国·彭山第五届长寿养生文化节"、"黑龙江延寿"养生文化旅游节等的成功举办和显著经济、社会效益,无疑值得贵州"长寿之乡"借鉴学习。贵州的长寿文化内涵丰富而又特色鲜明,各地应借助生态文明建设和进一步推进西部大开发的东风,借助"长寿之乡"的品牌效应,理清思路,找准特色,科学规划,积极发展长寿产业,并以此促进地域经济又好又快发展。

其四,调动一切积极因素,发展经济和制定相关法律法规以为老年事业发展和长寿文化建设提供保障。经济发展是人口老年化依托的经济基础,贵州民族地区解放后经济发展有了大踏步的跨越,但与全国水平来讲,差距仍然存在。因此,必须加快民族地区经济发展步伐,以较强的经济实力,保障和促进老年事业健康发展。同时利用贵州十分宝贵的"立法资源"(作为少数民族较多且居住集中的省份,全省有一半以上的地区享有制定自治条例和单行条例的自治权),制定能够推进贵州健康老龄化进程的地方性法规,进一步从法律上明确老年人口保护的组织和机构、保障老年人的生活收入、老年人口的就业和职业、老年人口的婚姻、老年人口生活保障和服务问题以及建立社会养老制度等着重保护老年人的基本合法权益等内容。

其五，加快建设和完善城乡多元化的养老和社会医疗保障体系。"老有所养"和"老有所住"是人们对晚年生活最基本的要求，而如何满足老龄老人的两个基本要求是21世纪社会保障体系建设中光荣而艰巨的重要任务。就贵州民族地区而言，高龄老人经济供养和医疗保健的承载主体仍然是家庭，这与日益严峻的人口高龄化和家庭小型化趋势很不适应。虽然近几年来，多数地方政府在稳步推行建立城镇基本养老保险制度、城乡居民最低生活保障制度，建立新型农村合作医疗制度的同时，都加大了养老福利事业的投入，有的县市如台江、石阡等90岁以上城乡高龄老人实行高龄补贴，但补助的额度各在50元/月、120元/月/100岁左右，极其有限。为此，民族地区应在大力发展经济的基础上，调动一切可能的力量，在以下几个方面作更大的努力。一是改革和完善城乡养老保障制度，逐渐实现城乡养老的社会公平；二是政府积极组织加大对农村高龄人口社保资金的投入力度。农村高龄老人的家庭多为几世同堂，抚养负担重，在这方面应给予格外的政策支持和资金协助；三是在合作医疗基础上，对高龄老人实行诸如老年长期照料护理保险、老年人口社会医疗救助基金等特惠关怀；四是成立百岁老人"寿星工程"专项建设，从生活、医疗、护理、精神等方面实行制度化管理和保障。

其六，充分发挥政府和社区组织管理老年工作中的作用，进一步弘扬尊老敬老文化，营造有利于提高老年人生活质量的良好社会氛围。一方面，政府应站在可持续发展的高度保证老龄化社会的代际公平。二是发挥社区助老功能，加快社区老年服务建设，使老年人能就近得到咨询、购物、清扫、陪伴、护理、紧急救护等各种服务。笔者在此要特别指出三个问题：一是在贵州民族地区，提倡老年教育社区化，满足老年人自身的养老需求；二是借鉴国外社区养老的思路，在社区内建立"亲属家庭"、"邻居家庭"、"姐妹家庭"，即关系比较好的亲属、邻居、朋友住在一起，建立起一个新的大家庭；三是强调民族社区与政府的有机结合，以有利于老年工作的组织与开展、协调与整合。此外，在微观角度上，要进一步建构和弘扬中国传统的孝文化新理念来解决家庭养老所面对的一系列问题。首先，在家庭中弘扬孝文化新理念；其次，在建立老年社会保障制度方面要弘扬孝文化新理念；再次，在发展社区老年服务事业方面要弘扬孝文化新理念，而弘扬孝文化新理念体现在老年人个体上,就是要真正提高老年人的家庭地位及社会地位,创造孝文化新理念的和谐的人际环境。

## 五、结语

贵州民族地区的长寿现象与贵州民族地区的环境与生态、科学与养生、人文与心态有着十分紧密的关系,也是对贵州"青山绿水、生态自然、和谐宜居、文明独特、科学发展"的生动诠释,是西南长寿带上地域宽广、民族人口比例大、文化生态特点鲜明的特殊区域。诚然,由于多种因素的制约和影响,贵州民族地区的长寿指标总体上与全国 2007~2009 年评审的长寿之乡尚有一定的差距,但均远远高于全国、全省百岁老人在总人口中的平均水平(2009 年 9 月 1 日全国百岁老人占全国总人口数的比例为 3.05/10 万)。相关资料有力地显示了贵州民族地区长寿的原生态价值——自然和谐长寿,同时也彰显了贵州独特山地文化之于人与自然和谐,之于健康长寿的无穷魅力。贵州民族地区在长寿文化以及长寿文化的带动上应有很多的事情要做,应有更大更好的作为。"贵州长寿之乡"所蕴含的文化价值以及诸如生态、精神、社会等丰富资源也会愈来愈引起广泛的关注和重视,并在社会主义"四位一体"建设中迸发其积极的功能,对之,我们非常坚信。

# 专题三:西南山地的贫困与反贫困
## ——以贵州省为例

贫困是与人类社会相伴随的一种社会现象,是经济、社会、政治、文化发展不平衡和地理自然生态条件差异以及人类个体差异综合作用的结果,它随着社会进步、经济发展相应会有不同的内涵和标准。西南山区作为我国贫困人口相对集中的地方,长期以来由于地理环境的限制和掠夺式的经营,山区人口与环境的失衡已经成为突出矛盾。农业基础薄弱、科学教育发展滞后、生态环境恶化,人口增长过快,资源利用率和生产力十分低下,边缘劣势成为困扰整个山区经济发展的根本原因,山区的突出特征表现为贫穷与落后。贵州地处云贵高原东部,长江、珠江流域上游地带,西南喀斯特生态脆弱区的中心,是一个以岩溶地貌为主的典型内陆山区省份。长期以来,由于经济社会发展滞后,贵州农村贫困问题突出,是全国农村贫困人口最多、贫困面最广、贫困程度最深、扶贫开发任务最重的省份之一,也是全国扶贫开发的主战场,贵州农村反贫困成效的高低直接关系到中国农村反贫困事业能否取得突破性进展。

## 一、贫困的内涵及测定

### (一)贫困的内涵

由于贫困概念具有相对性和绝对性,这给其概念的界定带来了困难。国内外学术界和官方对贫困的界定经历了从单纯关注经济层面的物质贫困扩大到关注社会层面的人文贫困的过程。[①] 贫困概念提出的初期,人们仅从

---

① 黄海燕,王永平.新阶段贵州农村贫困特征与反贫困策略调整[J].贵州农业科学,2010,(7).

生活消费的角度来界定贫困,把经济收入低,不能满足衣、食、住、行等基本需求的状况称为贫困;之后人们又将视野扩大到生产发展领域,认为即使可以满足衣、食、住、行等基本生活需求,但缺乏进行再生产的资本和条件,也属于贫困的范畴;进入 20 世纪以来,有学者则从更广泛的社会角度来界定贫困,提出贫困还应包括知识贫困和文化贫困,甚至还包括权利和地位等政治因素的欠缺等。具体到研究领域,在早期,贫困的定义为"不能享受人生的必需品"、"缺乏获得必须数量的物品和服务的经济资源或经济能力"、"物质生活困难,个人或家庭达不到社会可接受的最低标准"等。可见,"物质贫困、收入低下"是贫困最基本的表现。随着研究的不断深入,各界对贫困的认识扩展到了社会学领域的人文贫困,认为贫困不仅表现为"物质贫困",还包括"发展机会、能力、权利的缺失"和"文化贫困、社会贫困、精神贫困"等。①

根据研究的范围和角度不同,一般可将贫困分为绝对贫困、相对贫困、狭义贫困和广义贫困四种。所谓绝对贫困又称生存贫困,是指基本生存条件没有保障,温饱问题不能解决,简单再生产不能维持或难以维持。在生产上缺乏扩大再生产的物质条件,甚至连简单再生产也难以维持;在生活方面不能满足维系生存的最低需求,食不果腹,衣不蔽体,甚至劳动力本身再生产也难以维持,也就是说处于绝对贫困之中。处于绝对贫困状况下的贫困人口,在发达国家也存在,但一般来讲并不普遍,而在一些发展中国家,却较为普遍。绝对贫困有三大特征:一是社会结构特征,表现为农村人口占绝对贫困人口总数的总体;二是民族阶层特征,表现为绝对贫困人口往往是那些在政治资源和经济资源分配格局中处于弱势地位的人群,尤以少数民族人口更为突出;三是自然地理区域的特征,表现为绝对贫困人口相对集中分布于自然条件差的地区。绝对贫困是反贫困首先要解决的问题。相对贫困是比较而言的贫困,指温饱问题基本解决,简单再生产能够维持,但基本生活水平低于社会公认水平,同时缺乏扩大再生产的能力或能力很弱,缺乏获取、吸收和交流知识的途径,缺乏法制机会。狭义的贫困主要是指经济上的贫困;而广义上的贫困还包括社会、生态环境等诸因素。根据上述对贫困的

---

① 王永平,袁家榆,曾凡勤. 趋势·挑战与对策——欠发达地区农村反贫困的实践与探索 [M].北京:中国农业出版社,2008.

界定,贵州的贫困既是绝对贫困,又属于广义贫困。

**(二)贫困线标准的测定**

中国农村不发达这一基本国情,决定了目前农村使用的还是物质层面的贫困概念,确定的农村贫困标准(或贫困线)是在一定时空和社会发展阶段下,维持人们基本生存所必需消费的物品和服务的最低费用。2007 年前,我国有两个农村贫困标准:一是 1985 年制定的绝对贫困标准,根据 1985 年农村住户调查资料,采用世界银行推荐的马丁法测定的人均纯收入低于 206元的绝对贫困线,之后根据物价指数变动等情况进行相应调整;二是 2000 年制定的低收入标准,基本方法是在食物贫困线的基础上,按低收入人口生活消费支出中 60%应是食物支出的比例计算而得,2000 年低收入贫困标准为626～865 元,此后根据农村消费价格指数逐年调整。[①] 2008 年年底,我国将绝对贫困标准与低收入标准"合二为一",以低收入标准为新的扶贫标准,对农村低收入人口全面实施扶贫政策。2009 年,扶贫标准从 1067 元上调到1196 元。

## 二、贵州省的贫困现状及特点

**(一)贫困人口及贫困发生率**

贵州省 2005 至 2008 年贫困人口比重占 12.36%以上。2007 年,贵州省虽然全面建立了农村低保制度,但是农村仍有绝对贫困人口 239 万人,低收入贫困人口 439 万人,占全国农村绝对贫困人口和低收入人口的比例均在12%以上,占全省农村人口的 20%左右。2009 年国家将贫困人口划分标准线调整为 1196 元,贵州省农村贫困人口占总人口的比重上升到 15.41%,占全国农村贫困人口的 14.6%,农村贫困发生率为 17.4%。其中扶贫开发重点县有贫困人口 440.71 万人,贫困发生率为 21.5%。在全省 88 个县(市、区)中,有 83 个县具有贫困开发任务,有 50 个县是国家新阶段扶贫开发重点县。50 个国家扶贫开发重点县常住半年总人口为 2062.63 万人,占全省总人口的 54.38%,但是生产总值仅为 1098.36 亿元,仅占全省生产总值的32.95%。扶贫开发重点县的农民人均纯收入为 2416 元,全省农民人均纯收

---

① 王永平,袁家榆,曾凡勤. 趋势·挑战与对策——欠发达地区农村反贫困的实践与探索[M].北京:中国农业出版社,2008.

入是其 1.16 倍,其中望谟县最低为 1945 元,仅及全省水平的 69.54%,由此可见,不论是绝对值还是增幅,扶贫开发重点县的人均纯收入均低于全省平均水平。其中一类重点乡镇农民纯收入中实物收入比重大,货币收入少。2006 年全省农村绝对贫困人口有 255 万人,占全国的 11.8%,低收入人口 453 万人,占全国的 12.7%。至 2010 年,全省贫困人口达到 418 万人,50 个国家扶贫开发重点县 316.55 万人。2010 年,全省贫困发生率为 12.1%。其中 50 个国家扶贫开发重点县占 15%。贫困发生率最高的地区是黔东南州,高达 15.6%。其次是铜仁地区、六盘水市,毕节地区和黔南州,分别为 14.1%、13.9%、13.4% 及 13.2%。黔西南州与安顺市分别为 12.8% 和 11.9%。遵义市、贵阳市最低,分别为 7.8% 和 6.3%,详见表 3 - 1。2012 年按照 2300 元的国家新贫困线标准,贵州还有贫困人口 1521 万,占农村人口的 45.1%,贫困人口和贫困发生率均居全国前列。

**表 3 - 1　2010 年贵州农村贫困人口及贫困发生率**

| 名称 | 农村贫困人口（万人） | 农村贫困发生率(%) | 名称 | 农村贫困人口（万人） | 农村贫困发生率(%) |
|---|---|---|---|---|---|
| 全省合计 | 418.00 | 12.1 | 扶贫开发重点县 | 316.55 | 15.0 |
| 贵阳市 | 11.92 | 6.3 | 铜仁地区 | 52.34 | 14.1 |
| 六盘水市 | 34.93 | 13.9 | 毕节地区 | 93.81 | 13.4 |
| 遵义市 | 51.41 | 7.8 | 黔西南州 | 37.99 | 12.8 |
| 黔南州 | 45.95 | 13.2 | 黔东南州 | 61.31 | 15.6 |
| 安顺市 | 28.34 | 11.9 | | | |

数据来源:贵州省统计年鉴。

**（二）贫困人口分布呈相对集中、连片分布的区域性特点**

从地势上来看,贵州省地貌可概括为高原、山地、丘陵和盆地 4 种类型,其中 92.5% 的面积为山地和丘陵,贫困人口则主要分布在以山地和丘陵为主的麻山、瑶山、雷公山、月亮山、乌蒙山和武陵山等"六山"为代表的边远山区。① 按照这些地区的自然条件、经济社会发展水平等情况,可以说整个贵

---

① 杨军昌.略论贵州农村的贫困与反贫困问题[J].农村经济,2002(10).

州省的贫困问题具有明显的相对集中、连片分布的区域性特点。从行政区域分布来看，贫困人口分布大致是以贵阳市的中心城区向外呈层级扩散。贵州省国家扶贫开发重点县有 50 个，36 个为民族自治贫困县，其中 27 个集中分布在黔西南、黔东南、黔南 3 个少数民族自治州（以下简称三州），另外 9 个则分布在铜仁、遵义、安顺、毕节等地区。从扶贫工作重点县及乡村分布来看，全省 88 个县（市、区）有扶贫开发任务的 83 个，占总县数的 94.3%。国家扶贫开发重点县占总县数的 56.8%，重点贫困乡镇 934 个，占乡镇总数的 60.9%，其中最贫困的一类乡镇有 100 个，重点贫困村 13973 个，占全省行政村总数的 54.3%，最贫困的一类村 5486 个。

**（三）贫困人口多集中于民族地区，少数民族贫困人口比重呈上升趋势**

贵州省有汉、苗、布依、侗、土家、彝等 18 个世居民族，少数民族人口比重居全国第 3 位，设有黔南州、黔西南州、黔东南州三个民族自治州。2001 年，三个自治州地区的农村贫困人口为 290.06 万，到 2008 年底下降到 204.6 万，贫困发生率从 29.53% 下降到 19.88%，但是其所占全省的比重却呈上升趋势。2000、2001、2003、2005、2008 年三州地区农村贫困人口占全省贫困人口的比重依次为 32.87%、32.94%、34.59%、34.42%、34.95%。与 2000 年相比，2009 年三州地区农村贫困人口比重为 34.97%，比 2000 年高出 2.1 个百分点。与全国、民族八省（内蒙古自治区、广西壮族自治区、贵州省、云南省、西藏自治区、青海省、宁夏回族自治区、新疆维吾尔自治区）相比，其贫困人口总数和贫困发生率均居全国首位。2001 年，全国和民族八省贫困人口分别为 9064.37 万和 2710.84 万，三州地区贫困人口所占比例分别为 3.2% 和 10.7%。而到 2008 年年底，全国和民族八省贫困人口为 4011.76 万和 1586.04 万，三州地区所占比例为 5.1% 和 12.9%，比 2001 提高了 1.9 个和 2.2 个百分比。可见，随着贫困线的提高，三州地区贫困人口占全国、民族八省、本省的比重呈上升趋势（2005 年除外），且以少数民族为主的地区贫困人口较多，贫困发生率较高，少数民族人口与贫困人口在地域分布上存在某种程度的重合。①

2010 年贵州省年末总人口 3 479 万人，全省贫困人口约有 418 万人，其

---

① 张玉玺，庄天慧.贵州省农村贫困人口分布变化趋势及其扶贫政策启示[J].贵州农业科学，2011(1).

中民族地区贫困人口约有 215.17 万人,约占贵州省贫困人口的 51.48% 。由于各地经济发展水平上的差异,各民族地区贫困发生率也有所差异。如表 3-2 所示,在各自治州中,贫困发生率最高的地区是黔东南州,高达 15.6%,黔南州、黔西南州分别位于九个市(州、地)中的第 5 位和第 6 位,分别为 13.2% 和 12.8% 。在 11 个民族自治县中农村贫困发生率最高的是三都水族自治县,高达 18.1%,位居 88 个县(市、区)中的第 5 位,其次是紫云苗族布依族自治县、关岭布依族苗族自治县、沿河土家族自治县,农村贫困发生率分别为 17.0% 、16.6% 、15.0% ,分别位居第 12、20、29 位。[①]

表 3-2 贵州民族自治地方农村贫困人口及贫困发生率

| 民族自治州(县) | 农村贫困人口(万人) | 农村贫困发生率(%) | 位次 |
|---|---|---|---|
| 黔西南布依族苗族自治州 | 37.99 | 12.8 | 6 |
| 黔东南苗族侗族自治州 | 61.31 | 15.6 | 1 |
| 黔南州布依族苗族自治州 | 45.95 | 13.2 | 5 |
| 道真仡佬族苗族自治县 | 3.70 | 12.1 | 49 |
| 务川仡佬族苗族自治县 | 5.26 | 12.8 | 46 |
| 镇宁布依族苗族自治县 | 5.08 | 14.6 | 34 |
| 关岭布依族苗族自治县 | 5.52 | 16.6 | 20 |
| 紫云苗族布依族自治县 | 5.99 | 17.0 | 12 |
| 玉屏侗族自治县 | 1.39 | 11.1 | 53 |
| 印江土家族苗族自治县 | 5.75 | 14.4 | 36 |
| 沿河土家族自治县 | 8.98 | 15.0 | 29 |
| 松桃苗族自治县 | 9.23 | 14.2 | 40 |
| 威宁彝族回族苗族自治县 | 19.02 | 14.9 | 30 |
| 三都水族自治县 | 6.02 | 18.1 | 5 |

注:位次分别按自治州、自治县农村贫困发生率排名

---

① 王晓东,王秀峰. 贵州省民族地区的贫困问题及其反贫困策略[J]. 广东农业科学,2012 (14).

### (四)贫困人口多分布在生态脆弱的山区

贵州地处祖国西南部岩溶山区的核心部位,境内山高坡陡,河谷深切,岩溶面积 13 万平方千米,占全省总面积的 73.6%。西部有气势磅礴的乌蒙山脉,中南部有苗岭山脉,北部有大娄山脉,东北部有武陵山脉,贵州的贫困县都分布在这些大山、石山和高寒山区。在贫困县中就有 37 个县属岩溶山区。分布在乌蒙山区的有威宁、大方、织金、纳雍、赫章、水城、六枝、盘县、普安、晴隆、普定 11 个县;分布在武陵山区、大娄山区的有沿河、印江、德江、松桃、石阡、凤冈、务川、正安、岑巩和习水 10 县;分布在九万山区的有从江、榕江、荔波、独山、三都、丹寨、雷山、台江、剑河、平塘、麻江、黄平、施秉、三穗、天柱、黎平 16 县;属黔南山区的有册亨、望谟、紫云、长顺、关岭、镇宁、贞丰、安龙、兴仁、罗甸 10 县;属苗岭山区的有息烽县。

### (五)农村人口中纯农户的贫困发生率较高

随着市场经济的发展,农户之间也逐渐分化为不同类型,由于其资源禀赋差异较大,土地利用方式和利用后果有所差异,造成其经济收入亦有所差异。相对于非农户与兼业户而言,纯农户的贫困发生率较高。农村贫困人口的收入来源结构相对单一,主要是经营第一产业,尤其是种植业。通过对贵州省农村贫困发生率与农业劳动力从业比进行分析,发现两者之间呈正相关,即农村劳动力从事传统农业的比例越高,贫困发生率越高。2008 年贵州省第一产业占生产总值的 16.4%,而从业人员占 70% 以上,农民收入来源主要靠种养殖业。贫困农户从事第一产业的劳动力为 82.8%,只有 16.4% 的劳动力外出务工。2008 年年底,第一产业从业人员占全部从业人员的比例分别为黔南州 55.7%、黔东南州 76.8%、黔西南州 61.85%。贫困人口人均纯收入中来源于家庭经营第一产业的占 58%,分别比全国高出 12.2 和 15.6 百分比。纯农户(家庭收入的 95% 以上来源于农业)家庭贫困率为 3.5%,以农业为主的兼业户贫困发生率为 2.1%,非农户家庭贫困发生率为 0.3%。同样,低收入人口的比重在纯农户、兼业户、非农户家庭中的比重也是依次降低。[①]

---

① 张玉玺,庄天慧.贵州省农村贫困人口分布特征及变动趋势分析[J].四川经济管理学院学报,2010(3).

（六）贫困地区农村居民收入较低，生活质量不高

"十一五"期间，贵州农村居民人均纯收入从 1984.62 元增长到 3471.93 元，尽管如此，仍只占到全国平均水平（6977 元）的 49.76%。其中民族地区农村居民人均纯收入依然较低，黔南州位于 9 个市（州、地）中的最末位。人均纯收入仅为 3163 元，仅占全国平均水平的 45.33%。黔西南州、黔南州农村居民人均纯收入分别为 3246 元、3760 元；在民族自治县中，务川仡佬族、苗族自治县、道真仡佬族、苗族自治县和松桃苗族自治县农村居民人均纯收入分别为 2830 元、2893 元、2957 元，均达不到全省平均水平。

恩格尔系数表示一个家庭收入越少，家庭收入中（或总支出中）用来购买食物的支出所占的比例就越大，随着家庭收入的增加，家庭收入中（或总支出中）用来购买食物的支出比例则会下降。恩格尔系数是一种长期的趋势，随着居民生活水平的不断提高，恩格尔系数逐渐下降已为中国城镇居民消费构成变化资料所证实。2010 年，贵州农村居民家庭恩格尔系数为 46.3%，城镇居民家庭恩格尔系数为 39.9%。可以看出：农村居民家庭恩格尔系数明显高于城镇居民，农村居民家庭收入也低于城镇水平。并且农村居民的住房条件、交通条件、通信条件普遍低于城镇水平，足以看出农村居民生活质量不高。

（七）返贫问题突出

据国家统计局数据显示，我国现存的贫困人口中，连续 2 年贫困的约为 1/3，其余的 2/3 属于返贫，是一种徘徊在贫困边缘的状态。贵州省农村人口主要分布在偏远山区、高寒山区和少数民族聚居区，这些地区耕地资源数量少、质量差，非耕地资源开发利用不充分，尤其是石漠化问题突出，加之贵州是一个自然灾害频发的地区，经常发生洪灾、旱灾等自然灾害，因此贵州省每年因灾、因病、因学等原因返贫的人口数量众多。据调查，2009 年贵州省少数民族地区因病返贫人口占已脱贫人口的 10% 以上，因子女受教育支出过大的返贫人口占已脱贫人口的 5% 以上。①

---

① 张玉玺,庄天慧.贵州省农村贫困人口分布变化趋势及其扶贫政策启示[J].贵州农业科学,2011(1).

### 三、贵州贫困的影响因素分析

#### (一)人口因素

1. 人口规模与经济总量不协调

人口与经济发展的关系,首要表现就在人口分母效应上。人口分母效应,是指对产品、产值、资源等(分子)按人口(分母)平均的量的变动效应;人口规模、人口数量越大,人口增长速度越快,人口的分母效应也就越大。在分子的量为既定时,分母越大,人平均量就越小。在经济发展相对落后的贵州省,随着人口的增加,人口分母效应明显地表现为人均国内生产总值、人均产品量等水平低下。其中,人均国内生产总既是衡量一个国家或地区经济实力、富有程度和经济发展状况的重要指标,又最敏感地反映出人口对经济发展的影响。2005 年贵州省生产总值为 2005.42 亿元,仅占全国生产总值的 1.1%;到 2010 年贵州省生产总值增加到了 4602.16 亿元,比 2005 年增加了 2596.74 亿元,但占全国生产总值的比重仅仅只增加了 0.1 个百分点。2005 年贵州省人均生产总值为 5394 元,全国为 14185 元,贵州省人均生产总值只有全国水平的 38%;2010 年贵州省人均生产总值增加到 13119 元,比2005 年增加了 7725 元,占全国比重也增加到了 44.1%(如表 3-3 所示),但是与全国的差距仍然很大,人均生产总值位居全国倒数第一。

**表 3-3  全国及贵州省生产总值情况**

| | 年份 | 生产总值<br>(亿元) | 第一产业<br>(亿元) | 第二产业<br>(亿元) | 第三产业<br>(亿元) | 人均生产总值<br>(元) |
|---|---|---|---|---|---|---|
| 全国 | 2005 | 184937 | 22420 | 87598 | 74919 | 14185 |
| | 2010 | 397983 | 40497 | 186481 | 171005 | 29762 |
| 贵州 | 2005 | 2005.42 | 368.94 | 821.16 | 815.32 | 5394 |
| | 2010 | 4602.16 | 625.03 | 1800.06 | 2177.07 | 13119 |
| 贵州占全国比重<br>(%) | 2005 | 1.1 | 1.6 | 0.9 | 1.1 | 38.0 |
| | 2010 | 1.2 | 1.5 | 1.0 | 1.3 | 44.1 |

数据来源:《贵州统计年鉴 2011》,中国统计出版社。

从人口规模、人口增长同社会经济发展的相互关系来看,二者的不协调发展必然表现为贫困人口数量巨大和不断增长。另外,人口过快增长还将导致人地关系紧张,进而影响经济发展。

2. 人口素质偏低,自我发展能力差

人口素质,特别是人口文化素质在经济增长的过程中发挥着主要的关键作用。教育落后,文化水平低,人力资本的质量低,是农村贫困人口产生的主要因素。由于贵州省人口文化素质偏低,与全国平均水平存在较大差距,同时各个地州市发展也不均衡,这必然会影响和制约社会经济的快速、可持续发展。首先,贵州省教育发展整体水平偏低,人口文化素质与全国和邻近省份相比仍存在很大的差距,导致贵州经济发展水平与全国水平差距明显。虽然贵州省在 2006 年已经实现了"两基"攻坚任务,但是全国在 2000 年就基本实现"两基",贵州省与全国相比整整晚了 6 年。由于贵州省人口教育文化素质低于全国水平,差距明显,导致贵州省总体经济发展水平与全国水平相差较远。2010 年国内生产总值全国为 401202 亿元,贵州省为 4602.16 亿元,仅占全国的 1.1%。其次,贵州省人口文化素质的城乡差别严重,农村人口文化素质偏低,加剧了城乡二元经济结构,不利于农村地区脱贫。"五普"数据显示,贵州农村的文盲率为 16.2%,比贵州省城市地区高出 9.67 个百分点,比全国农村平均水平高出 7.95 个百分点。由于农村人口文化素质偏低,致使广大的农村人口不能有效地转化为经济社会发展的人力资本,反而不断地强化着低水平、粗放型的劳作方式在广泛的区域内存在和发展,导致广大农村地区人口与资源环境的矛盾进一步激化,新型科技在农村难以利用和发挥效益,严重制约了农村的经济发展,加剧了城乡二元经济结构。第三,农村人力资本非农化现象严重,劳动力流失严重,制约了农村经济的发展,对产业结构调整提出了挑战。所谓农村人力资本非农化就是指农村中富含人力资本的个体由农业向非农产业迁移的过程,即受过教育和培训的、年轻健壮熟练劳动力和高素质专业技术人员从农业生产部门流向非农生产部门。[①] 由于农民外出打工,农村人力资本又缺乏有效保护,致使农村劳动力大量外流。同时,农村教育培养出的乡村籍学生大都通过升学离开农村,从而造成了农村大量的人才流失。贵州省是一个农业大省,大

---

① 杨宇.农村人力资本非农化与农村经济发展[J].决策论坛,2007(3).

量农村劳动力和人才被掠夺,留下的农村人口文化水平相对低下,制约了其从农业中顺利转移出来,由于文化素质的制约,农村剩余劳动力除了转移向技术要求低的行业外,其他技术要求较高的行业很少涉及,导致其很少在第二、三产业有工作机会,最终不利于产业结构的调整。

3. 农村生育劳动力数量大,整体生产效率低

新古典经济学家马格林等认为,只要在两部门间存在收入差距,那么,在农业部门就存在剩余劳动力。换句话说,当某些劳动力在农业部门工作时所能获得的收益小于他们在工业部门或第三产业工作时所能获得的收益时,这部分劳动力则被称为农业剩余劳动力。根据边际收益递减规律,当这些劳动力从农业部门转向工业部门时,随着农业劳动力的减少和工业劳动力的增加,农业部门的边际生产力将递增,而工业部门的边际生产力将递减,那么,由边际生产力所决定的两部门间的收入差距将逐步减少。刘易斯(1989)认为,传统农业部门滞留着大量的剩余劳动力,他们的边际产品近乎为零,所以,农业工人的工资水平无法由边际生产力来决定,相反,只能通过制度的强制安排,使其等于农业部门的人均产品。这样,即使不考虑农业部门的技术进步和规模效益,农业剩余劳动力转移也会导致农业劳动力数量不断减少。因此,在既定产出水平下,人均产品将不断提高,由此,农业部门的工资水平也将不断提高。2005 年,贵州省有 3931 万人,其中农业人口2874 万,占全省总人口的 73.11%,农村劳动力为 2452 万人,滞留农业内部的劳动力多达 1 946 万人。

4. 农村人口就业范围狭窄,劳动力转移不足

根据第六次人口普查公报数据,贵州农村人口 3443.72 万人,农村就业人数共 2078.64 万人,农村劳动力城镇新就业人数仅为 5.79 万人。大部分农村劳动力留在农村务农,或从事背篓行业,收入不高仅能维持基本的生活需求,而不能达到基本的小康水平。城镇中的农村劳动力收入明显高于农村中的农村劳动力,生活水平、医疗保障也好于农村劳动力。尽管 2010 年城镇农村劳动力较 2009 年已增长 20.9%,但是基数仍然很少,如表 3 - 4所示。

表 3 - 4    贵州城镇新就业人数统计

单位:万人

| 指　标 | 2005 | 2006 | 2007 | 2008 | 2009 | 2010 | 2010 年比 2009 年增长(%) |
|---|---|---|---|---|---|---|---|
| 新就业人数总计 | 20.13 | 20.08 | 22.44 | 21.12 | 21.10 | 27.71 | 31.3 |
| 城镇劳动力 | 10.97 | 9.87 | 10.29 | 8.48 | 6.43 | 10.95 | 70.3 |
| 农村劳动力 | 3.14 | 3.33 | 4.09 | 4.35 | 4.79 | 5.79 | 20.9 |
| 大学中专技校毕业生 | 3.56 | 4.97 | 5.60 | 5.86 | 6.71 | 7.48 | 11.5 |
| 其　他 | 2.46 | 1.91 | 2.46 | 2.44 | 3.18 | 3.49 | 9.7 |

数据来源:贵州省历年统计年鉴。

### (二)环境因素

贵州位于世界三大喀斯特区域之一的中国西南岩溶地区中心腹地,山地和丘陵、喀斯特面积比重大,导致生态环境十分脆弱。农业生产条件差,农业综合生产能力低,是全国四大生态脆弱带中自然条件最差、脱贫难度最大的地区,目前贵州剩余农村贫困人口主要分布在生态环境较差的地区。

#### 1. 自然生态环境制约经济发展

生态环境和自然资源对一个国家和一个地区的经济发展程度有着重要的影响,到目前为止还没有很好的办法来改变和克服自然资源对经济的发展。这种影响对于贵州省而言主要体现在耕地少、坡度高,水土流失严重、干旱、生态环境脆弱,这些成为阻碍农业发展的因素,从而进一步加剧了贵州山区经济的贫困。贵州省是典型的喀斯特地貌,其面积占全省国土面积的61.9%,山地和丘陵占全省面积的92.5%。这种地貌缺水、缺土、缺林,极大地限制农林牧业的发展。省内石漠化严重,并且每年以2%~3%的速度扩大。这里降雨可以满足农业特别是干旱作业的需求,然而由于地貌地形的特点,耕地较稀少,相对高差大,引起资源难以利用和水土流失成为影响农业生产的关键因素。坡度高,水土流失较快,水资源的保持能力有限,因此洪水和干旱交替发生,这样强烈的地面冲刷还经常伴随着严重的水土流失。于是,在通常的情况下,山区农民迫于生存压力会不断扩大垦殖范围,从而造成更大范围的水土流失,进一步加剧了山区的贫困程度。另外,喀斯特环境退化地区由于过渡开垦,大量采伐森林,山地水源涵养林基本消失,水源稀少,冬春季节缺水严重,"水贵如油",农户不得不花费更多的时间或者抽出专人去从事日常的担水劳动,以满足家庭的人畜饮水需求,从而减少农户的整体经济收入,并降低其生活品质。

据对威宁、赫章等 26 个贫困县调查,25 度以上的陡坡、险坡耕地 453 万亩,占耕地面积的 33.7%。由于毁林开荒,植被遭受破坏,水土流失加剧。纳雍、水城、德江、望谟、紫云、从江和三都 7 县森林覆盖率由解放初期的44.4% 下降到 16.1%。赫章、水城、望谟、紫云、雷山等水土流失面积占总面积的 46.6%。其中:赫章占 57.6%,年平均泥沙流失总量达 523.9 万吨,年均剥蚀厚度 2.1 毫米,相当于每年冲走 1.69 万亩耕地的耕作层。紫云县"三跑"土地占耕地面积 59%,石化面积占 51.0%。毕节地区 1443 万亩耕地中,有 46% 是毁林开荒垦殖的,大量的毁林开荒使森林覆盖率由 20 世纪 50 年代初的 15% 下降为 6.4%,水土流失严重,自然灾害频繁,人均粮食产量由1957 年的 240 公斤下降到 1985 年的 169 公斤,下降 29.05%。[①] 这些地区恶劣的生态环境严重制约着当地的经济发展,导致扶贫成本高,脱贫难度大。

2. 自然灾害导致返贫率高

受地理因素和生态环境状况的影响,贵州省成为灾害较为频发的区域。2005～2010 年遭受自然灾害的县数几乎占了全部。2010 年受灾人口达到2633.40 万人次,占全省常住人口 3474.65 万人的 75.79%;农作物受灾面积达到 195.64 万公顷,占农作物播种总面积 488.93 万公顷的 40.01%;绝收面积达到 55.72 万公顷,占农作物播种总面积 488.93 万公顷的 11.40%;因自然灾害造成的直接经济损失达到 179.77 亿元,占农业产值 587.31 亿元的30.61%,这足以看出贵州自然灾害对农村、农民的影响有多严重(见表 3 - 5)。旱涝、冰冻、霜雪、暴雨、冰雹等气候灾害和泥崩塌、滑坡、泥石流等地质灾害常常发生,农作物不能保证稳产高产,农民群众人均粮食占有量低,许多已实施的水利、交通等基础设施因灾受损严重,使得因灾返贫问题十分突出,正常年景返贫率在 15% 左右,遇到较大自然灾害年,返贫率在 20% 以上。

---

① 贵州省农调队扶贫开发课题组.贵州扶贫开发战略研究[J].农村经济与技术,1997(1).

表 3 - 5　自然灾害统计情况

| 指　标 | 2005 | 2006 | 2007 | 2008 | 2009 | 2010 | 2010 比 2009 增长(%) |
|---|---|---|---|---|---|---|---|
| 遭受自然灾害县个数(个) | 88 | 88 | 84 | 88 | 84 | 86 | 2.4 |
| 受灾人口(万人次) | 2326.49 | 2321.86 | 1345.39 | 2935.00 | 1687.12 | 2633.40 | 56.1 |
| 农作物受灾面积(万公顷) | 129.04 | 138.26 | 52.47 | 211.90 | 89.16 | 195.64 | 119.4 |
| 绝收面积 | 23.81 | 34.61 | 7.19 | 52.20 | 12.85 | 55.72 | 333.6 |
| 因自然灾害造成直接经济损失(亿元) | 34.23 | 59.10 | 38.27 | 487.22 | 35.60 | 179.77 | 405.0 |

### 3. 环境污染造成健康隐患

贵州一些喀斯特环境退化地区由于山高、坡陡、谷深,地表水渗漏严重,井泉干枯。很多农户在干旱季节因水资源缺乏而不得不饮用带有传染病毒和寄生虫病菌的不洁净水。另外,喀斯特环境退化地区由于植被覆盖率低下、薪柴短缺以及特殊地质环境造成煤炭资源缺乏,但由于经济贫困无法支付清洁燃料(液化气、煤气、电)费用,且近年燃煤价格居高不下,许多农户选取质量劣却成本相对低廉的燃煤,加之火炉设计不科学,空气质量下降,直接危害当地居民的身体健康。冬季在花江、清镇和毕节3个示范区这种现象都很普遍。据不完全统计,鸭池示范区每 10 个人中,有 3~5 人因燃煤质量不好而发生轻重程度不等的砷中毒和鼻炎、支气管炎等呼吸道疾病。疾病的发生,一方面因治病所需的医药费增加了病人家庭的现金支出;另一方面,削弱了人口的身体素质,降低其创造财富的能力。当前,虽然国家在逐步加大对农村居民医疗保险的额度,然而收入减少,支出增加,也会使得很多家庭因病致贫。

### (三)经济因素

#### 1. 产业结构单一

由于受政治、经济、社会、自然、地理等因素的影响,贵州省解放前,近代工业基本为空白,解放后到改革开放时期,才陆续建立了近现代工业企业,但数量少、规模有限、效益低下,工业基础十分薄弱。2011 年规模以上工业增加值 381.83 亿元,仅占贵州省规模以上工业增加值的 21.65%。产业结构单一,2011 年第一、第二、第三产业的比例接近 1:2:2,第一产业比重过大,第二和三产业所占比例相对较小。农村经济仍然以传统种植业和养殖业为主,工业化农产品加工业、制造业等产业在农村经济中基本上为空白,农村经济收入渠道单一,再加上交通不变,物流不畅,即使山区有较为丰富的资源,也难以转化为商品,在很大程度上,制约了经济社会的发展,使得扶贫工作十分艰难。

2. 地方财政困难,扶贫难度大

贵州省地方财政收入十分困难,2011 年该区域财政总收入为 625.92 亿元,仅占贵州省财政总收入的 34.46%,绝大多数县的人员工资、办公经费等得不到保证,只有靠中央财政转移支付才能维持全县的正常运转,根本无财力投入项目开发和基础设施、社会事业等建设。各县的扶贫工作所需资金基本靠国家和省财政投入,但贵州省贫困面积大、贫困人口多、贫困程度深,国家和省财政投入的扶贫资金远不能满足实际需要。又加之各县在资金管理和使用上,缺乏有效经验,使得扶贫资金使用率较低,难以激发农村的内部活力,扶贫工作显得异常艰难。

3. 农村固定资产投资匮乏

2010 年,贵州省固定资产投资 3186.28 亿元,与全国相比仍有较大差距。而且固定资产投资中大多用于城镇建设,农村固定资产投资非常短缺。2010 年贵州农村固定资产投资仅为 486.42 亿元,占全省的 15.27%,占城镇固定资产投资的 18.02%。尽管 2010 年农村固定资产投资比 2009 年增长36.1%,但与全国相比仍有较大差距。而且农村固定资产投资中大部分投资用于建筑工程,对于提高农民生活水平,改善农民的健康水准的投资依然较少(详见表 3-6)。

表 3-6　全社会固定资产投资

单位:亿元

| 指　标 | 2005 | 2006 | 2007 | 2008 | 2009 | 2010 | 2010 比 2009 增长(%) |
|---|---|---|---|---|---|---|---|
| 全社会固定资产投资 | 1018.25 | 1197.68 | 1488.8 | 1864.45 | 2450.99 | 3186.28 | 30.0 |
| 城镇 | 899.33 | 1053.05 | 1289.13 | 1609.34 | 2093.70 | 2699.86 | 29.0 |
| 农村 | 118.92 | 144.63 | 199.67 | 255.11 | 357.29 | 486.42 | 36.1 |

（四）社会公共事业及基础设施因素

1. 教育事业发展落后

受风俗习惯和社会观念的影响，贵州省特别是民族地区教育事业发展比较落后。如表 3 - 7 所示，截至 2010 年，民族自治地方普通高等学校只有 8 所，仅占全省 47 所的 17.02% ；民族自治地方高中学校只有 150 所，仅占全省 444 所的 37.78%；民族自治地方初中学校只有 876 所，仅占全省 1617 所的 54.17%；民族自治地方小学只有 5 480 所，仅占全省 12 422 所的 44.12%。2010 年民族自治地方普通高等学校专任教师仅有 3 038 人，仅占全省 20 351 人的 14.93% 。民族自治地方高中学校专任教师仅有 12 475 人，仅占全省 33 072 人的 37.72%；民族自治地方初中学校专任教师仅有 44 822 人，仅占全省 109 436 人的 40.96%；民族自治地方小学专任教师仅有 84 600 人，仅占全省 197 913 人的 42.75%。民族自治地方普通高等学校、高中学校、初中学校、小学师生比分别为 1:19、1:18、1:19、1:21。由此表明，高等教育以及义务教育在贵州民族地区没有受到足够的重视。

表 3 - 7 贵州民族自治地方教育事业发展状况

| 地区 | | 全省 | 民族自治地方 | 民族自治州 | 民族自治县 |
|---|---|---|---|---|---|
| 普通高等学校 | 学校数（所） | 47 | 8 | 8 | |
| | 在校学生数（人） | 323293 | 58409 | 58409 | |
| | 专任教师数（人） | 20351 | 3038 | 3038 | |
| 高中学校 | 学校数（所） | 444 | 150 | 114 | 38 |
| | 在校学生数（人） | 620221 | 225474 | 169800 | 58753 |
| | 专任教师数（人） | 33072 | 12475 | 9555 | 3069 |
| 初中学校 | 学校数（所） | 1617 | 876 | 634 | 261 |
| | 在校学生数（人） | 2136599 | 861975 | 585580 | 293204 |
| | 专任教师数（人） | 109436 | 44822 | 31216 | 14543 |
| 小学 | 学校数（所） | 12422 | 5480 | 3712 | 1879 |
| | 在校学生数（万） | 433.50 | 179.04 | 112.70 | 70.33 |
| | 专任教师数（万） | 19.79 | 8.46 | 5.61 | 3.02 |

## 2. 社会保障滞后，医疗卫生水平较低

社会保障是社会(国家)通过立法，采取强制手段对国民收入进行分配和再分配形成社会消费基金，对基本生活发生困难的社会成员给予物质上的帮助，以保证社会安定的一系列有组织的措施、制度和事业的总称。社会保障是社会成员应享有的基本权利，是国家应履行的确保社会成员生活权利的一种法律制度。然而，贵州省贫困农村地区医疗卫生条件差，地方病严重，社会保障系统薄弱，社会保障范围窄，大多数农民群众处于国家社会保障的范围之外。另外，广大农村地区的医疗水平还相对较低，据统计，2008年贵州省村卫生室覆盖率虽达到96.1%，但是每千人拥有乡村卫生人员仅0.78个。由于医疗卫生条件差，地方病严重，社会保障体系薄弱，部分地区人口仍处于贫病交加的状况，导致因病致贫、返贫率高。

## 3. 基础设施不完善

交通困难、信息闭塞、电力供应不稳定等基础设施薄弱依然是限制农村贫困人口生活质量提高的主要因素。山高谷深、地形破碎的自然地理特点，使得贵州的道路建设成本高、难度大。贵州公路、铁路干线不成体系，难以将资源转化为经济优势，成为制约贵州农村发展的重要因素。且通讯、邮政设施缺乏，供水供电设施不足，给农村的生活和社会生产带来不便，也阻碍了农村的发展。在农村最基本的通讯需求基本得不到满足，农村贫困人口往往处于信息边缘状态，难以及时把握市场经济带来的发展机遇。在选择农作物品种和种植方法、调整产品结构、农产品销售等各个环节具有盲目性，农产品的增值率相对较低，导致农产品增值更少。

# 四、贵州省的扶贫开发及其成效

## (一)贵州省扶贫开发的进程

自新中国成立至20世纪末，中央和地方各级政府组织开展了一系列的扶贫工作。按扶贫工作重点及方式划分，贵州省的扶贫开发可大致分为四个阶段：①②

### 1. 救济式扶贫阶段(1978年以前)

新中国成立初期，贫困几乎覆盖了贵州全部农村。为了改变贫困状况，

---

① 聂刚.贵州扶贫开发的进程与对策[J].中国农业会计,2009(6).
② 杨颖,胡娟.贵州扶贫开发成效、历程及挑战思考[J].开发研究,2013(2).

政府始终把解决人民群众基本生活需求作为扶贫的重点,主要实行的是通过民政系统自上而下地发放政府提供的救济进行扶贫。这一时期农村群众的基本生活来源主要实行按劳分配,按人平均分配粮食和钱物,全省基本上采取"人七劳三"的分配办法。对于因自然灾害或其他原因导致的贫困,扶贫及有关工作,由民政部门负责。而民政部门又主要通过救济的方式进行,故称为救济式扶贫。受当时大集体的体制和平均分配制度的局限,单纯的钱粮救济远远不能满足贵州贫困人口的基本生活需求,不能有效地抑制和消除贫困,救济式扶贫收效甚微。1978 年,全省农民人均纯收入只有 109.3 元,全省 2/3 以上的农村人口处于贫困状况,少数民族地区约有 80% 的农村人口处于贫困的状态。

2. 政策性改革扶贫阶段(1979 – 1985 年)

自下而上的家庭联产承包责任制的制度创新推动中国农村经济高速发展,是我国农民收入增长最快的时期,也是我国贫困人口下降最快的时期,全国的贫困人口从 1978 年的 2.5 亿下降到 1985 年的 1.25 亿。党的十一届三中全会后,贵州省农村普遍推行以"大包干"为主的家庭联产承包责任制,劳动产品实行"交够国家的,留足集体的,剩余自己的",打破了过去劳动上的"大呼隆",分配上的"大锅饭",克服了平均主义,极大地调动了农民发展生产的积极性,提高了劳动生产率和土地产出率,解放和发展了农村生产力,农业生产得到很大发展,人民生活得到极大改善,农村贫困人口逐步减少。虽然体制改革也带来了贵州农村经济的发展,但是由于自身自然、地理条件较差、基础设施落后等原因限制了经济体制改革对西部农村经济发展的促进作用。该阶段贵州贫困人口仅减少了 87 万左右,贫困率只下降 10% 左右,还有超过 50% 以上的农村贫困人口,到 1985 年贵州贫困人口数占全国贫困人口数的 12%。

3. 开发式扶贫阶段(1986 – 1993 年)

以 1986 年 5 月成立的国务院贫困地区经济开发领导小组(1993 年改名为国务院扶贫开发领导小组,简称扶贫办)为标志,中国政府开始启动有计划、有组织的大规模农村开发式扶贫。贵州在 1986 年也相应成立扶贫办,对救济式扶贫方式进行了改革,对政策性扶贫进行了完善,以集中连片的国定贫困县为主战场,以解决贫困人口温饱为主要目标,以贫困农户为基本对象,开始大规模政府主导的制度扶贫开发工作。通过政府主导、推广的"造血型"的开发式扶贫初见成效,该阶段贵州贫困人口减少了500万。到1993年,全省农村绝对贫困人口减少到1000万,贫困发生率下降到34.4%,扶贫开发工作取得明显成效。这一时期反贫困正式进入政府主导以县为瞄准对象促进区域发展的扶贫开发阶段,但由于这一时期扶贫资金主要投向工业,贫困农民受益较少,贫困人口众多,生活改善有限,绝对贫困情况依然严峻。

4."八七"扶贫攻坚阶段(1994-2000年)

1994年4月国务院发布《国务院关于印发国家八七扶贫攻坚的通知》,扶贫进入攻坚阶段,从1994年到2000年集中力量基本解决全国8000万贫困人口的温饱问题。为了改进扶贫瞄准绩效,1994年国家重新划定了592个贫困县。此次贵州有48个县被划入贫困县得到政策的大力扶持。扶贫攻坚的七年,是西部贫困地方经济发展最快、贫困状况改善最好的阶段。在这个时期,贵州省以实施《国家八七扶贫攻坚计划》为契机,以扶贫到户、以解决温饱为重点,以48个相对集中连片的国定贫困县为主战场,加大了工作力度,投入了较大的扶贫资金,进行扶贫攻坚。同时,加强了社会扶贫,利用世界银行和亚洲开发银行扶贫资金,借鉴世界有关国际扶贫机构的成功经验。在扶贫工作重点上,主要是扶持生产、增强贫困人口自力更生能力和贫困地区内在活力;在扶贫资金、物资的发放办法上,改过去按贫困人口平均发放为按项目投放;在扶贫资金的使用上,改过去的无偿救济为有偿使用,国家采取无息、低息或贴息办法扶持贫困户发展生产,到期回收,回收资金继续留在贫困县使用,滚动发展;在扶贫资金投向上,重点向开发性产业倾斜,尤其是对既能扶持众多贫困户、又能增加县级财政收入的种植业、养殖业和加工业项目,可优先享受低利率贷款,在规定期限内可优先享受缓、减、免等纳税照顾。经过七年艰苦努力,贫困人口减少了700万左右,贫困率下降了25%,农民人均纯收入从1993年的335元提高到2000年的1260元。至2000年,48个国定贫困县先后整体越过温饱线,全省农村绝对贫困人口减少到313万,贫困发生率下降到9.4%。"八七"扶贫攻坚结束了全省农村整体贫困的历史,是贵州省贫困地区经济社会发展的一次历史性跨越。

5. 综合扶贫阶段(2001-2010年)

2001年国务院发布《中国农村扶贫开发纲要(2001—2010)》,提出综合开发,全面发展的思路以巩固扶贫成果,并在贫困线的基础上,设定低收入线,把更多的低收入人群纳入贫困监控范围。除全国都有的扶贫政策外,

2000 年西部开始第一轮西部大开发,大力支持西部欠发达地区发展。2005 年后明确提出"一体两翼"的扶贫战略,"一体"是整村推进,"两翼"是产业化扶贫和劳动力转移培训。除继续开发式扶贫,辅之救济扶贫作为开发扶贫的补充,并逐步建立农村社会保障体系。至此中国的扶贫开发政策从过去单一的经济开发向综合扶贫转变。2009 年国家扩大了扶贫范围,把低收入人口也纳入扶贫对象,提高扶贫标准,使得更多的贫困人口得到政策扶持。根据新阶段党中央对扶贫开发工作的部署,贵州省采取"开发式、救助式、搬迁式"三种扶贫方式,解决贫困地区"改善基本生产生活条件、拓宽基本增收门路、提高基本素质"三个基本问题,抓好"整村推进、劳动力转移培训、产业化扶贫"三项重点工作,在农村反贫困实践中作出了较大贡献,从各方面不断改进在促进综合扶贫方面取得不错成绩。贵州 2000 年到 2008 年贫困人口减少到 116 万人,低收入人口减少 201 万人。2009 年由于把低收入人口也纳入贫困人口监控范围,贵州贫困人口上升到 535 万人,2010 年下降到 418 万人。随着综合扶贫发展,贫困农村的社会公共事业全面发展。全面实现教育"两基"目标。新农村合作医疗制度全面覆盖,参合率高达 98%。农村最低生活保障制度覆盖面扩大、保障标准不断提高。新农保的试点工作也开始不断推进。但在国家扶贫资金还在不断增加、向西部大力倾斜的同时,扶贫边际效率却大幅度递减,贫困人口的下降速度趋缓。经过多年的扶贫开发,西部还有 3 千多万的贫困人口,贵州还有 500 多万人口依然在贫困边缘徘徊,返贫问题突出,说明中国扶贫进入瓶颈期。

**(二)贵州省扶贫开发的主要成效**

1. 贫困人口逐步减少,贫困率大幅下降

从表 3 - 8 看出,改革开放之初贵州农村贫困率高达 66.7%;1985 年实施扶贫开发前还有 1500 万贫困人口,农村贫困率达 57.5%;经过多年扶贫开发,2009 年贫困人口下降到 535 万人,贫困率 15.66% 左右(2008 年后国家把低收入人口并入贫困人口进行扶贫造成统计出来的贫困人口增多),2011 年贫困率又大幅度攀升到 33.4% 左右。但是扶贫开发对贵州的反贫困作用仍然很显著,从 1986 年政府开始扶贫开发到 2009 年贵州全省的贫困率减少了 41.84%,贫困率降幅高达 72.77%。其中,1994~2000 年扶贫攻坚阶段是贵州反贫困成绩最好的时期,贫困率减少最高达 25%;1986~1993年刚开始扶贫开发期贫困率减少 23%。21 世纪以来,贵州贫困率还在下降,但下降速度趋缓。特别是 2008 年和 2011 年两次贫困标准的上调,导致贫困人口剧增,贵州贫困形势非常严峻。2008 年后随着低收入人群被纳入扶贫对象后,2009 年贵州有 535 余万贫困人口,占贵州全部人口的 13% ,贵州贫困人口占全国贫困人口的 10.38% 。2011 年底由于国家贫困线的大幅度提高,导致贵州贫困率又大幅度攀升到 33.4% 左右,占全国贫困人口的 10% 左右。新的扶贫标准提高导致贵州贫困问题又凸显出来,说明中国地区发展差距巨大,只有根本缓解贵州等西部地区的贫困与落后的问题才可能实现全国的和谐发展,中国才有可能真正全面进入小康社会。

表 3-8  贵州省历年贫困人口与贫困发生率情况

| 年份 | 全省贫困人口（万人） | 全省贫困率（%） | 全省扶贫开发县的贫困人口(万人) | 全省扶贫开发县的贫困率(%) |
|---|---|---|---|---|
| 1978 | 1587.02 | 66.70 | — | — |
| 1985 | 1500.00 | 57.50 | — | — |
| 1993 | 1000.00 | 34.40 | — | — |
| 2000 | 313.46 | 9.40 | — | — |
| 2002 | 300.00 | 9.38 | — | — |
| 2003 | 289.80 | 8.74 | 218.21 | 10.94 |
| 2004 | 276.46 | 8.30 | 208.16 | 10.40 |
| 2005 | 265.74 | 7.90 | 199.69 | 9.80 |
| 2006 | 254.63 | 7.50 | 191.41 | 9.30 |
| 2007 | 216.14 | 6.50 | 163.42 | 8.10 |
| 2008 | 585.38 | 17.40 | 440.71 | 21.50 |
| 2009 | 535.00 | 15.66 | — | — |

数据来源:1978、1985、1993、2000 年数据均来源于《贵州经济社会发展 60 年研究》,2002 年数据来源于《2003 年中国中西部地区开发年鉴》,2003 ~ 2008 年数据来源于《贵州统计年鉴》,2009 年数据来源于 http://news.163.com/10/0220/10/5VV92UDI000120GU.html.

注:贫困率 = 贫困人口/农村人口数;2008 年贫困人口包括低收入人口。

从扶贫开发县的情况看,贵州省当前有 48 个扶贫开发县,2003～2007年贵州扶贫开发县的贫困率持续下降,但扶贫开发县的贫困率都远高于同期全省的贫困率,说明扶贫开发县的贫困问题更为严重。从扶贫开发县贫困人口占全省贫困人口的比重看,2003 年扶贫县贫困人口占全省贫困人口的 75.30%,到 2008 年扶贫县贫困人口占全省贫困人口的 75.29%,2011 年扶贫县贫困人口占全省贫困人口的 75.73%。说明贵州省的贫困人口虽然主要集中在扶贫县,但还有 24% 左右的贫困人口分布在非贫困县,要注意对非贫困县贫困人口的扶贫工作。2003 年扶贫县的贫困人口占扶贫县总人口的 10.18%,2008 年扶贫县的贫困人口占扶贫县总人口的 21.37%,到 2011年扶贫县的贫困人口占扶贫县总人口的 48.78%,说明扶贫县的人口也不全是贫困人口,单纯以扶贫县为瞄准对象必然瞄准偏差大。21 世纪以来我国已经不在以扶贫开发县为瞄准对象,而是以贫困村为瞄准对象,实现整村推进,才能使贫困人口真正受益。

2. 农村贫困人口的经济状况得到了极大改善

农村贫困人口的经济状况由于没有专门的指标统计,因此只能通过农民人均纯收入的指标来反映。由于我国 2002 年贫困监测报告才有贫困重点县农民人均收入数据,没有专门的指标统计贫困人口的人均收入,通过贵州贫困开发县和全省、全国农民人均收入的变换也能部分反映出农村贫困人口经济状况的改善。

从表 3-9 可以看出改革开放以来不论是全国还是贵州的农民人均纯收入都发生了翻天覆地的变化。1980～2011 年贵州农民人均纯收入增长了 26.01 倍左右(全国同期增长了 36.47 倍),成绩斐然。贵州省扶贫开发县的农民人均纯收入也不断提高,2009 年比 2002 增长了 2.06 倍(同期贵州省农民人均纯收入增长了 2.02 倍),而全国扶贫开发县的农民人均纯收入 2009 年比 2002 年增长了 2.18 倍(同期全国农民人均纯收入增长了 2.08 倍)。扶贫开发县同期农民人均纯收入增长速度都略高于全省、全国的平均水平,说明随着农民人均纯收入的提高,贫困农民的经济、生活状况得到了改善。

表3-9　贵州与全国农民的人均纯收入情况

单位:元/人

| 年份 | 贵州省 | 全国 |
| --- | --- | --- |
| 1990 | 435.1 | 686.3 |
| 1995 | 1086.6 | 1577.7 |
| 2000 | 1374.2 | 2253.4 |
| 2008 | 2796.9 | 4760.6 |
| 2009 | 3100.0 | 5153.0 |
| 2010 | 3471.9 | 5919.0 |

　　贵州全省农民人均纯收入每年都低于全国同期水平,1980年贵州农民人均纯收入相当于全国平均水平的84%,到1990年贵州农民人均纯收入相当于全国平均水平的64%,发展到2011年贵州农民人均纯收入水平反而降低到只相当于全国平均水平的60.2%,说明虽然贵州农民收入得到极大提高,但与全国的发展相比还很落后,发展的步伐跟不上全国的平均水平导致与全国的差距越来越大。扶贫开发县农民人均纯收入不论是贵州还是全国看都低于平均水平,且有差距越拉越大的趋势。贵州省扶贫开发县农民人均纯收入略低于全国扶贫开发县平均水平,但差距不大,数据略小于贵州全省人均纯收入同全国数据的差距,说明扶贫开发县的农民生活水平与全国农民平均水平相比仍需极大地提高。如何刺激农民特别是贫困农民收入水平的稳步提高成为反贫困的关键。

　　要提高农民收入,必须认真分析农民的收入结构。2010年贵州农民人均纯收入的比重是,工资性收入占37.55%,家庭经营性收入占49.15%,财产性收入占3.37%,转移性收入占9.9%。说明贵州农民收入结构还是比较单一,主要靠家庭经营性收入为主。其中家庭经营性收入中,第一产业收入占全部家庭经营性收入的81.85%,第二产业占比2.93%,第三产业占比15.22%。说明贵州农民的收入以农业收入为主,收入来源结构单一。随着农民外出务工的增加,工资性收入所占比重不断提高,但还远不够。2010年才占到比重的37%左右。再对比贵州扶贫开发县农民人均纯收入的构成看:工资性收入占37.1%,家庭经营性收入占53.2%,财产性收入占1.2%,

转移性收入占 8.6%。扶贫开发县农民收入构成中家庭经营性收入比重高于全省水平。说明扶贫开发县农民更依赖农业收入,更容易贫困。贵州农民普遍贫穷,家庭拥有财产少,所以财产性收入比重最低。转移性收入是政府及非政府组织对农民的补助,所占比重不低,说明各种对农民的补助对农民收入还是有相当影响。贵州人多地少,人均耕地不足 667 平方米,且很多地方耕地出现石漠化问题,仅靠微薄的农业收入实现脱贫是不可能的。在加大农业产业化、提高农业产量的同时,应鼓励更多农民走出农村,通过劳动力转移再参与到二、三产业获得更多工资性收入来增加收入。同时政府还应加大对农民尤其是贫困农民的专项转移性补助,为其维持基本、体面生活提供保障。[①]

3. 农村居民的生活水平有了持续提高

2008 年农民家庭人均生活费支出为 2165.70 元,比 2000 年增长 97.5%。农村居民家庭生活水平出现了显著的变化,主要表现为以下几点:第一,吃的消费提高,恩格尔系数下降。2008 年人均用于吃的消费支出为 1119.64 元,比 2000 年增长 62.9%,但恩格尔系数由 2000 年的 62.7% 下降到 51.7%,消费结构出现了积极变化。具体看来,作为主食的粮食人均消费比 2000 年下降 17.9%,而作为副食的肉禽及制品、蛋类及蛋制品增长 10.0%,水产品、瓜果等增长 59.5%。第二,耐用消费品拥有量成倍增长,普及面扩大。2008 年农村居民人均用于家庭设备用品及服务的费用达 94.36 元,比 2000 年增长 1.5 倍。农村家庭每百户拥有彩色电视机 74.6 台,比 2000 年增长 2.5 倍;影碟机 46.7 台,增长 5.1 倍;洗衣机 36.4 台,增长 2 倍;电冰箱 12.9 台,增长 4.4 倍。第三,交通通信支出大幅上升。2008 年农村居民人均用于交通通讯的支出为 159.61 元,比 2000 年增长 4.9 倍。第四,医疗文教娱乐支出增加。2008 年农村居民人均医疗保健和文教娱乐支出为 96.38 元和 122.10 元,分别比 2000 年增长 2.5 倍和 25.5%。

4. 贫困地区产业结构调整步伐加快,经济发展后劲增强

通过扶贫开发,48 个贫困县建成了一批种植业、养殖业、采矿业、冶炼业和水电站等扶贫工业项目,1999 年 48 个贫困县国内生产总值 301.5l 亿元比 1993 年增长 159.69%,年均增长 17.24%,地方财政收入 16.38 亿元,同比

---

① 杨颖,胡娟.贵州扶贫开发成效、历程及挑战思考[J].开发研究,2013(2).

增长 98.53% ,年均递增 12.1%。① 2001 ~ 2005 年,仅财政扶贫资金(不含以工代赈资金)就直接帮助贫困群众种植杂交水稻和杂交玉米 404.8 万亩、经济作物 126.7 万亩、中药材 8.6 万亩,建设脱毒马铃薯种薯繁育及示范基地 128.8 万亩,大田推广 1700 多万亩;饲养大牲畜 64 万头、猪 75.8 万头、羊 39.6 万只、家禽 914.8 万羽。全省累计粮食产量达 5540 万吨,比"九五"期间增加 125 万吨,基本解决了农村人口口粮问题;畜牧业增加值年均增长 8.1% ,2005 年占农业增加值的比重达到 33.7% ;油菜、烟叶、蔬菜、脱毒马铃薯、中药材等特色优势经济作物种植面积不断扩大,对农业增长的贡献率从 8.7% 提高到 23.7%。农村二三产业加快发展,农村劳动力转移步伐加快,5 年新增劳务输出 330 万人。2005 年,全省农民人均纯收入达到 1877 元,比 2000 年增加 503 元,年均实际增长 4.8%。其中 50 个扶贫开发工作重点县达到 1641 元,同比增加 408 元;100 个一类扶贫重点乡镇达到 1239 元左右,同比增加约 470 元。②

5. 贫困地区各项社会事业得到快速发展

(1)教育事业得到发展,人口文化素质有所提高。贫困人口的人力资本是反贫困的核心要素之一,只有通过提高贫困人口的受教育水平、文化素质才能真正提高贫困人口人力资本的价值。在政府对教育问题的高度关注下,特别是"两基"工程(基本扫除青、壮年文盲,基本普及九年义务教育)的实施下贵州贫困人口的文化素质得到极大提高。从表 3 - 10 可看出,贵州省农民的文化程度在提高,每 100 个农村劳动力中不识字的人从 2002 年的 19.67 人下降到 2008 年的 13.1 人,而拥有初中、高中、中专及大专以上的劳动力均明显增多。贵州农村劳动力中不识字的人口高于全国平均水平,而其文化程度人口均低于全国平均水平。农民劳动力文化素质不高会直接影响反贫困工作的顺利推进。1990 年贵州省文盲人口比重为 16.72% ,2000 年下降为 13.9% ,2000 年的文盲人口中乡村文盲人口占 89% ,2005 年贵州省 15 岁及以上人口文盲比重为 14.58%。虽然贵州省人口文化素质整体有所上升,文盲人口比重不断下降,但是与全国水平相比,人口文化素质仍然偏低。2006 年贵州省每 100 个农村劳动力中就有 14.5 人不识字或很少识

---

① 申茂平.贵州省民族自治地区的贫困与反贫困[J].贵州文史丛刊,2003(4).
② 聂刚.贵州扶贫开发的进程与对策[J].中国农业会计,2009(6).

字,而全国仅有 6.6 人,同时贵州省每 100 个农村劳动力中仅有 0.6 人具有大专及以上文化程度;2008 年贵州省每 100 个农村劳动力中还有 13.1 人不识字或很少识字,而全国仅有 6.1 人,同时贵州省每 100 个农村劳动力中仅有 0.7 人具有大专及以上文化程度,而全国有 1.7 人,可见差距之大。这些说明,贵州省人口素质虽然得到很大改善,但任务依然艰巨,特别是农村还有大量贫困人口普遍文化程度偏低,是脱贫困难的重要原因。随着大量农村剩余劳动力转移出农村,政府不断加大对农村剩余劳动力的培训教育,2010 年贵州省已完成农村劳动力转移培训 10 万人。通过针对农村贫困人口的技能培训可以直接提高工资收入,更快地实现反贫困。

表 3 - 10　贵州省与全国农村劳动力文化程度情况

单位:人/100 人

| 文化程度 | 2002 年 | 2006 年 | | 2008 年 | |
|---|---|---|---|---|---|
| | 贵州 | 全国 | 贵州 | 全国 | 贵州 |
| 不识字或很少识字 | 19.67 | 6.6 | 14.5 | 6.1 | 13.1 |
| 小学 | 39.42 | 26.4 | 37.4 | 25.3 | 35.8 |
| 初中 | 35.33 | 52.8 | 41.7 | 52.8 | 43.3 |
| 高中 | 3.66 | 10.5 | 4.3 | 11.4 | 5.3 |
| 中专 | 1.66 | 2.4 | 1.5 | 2.7 | 1.8 |
| 大专及以上 | 0.26 | 1.3 | 0.6 | 1.7 | 0.7 |

数据来源:历年《中国农村统计年鉴》

（2）医疗卫生事业得到发展。因病致贫、返贫已经成为农村贫困的重要原因。贵州农村卫生条件经过多年发展得到一定程度的改善,为农村反贫困工作的开展创造了良好条件。根据表 3 - 11 所示,1996～2003 年农村卫生事业有了一定的发展,卫生机构和人员及床位都有所增加。1996～2003 年农民卫生机构的千人拥有量平均每年为 0.60 个;农民病床位的千人拥有量平均每年 1.00 张;农民卫生员的千人拥有量平均每年 1.90 人。但是与城市居民相比差距仍然较大。据 2006 年统计,贵州省平均每千人拥有医院、卫生院床位 1.49 张,卫生人员 2.31 人,卫生技术人员 1.98 人,医生 1.22 人。全省乡镇拥有卫生院 1449 个,病床 14263 张,卫生技术人员 17568 人,每千人拥有病床数为 0.67 张,每千人拥有卫生技术人员 0.82 人,虽然医疗卫生设施拥有量有了一定的提高但是与全省和城镇地区水平相比,数量甚少。

表 3-11 1996~2003 年贵州省农村卫生事业基本情况

| 年份 | 卫生机构 | | 床位 | | 卫生人员 | |
|---|---|---|---|---|---|---|
| | 绝对数(个) | 千人拥有量(个) | 绝对数(张) | 千人拥有量(张) | 绝对数(人) | 千人拥有量(人) |
| 1996 | 17962 | 0.59 | 30566 | 1.00 | 61453 | 2.01 |
| 1998 | 19453 | 0.62 | 32471 | 1.03 | 62540 | 1.99 |
| 2000 | 19624 | 0.61 | 32475 | 1.01 | 61575 | 1.91 |
| 2001 | 19950 | 0.61 | 32921 | 1.01 | 60850 | 1.87 |
| 2002 | 19081 | 0.58 | 31714 | 0.97 | 57122 | 1.74 |
| 2003 | 19575 | 0.59 | 32266 | 0.98 | 56888 | 1.72 |

注:①数据来源:《贵州统计年鉴 1996~2004》;②农村卫生机构主要是指农村乡镇医院、卫生院和村卫生室,床位和卫生人员是指这几个机构所拥有的床位和卫生人员。

另外从表 3-12 可以看出,贵州农村医疗条件不断改善,2008 年所有行政村均设立了卫生室,为农民就近就医提供了基本保障。但从每千户农业人口拥有乡村医生的数量看情况不佳,2008 年贵州每千农业人口只有 0.75 个乡村医生。农村医护人员的匮乏加重了农民及时就医的困难,因此,应加大对农村医疗卫生的投入,以改善农村贫困人口的健康状况。

表 3-12 贵州农村医疗卫生情况

| 年份 | 村卫生室(间) | 设卫生室村占行政村的比重(%) | 乡村医生和卫生员(人) | 每千农业人口有乡村医生和卫生员(人) |
|---|---|---|---|---|
| 2002 | 22069 | 83.40 | 37976 | 1.20 |
| 2006 | 18805 | 93.90 | 24320 | 0.75 |
| 2008 | 18356 | 100.00 | 25469 | 0.75 |

数据来源:历年《贵州统计年鉴》

6. 贫困地区的基础设施建设进一步加强,生产生活条件得到明显改善

在“大扶贫”的格局下,10 年间,贵州省解决了农村 1437.4 万人的饮水困难和饮水不安全问题;农村医保达到 94.25%;580 多万人享受农村最低生

活保障,其中所有贫困人口全部纳入;29 万多户农村危房得到改造。①从
1991 年开始到 2000 年年底,全省利用以工代赈扶贫资金完成坡改梯面积
530.5 万亩(含恢复水毁农田 81 万亩),配套建设"三小"(小水池、小山塘、小
水窖)水利工程 453 万个,48 个贫困县修建县乡公路 8919 千米,新增 315 个
乡镇通公路,178 个乡镇通程控电话,新增农田灌溉面积 86 万亩,解决了
331.28 万人饮水困难,实施水土保持和小流域治理面积 10355 平方千米。②
2001～2005 年,仅财政扶贫资金(不含以工代赈资金)新修及改扩建公路
41479.2 千米、水渠及管线 5182.5 千米;新增基本农田 142.1 万亩,解决了
54.5 万人的饮水困难;修建小水池 14.5 万口、沼气池 3.9 万口。全省共整
治基本农田 516 万亩,建成"三小"水利工程 32 万个,解决了 643 万人的饮水
困难,治理水土流失面积 4783 平方千米,新增有效灌溉面积 109.3 万亩,人
均基本农田从 0.3 亩增加到 0.37 亩。实现了县县通油路、乡乡通公路,建设
通村公路 2.5 万多千米,91.6% 的行政村通路。基本实现村村通电,农电户
表率达到 74.81%,建成沼气池 64 万口。对 8.59 万户进行了茅草房改造。
至 2007 年,全省扶贫开发又取得了新的成效。建设小水池(窖)3.51 万口、
提灌站 36 座、输水管(渠)道 2352 千米,解决人(畜)饮水困难 17.13 万人
(头);新建、改建和维修乡村道路 2 万公里、桥 258 座,架设输电线路 143 千
米;修建学校 4.28 万平方米、文化室 2.87 万平方米、计生室 7771 平方米;扶
持改造茅草房 7327 户,"一池三改"2906 户,建设沼气池 9433 口、圈舍 5.58
万平方米。③

    2010 年,贵州省投入财政专项扶贫资金 17.4 亿元,同比增长 16.1%,筹
集社会帮扶资金 1.75 亿元,同比增长 75%。完成烟水配套工程 140 万亩,
建设小星农田水利工程 10 万个,新增有效灌溉面积 162 万亩。新增 120 个
乡镇通沥青或水泥路、1022 个建制村通公路,全省 96% 的乡村通油路或水泥
路,95% 的建制村通公路,新增 316 万农村人口解决饮水安全问题,农网改造
步伐加快,实现全部行政村通电话和宽带。完成农村危房改造 27.9 万户。
完成异地扶贫搬迁 3 万人。

    通过扶贫资金投入和扶贫项目实施,进一步帮助贫困地区农民群众改

① 李盈."决战"绝对贫困[J].当代贵州,2011(7).
② 申茂平.贵州省民族自治地区的贫困与反贫困[J].贵州文史丛刊,2003(4).
③ 聂刚.贵州扶贫开发的进程与对策[J].中国农业会计,2009(6).

善了生产生活条件,拓宽了增收渠道并稳定增加收入,提高了基本素质和自我发展能力。

## 五、加快贵州贫困地区发展的对策建议

在扶贫开发政策的指导下,通过全省各族人民的不懈努力,贵州省农村的反贫困取得了巨大成就,不仅实现了贫困人口的减少,贫困发生率的降低,且贫困地区经济得到了发展,贫困人口的经济收入不断增长,文化程度和健康状况也有了很大改进,贵州省的贫困状况得到了根本的改善。但是当前贵州省贫困人口仍然较多,且贫困人口分布更加分散,更加向深山区退缩,影响贵州社会经济的全面发展。因此,反贫困仍然是贵州省工作的重点之一。

### (一)加快贵州贫困地区发展的人口措施

1. 控制人口数量,为反贫困提供良好的人口环境

贵州省人口的过度增长与经济社会的发展不相协调,已经影响到了贵州省经济社会的可持续发展,因此,要实现脱贫,就要控制人口的过度增长,适度调节人口规模,实现物质资料的再生产和人口的再生产相协调和平衡。

首先,要继续贯彻现行计划生育政策,尤其在农村稳定低生育水平。贵州省要在经济上实现跨越式发展,必须要在人口控制上要下功夫,稳定低生育水平。当前贵州人口自然增长率虽然有所下降,但这种下降并不是在生产力大力发展、经济高速增长、各项社会事业高水平发展、物质基础雄厚的基础上出现的,而是在人口严重压迫生产力发展、冲击各项社会事业、大大延缓经济发展和社会进步的情况下出现的,因此,在这种情况下出生率的下降并不稳固,稍有松懈,出生率反弹回升的情况随时可能发生。因此,要以科学发展观为指导,继续贯彻实行计划生育基本国策,控制人口数量,提高人口素质,改善人口结构,尤其在农村地区,要不断稳定低生育水平。要切实强化创新人口和计划生育工作机制:保障群众的合法权益,建立和完善依法管理机制;强化"少生快富"工作,建立完善利益导向机制;满足群众计划生育和生殖需求,进一步完善农村基层计划生育服务体系建设,重点加强边远山区和少数民族地区计划生育服务机构建设;建立完善适应社会主义市场经济体制的科学管理考核机制;进一步建立健全流动人口计划生育管理机制。

其次,转变传统生育观念,培育新型生育文化。现在贵州省虽然已经进入了低生育水平,但并不是十分牢固,尤其在农村地区,传统的生育观念依然根深蒂固,这也是农村人口问题突出的主要原因。因此,要改变这种传统的生育观念,就必须培育建设新型生育文化。一方面要加强宣传教育,可以充分利用现代化的宣传媒介,通过报纸、广播、电视、网络等影响大、覆盖面广的媒介工具来宣传少生优生、晚婚晚育、男女平等的新型的生育文化,从而引导人们树立正确的生育观。在农村地区,还可以建立专门的计划生育宣传栏、宣传橱窗,同时还可以通过文艺演出的形式开展计划生育“三下乡”活动,挖掘素材,把计划生育法律法规、优生优育、避孕节育知识等融于节目之中,寓教于乐,从而深入到农村进行宣传教育。二是要完善计划生育的相关法律法规,使广大人民群众通过相关的法律法规来规范自己的生育行为。三是加强社区生育文化建设。要通过城市社区和农村村民小组来推广计划生育村民自治、社区居民自治。在农村织牢村级计生组织网络,把责任心强、文化素质高的人员选拔充实到村级领导班子,建立健全计生协会组织,由村民开展自我管理、自我教育、自我服务、自我监督等工作。

最后,不断建立和完善社会保障制度,消除人们的后顾之忧。“多子多福”、“样儿养老”的传统观念在各族群众中根深蒂固,这种观念的产生一方面与我国传统文化相关,另一方面,更多地是与社会保障体系不完备有密切的关系。正如著名经济学家西蒙·库兹涅茨在解释发展中国家人口快速增长原因时所说“多子多孙是由于在它们的经济和社会条件下,很大一部分人认为,他们的经济利益和社会利益在于孩子是家庭劳动的供给,是传宗接代的储备,是在一个由财富构成的、没有保护的社会里的经济和社会保障。”[①]因此,建立和完善医疗保障制度、最低生活保障制度、养老保险制度并做好相关的配套措施,特别是在农村地区,同时尽快制定、出台关于农村社会保障的相关政策和法规,使农村社会保障有法可依。与此同时,还要做好相应的宣传工作,使各民族民众能真正“生有所靠、老有所养、病有所医”,这样才能有助于消除人们“养儿防老”的心理,促进人们生育观的转变,从而抑制人口的快速增长。

2. 提高人口素质,加强贫困人口自我发展能力建设

教育是贫困人口脱贫的重要途径之一,也是提高他们自身发展能力的

---

① 迈克尔·P·托达罗. 经济发展(第六版)[M]. 北京:中国经济出版社,1999:208.

重要策略，要搞好扶贫开发，必须把治穷与治愚结合起来，把开发贫困地区劳动者智力资源作为扶贫攻坚中的一项重要任务来抓，采取引进、教育、培训的办法，多管齐下，在开发贫困地区自然资源的同时，大力开发农村劳动者智力资源，努力提高贫困地区农村劳动者的素质。

首先，要加大教育投资力度，多渠道筹措教育资金。目前我国的教育资金主要来自于国家财政性经费，而我国教育经济占 GDP 的比重偏低。对贵州省而言，GDP 总量本身就不高，使得本身就少的教育经费更少，形成了教育经费少→人力资本积累少→流失严重→经济发展水平低→教育经费少的恶性循环，另外，教育经费被挪用、教育基金利用率低等现象在一定程度上也存在。因此，要坚定不移地继续实施科教兴黔战略，不断加大教育的投资力度。教育在继续争取财政支持的同时，努力开拓其他的资金来源，包括学校自身投入、社会集资、捐赠等。要拓宽办学渠道；发展教育金融，努力提高现有教育经费的使用效率等。

其次，继续高度重视基础教育。要加大宣传和执行《中华人民共和国九年义务教育法》的力度，特别是在农村贫困地区，加强基础教育。一是要加大力度建立"以县为主"的农村教育管理体制。二是要加快九年制义务教育的普及与巩固，确保适龄儿童的入学率，减少适龄儿童的辍学率，特别是要切实解决农村 12～15 岁的儿童受教育问题。三是要增加农村基础教育的经费投入，保证免费九年义务教育在贵州农村的全面实施，特别是加大贫困地区基础教育的投入，完善经费保障机制，将农村教育的经费列为县级政府财政预算支出的范围。同时，要优化教育资源的配置，调整学校布局，降低教育成本，提高教育质量。四是要积极推进教育信息化建设，提高中小学现代化教育程度，加快实施中小学现代远程教育工程，健全中小学计算机教师、卫星教学收视点、教学光盘播放点，以教育的信息化带动教育不断向现代化方向发展。

第三，不断培育新型农民。在农村贫困地区，充分整合师资，对农村劳动力进行技能培训，开展农村实用技术和劳动力转移培训，着力培养观念新、有文化、懂技术、会经营的新型农民。将农民职业培训纳入各级公共财政的开支范围，建立政府主导、多方筹集的投入机制，坚持以地方财政投入为主，设立农村劳动力培训专项资金；统筹发展农村基础教育、成人教育、职业教育，完善农村教育培训机制，充分利用农村各种培训资源，举办远程教育、短期培训班、专题讲座和夜校等，多渠道、多形式开展培训。抓好贫困地区劳动力的转移培训，拓宽他们的就业渠道，提高贫困人口向非农产业转移的就业能力。

第四，充分利用和开发农村人力智力资源。要充分挖掘现有农村人力智力资源，充分发挥那些"养得起、用得上、留得住"的农村乡土人才的作用，为他们创造条件和提供"用武之地"，使他们在扶贫开发中做到人尽其才，物尽其用，为贫困地区的经济发展作出贡献。

### （二）加快贵州贫困地区发展的经济措施

#### 1. 调整国民经济分配格局，加大支农力度

首先，加大对农业生产的投入，主要是加大投入以提高农业的科技含量和精细化。贵州省农村地区的贫困除了历史的自然原因外，更突出的是人与耕地的矛盾所导致的生态环境恶化与生存环境恶化的恶性循环。在有限的耕地上，要使农民增收只能走科技农业、集约化经营之路。要实现农业科技化、集约化经营，势必要加大对农业生产的投入，在实现农民增收的同时，稳固农业的基础地位。同时，还应通过政策性保险，为科技农业发展提供风险和自然灾害保障。其次，加大对农村基础设施建设的投入。贵州省特殊的地理状况，使得交通不畅，这也成为农村脱贫致富的制约因素之一，靠乡镇的能力难以改变交通落后的面貌。由政府投资，科学合理地构建便捷的交通网络，这是实现贵州统筹城乡经济发展的根本保障。此外，还应加大农村饮水工程、环境保护等公共设施和居住配套设施等方面的基础设施投入。最后，加大对农村社会事业建设的投入。加大对农村社会保障、医疗、教育等社会事业的投入，为广大农村贫困地区人民的生活提供良好的环境。

#### 2. 调整农业产业结构，发展特色经济

依托民族地区资源禀赋，因地制宜调整农业产业结构。大力发展特色经济作物，重点发展优势产业和特色经济。贵州省80%面积是喀斯特地貌，不是粮食的主产区，不具有比较优势，因此应当在基本稳定粮食产量和确保粮食安全的同时，适度调减粮食的种植面积，增加具有市场前景、能较快增加农民收入的经济作物种植，重点发展优势农产品和特色经济。一是大力发展特色优质农产品，培育壮大优势产业，继续加强优质油料、辣椒、烤烟、茶叶、精品水果、优质蔬菜等优势经济作物，重点发展特色中药材、反季节蔬菜和无公害蔬菜，优化产品区域布局，积极发展各地区域性特色农产品，建

立特色农产品标准化生产基地,培育特色农产品营销体系,发展特色农产品加工业,打造一批有特色、上规模的知名品牌。二是重点发展生态畜牧业,加快形成一批规模化、标准化、产业化畜产品生产基地。三是大力发展林业产业,坚持把林业产业发展放在突出位置,以分类经营为指导,积极发展商品林生产,协调推进林业生态系统和林业产业体系建设。以企业为龙头,坚持林业产业化经营方向,重点依托林浆纸一体化项目建设,着力抓好商品林基地建设。大力发展农村森林观光、生态旅游和林产品加工业,调整农村产业结构,增加农民收入。四是一定要按照新型工业化发展方向,走工业产业聚集发展之路。转变发展方式,大力发展循环经济、低碳经济,实现经济发展和环境保护双丰收。

3. 继续积极有效地开展产业化扶贫工作

实施产业化扶贫,就是要科学地组合生产要素,因地制宜地开发特色产业,实现产供销、贸工农一体化经营。要深入贯彻可持续发展的理念,充分利用本地区的自然资源、社会资源,合理协调农村产业结构,坚持以市场为导向,依靠科技进步,立足当地资源优势,引进、推广优质农作物新品种,建立优质农产品生产基地,确定支柱产业,做大做强特色优势扶贫产业,形成特色的产业集群,带动整村推进连片开发和农村劳动力转移转产,为农民增收开拓渠道,从而推动贫困地区的发展。

实施产业化扶持,鼓励以农产品为原料的加工、经贸企业到贫困地区建立生产基地,为这些企业提供减免税以及资金支持。实践证明,企业与农户合作建立农产品生产加工基地,不仅能实现农产品产、供、销的良性循环,而且在基地示范效益的作用下,农户生产技能提高很快,思维观念转变很快。由于有产品依托,农户接受培训的意愿也比较强烈。另一方面,企业的介入带来当地基础设施的改善,促进人才、资金与技术的流动,影响农户传统生产方式。在实施产业化扶持的同时,应该由政府主导投入改善农业生产条件,提高土地生产力。其主要途径是:利用财政拨款,按以工代赈的方式进行农田基本建设、水土保持工程、封山育林、推广沼气池和省柴灶;利用贴息贷款和财政拨款引导和资助贫困农户使用新的生产技术、新的农作物品种和现代化农业生产要素;同时各级地方政府要在贫困地区大力发展社会化服务体系,为贫困农户提供有效的产前、产中、产后服务,减少他们走向市场的阻力和生产经营的风险。

4.进一步做好贫困地区农村劳动力转移工作

农村劳动力转移是经济社会发展的客观需要和必然趋势。随着贵州省"三化"战略的提出,农村劳动力转移,将促进城镇化和工业化的发展,增加农民的收入,带动农业和农村的发展。随着就业环境的改善,外出从业人员也随之增多,农村劳动力转移步伐加快。2010 年,贵州省城镇单位就业人员增加 204213 人,其中从农村招收 57861 人,外出农民的工资性收入成为农民收入的主要来源,工资性收入的大幅度增长拉动了农民纯收入的增长。2010 年贵州省农民人均纯收入 3471.93 元,其中,人均工资性收人为 1303.85 元,工资性收入占农民人均纯收入的比重提高到 37.55%。要进一步做好农村劳动力转移工作,政府应发挥主导作用,健全各项制度,为农村剩余劳动力转移创造宽松环境。并要积极宣传农村剩余劳动力转移就业的重要意义,引导农村剩余劳动力合理流动。针对劳动力需求市场,积极组织农村剩余劳动力的职业技能培训。并努力做好农村剩余劳动力转移就业的信息服务工作,为他们外出就业提供及时、准确的信息服务。

**(三)加快贵州贫困地区发展的可持续道路**

要解决贵州贫困问题,必须加快经济增长速度,但只追求物质生产力的发展速度而不顾或较少顾及人的生存条件、生活质量和人的素质改善,不注意处理好经济增长和经济发展的关系,实施可持续发展也是不行的。贵州实施反贫困战略中,一方面要强调经济增长,经济增长是解决贫困问题的关键。但贵州的生态环境脆弱,承载能力差,实现反贫困战略,必须坚持可持续发展,将扶贫开发寓于生态建设和环境保护之中,统筹人与自然和谐发展。

1.正确处理经济发展与环境保护的关系

贵州省资源环境已经处于极度脆弱状态,一方面是由于贵州省处于喀斯特地貌区,生态本身就比较脆弱,另一方面是由于人为开发不当、经济发展与环境保护的关系失调导致生态系统更加雪上加霜,因此,在经济发展过程中必须要考虑经济系统对环境系统的影响以及二者的密切关系。必须坚持贯彻落实科学发展观,坚持保护环境的基本国策,紧紧围绕生态文明建设这一主题,深入实施生态立省和可持续发展战略。按照可持续发展的要求,经济增长应该从主要依赖物质资本和劳动力数量的增加逐步转变为更多地依赖科技进步和人力资本提升的轨道上。同时,要大力发展循环经济,积极推进经济结构调整,转变经济发展方式,切实改变"先污染后治理、边治理边破坏"的状况。为实现经济增长方式的转变,在资源的利用上,应该坚持资源开发与节约并举,把节约放在首位,在保护中开发,在开发中保护,各项生产活动和消费活动都要充分考虑保护资源和环境。

2. 构建特色生态产业体系

以大项目和大企业为重点,大力推进重要产业聚集,发展产业集群,不断提升工业综合实力和产业竞争力,构建以工业园区和循环经济基地为载体的生态工业体系;围绕"两江"生态屏障建设,以生态畜牧业建设为重点,优化农产品区域布局,加快形成特色、品牌农产品优势产区,构造生态农业产业体系;在喀斯特脆弱生态区,改变传统的农业生产方式为生态农业生产方式,具体来说就是要建立木本粮油生态经济复合系统、优质水果生态经济复合系统、茶叶生态经济复合系统和中药材生态经济复合系统;适应生态经济发展的要求,重点发展旅游、现代物流等现代服务业,着力扩大产业规模、优化产业结构和提升产业素质,进一步增强服务业对经济增长的支撑作用和吸纳就业的能力,构建以生态旅游和现代物流业为重点的绿色服务业。

3. 将资源优势转变为比较经济优势

资源优势是贵州省发展的最大优势,但技术条件、生态环境、市场需求、产品成本等制约性因素的影响使得资源优势与经济优势之间还存在着差距,因此,要发展资源优势产业,变资源优势为经济优势。第一,建立生态、经济复合系统的生态农业模式。目前,贵州省喀斯特山区的农业生产方式为传统的粗放经济方式,无法摆脱农业生产与环境保护这一固有矛盾。要从根本上化解这对矛盾,就必须转变思路,同时进行技术探索,大力发展集经济、社会、环境效益于一体的生态农业,转变传统的农业生产方式为生态农业生产方式。要建立木本粮油生态经济复合系统、优质水果生态经济复合系统、茶叶生态经济复合系统和中药材生态经济复合系统。第二,合理开发与利用丰富的旅游资源,发展生态旅游。生态旅游通过资源开发与保护之间的相互促进,经济效益与社会效益之间的相互协调,以实现资源的可持续利用和区域的可持续发展。在开发之前,应该对环境影响进行评价,明确生态风险,以减少不利影响。在发展生态旅游的过程中,还应注意两点:一是要注重结合当地居民的利益开发生态旅游项目;二是要对游客进行生态环境保护的意识教育,防止各类废弃物的污染。

4.实施生态移民,改善贫困人口的社会资源获取能力

对于居住在偏远山区靠当地资源难以维持生存的贫困人口,移民搬迁是投资效益最高的扶贫方式。贫困地区经济落后,财力有限,根本无法进行大规模、高成本的农村基础设施建设,即使依靠国家财政转移支付,有能力搞建设,也存在投入大、效益差、经济上不合算之虞。与其花大力气对居住极度分散的自然村进行全面的基础设施建设,倒不如对这些贫困人口实行近域迁移和适度集中,选择有交通区位优越,发展基础好的村镇,重点建设一批小城镇。这不仅可以打破贫困地区人口、市场的分割状态,促进区域一体化发展,还可以为非政府组织和社会各界参与贫困人口能力建设提供平台。

# 专题四:西南山地可持续发展状况的生态足迹分析

近年来,积极转变经济增长方式、实现社会经济与环境的和谐发展日益受到了理论界与政策界的重视。其实,早在 20 世纪 70 年代,学术界就开始着手研究世界经济的持续增长问题。1971 年,罗马俱乐部出版了关于人类发展状况的研究报告,即著名的《增长的极限》一书,书中对人类的未来提出了具体的、耸人听闻的预测。这促使人们开始反思,开始重新审视现有的粗放型经济增长方式和先污染后治理的发展模式。可持续发展的思想由此开始逐步形成,并从理论逐渐走向实践。1992 年 6 月在巴西里约热内卢召开联合国环境与发展大会,通过了《里约环境与发展宣言》和《21 世纪议程》两个纲领性文件,可持续发展得到了世界最广泛和最高级别的政治承诺。随后在世界范围内兴起了研究可持续发展的热潮。综合国内外对可持续发展的研究,其方法可分为以下三类:第一,生态环境服务价值评估,采用经济指标对生态环境的服务价值进行量化评估;第二,指标综合法,以系统理论和方法为指导构建指标体系,在确定各指标权重的基础上计算指标综合得分;第三,具体的生物物理量衡量的指标。E. R. William 教授及其博士生 Wackernagel 于 20 世纪 90 年代初提出生态足迹(Ecological footprint)方法,将人类的生产和生活消费对生态环境形成的压力转换为生物生产性土地面积——生态足迹,并据此衡量区域发展的可持续性。从需求方面计算生态足迹的大小,从供给方面计算生态承载力,通过二者的比较,评价研究对象的生态可持续发展状况。由于其计算简单,意义明确,自该方法提出后,迅速在各个国家得到应用。1996 年生态足迹概念引入中国之后,引起国内许

多专家学者的广泛关注。①~⑨

　　西南山地是我国最大面积的一块喀斯特岩溶地貌分布区,主要包括了中国的西南部贵州、云南、重庆、广西、四川五个省市地区。西南山地是涵盖了高原、山地、丘陵、沟壑等不同地貌特征的亚热带区域,既是典型的喀斯特地貌区,又是岩溶地貌区。由于西南山地的喀斯特、岩溶性特征,石漠化问题严重,土地退化明显;地下水易被污染,缺水问题严重等。西南山地现已成为我国人口、资源与环境问题最为尖锐的地区之一,西南山地人口与生态环境可持续发展问题已经凸显,而且直接影响到本区域以及长江、珠江上、中、下游经济带生态安全与经济可持续发展。生态足迹与生态承载力是体现西南山地可持续发展的重要指标,定量研究生态足迹与生态承载力以及影响因素对于认识西南山地的生态环境状况与存在问题,了解西南山地可持续发展状况,改善西南山地的生态环境有重要的现实意义。

## 一、生态足迹理论概述

　　生态足迹模型(Ecological Footprint)是由加拿大生态经济学家 William 和 Wackernagel 于 20 世纪 90 年代初提出的一种评估可持续发展程度的方法。该方法通过估算维持人类的自然资源消费量和同化人类产生的废弃物所需要的生态生产性空间面积大小,并与给定人口区域的生态承载力进行比较,来衡量区域的可持续发展状况。该模型的提出为核算某地区、国家和

　　① 徐中民,张志强,程国栋.甘肃省 1998 年生态足迹计算与分析[J].地理学报,2000,55(5):607~616.
　　② 张志强,徐中民,程国栋.生态足迹的概念及计算模型[J].生态经济,2000(8):8~10.
　　③ 徐中民,张志强,程国栋,等.中国 1999 年生态足迹计算与发展能力分析[J].应用生态学报,2003,14(2):280~285.
　　④ 席建超,葛全胜,成升魁,等.旅游消费生态占用初探——以北京市海外入境旅游者为例[J].自然资源学报,2004,19(2):224~229.
　　⑤ 刘宇辉.中国 1961-2001 年人地协调度演变分析——基于生态足迹模型的研究[J].经济地理,2005,25(2):219~222.
　　⑥ 紫檀,潘志华.内蒙古武川县生态足迹分析[J].中国农业大学学报,2005,10(1):64~68.
　　⑦ 杨桂华,李鹏.旅游生态足迹:测度旅游可持续发展的新方法[J].生态学报,2005,25(6):145~148.
　　⑧ 刘红姣,常胜.基于生态足迹的土地利用可持续性评价[J].湖北民族学院学报(自然科学版),2008,26(2):237~239.
　　⑨ 常胜.基于生态足迹的湖北省耕地安全研究[J].湖北民族学院学报(自然科学版),2008,26(4):461~464.

全球自然资源利用状况提供了简明框架。

### (一)生态足迹的概念

生态足迹的概念,是 1992 年由威廉·瑞斯( William Rees)所提出的,用来估计承载一定生活质量人口的生态系统,以及需要多少供人类使用的可再生资源或者能够消纳废物的生态系统的概念。并于 1996 年由他的学生瓦克纳格尔( Wackernagel)加以改进,对生态足迹的模型建立以及计算原理和方法加以完善。生态足迹是关于某一地区自然生态承载力的基本概念与计算原理,自然资源和能源资源相结合,运用数学的和经济学的方法,从生态学的视角评估自然生态的可持续发展水平,是采用定量的方法测度可持续发展的重要研究成果。它作为现有的最全面的衡量生态资源数量的指标,与可持续发展理论相结合,将全世界面临的生态问题推进到了定量研究的阶段。[①]

生态足迹(Ecological Footprint)又称生态占用、生态痕迹、生态脚印等,指生产一定人口所消费的资源和吸纳这些人口产生的废弃物所需要的生态生产性土地的总面积,将其与该地区的生态承载能力相比较,就可以判断该地区的发展是否处于生态承载力的承受范围之内。[②]生态足迹的单位是"全球性公顷",一个单位的"全球性公顷"相当于 $1hm^2$ 具有全球平均产量的生产力空间。[③] 也就是说,生态足迹主要用于计算在一定区域一定人口与经济规模条件下,维持资源消费和废物消纳所必须的生物生产面积。生态足迹可以分为资源生态足迹和能源生态足迹两部分,前者指生产所消费资源而需要的生物生产土地的面积,后者指吸纳所产生的废弃物需要的生物生产土地的面积。

生态足迹是是衡量人类在发展的过程中对生态系统所产生影响的一个重要指标,它是人类对生物生产性土地面积的占用量,是一种用以衡量可持续发展的生物物理方法,[④]其作为一种资源利用分析的工具,用生态空间大

---

① 齐明珠,李月.北京市人口生态足迹变动定量分析[J].城市问题,2012(10).

② William Rees. Understanding Sustainable Development:Natura1. Capital and the new world Order [R]. UBC School of Community and Regional Planning,Vancouver,Canada,1992.

③ 陈东景,李培英.基于生态足迹和人文发展指数的可持续发展评价—— 以我国海洋渔业资源利用为例[J].中国软科学,2006(5):96~102.

④ 常志华,陆兆华,甘莉,等.生态足迹方法研究及应用展望[J].环境与可持续发展,2006(6):49~51.

小表示人类对自然资源的消费及自然系统能够提供的生态服务功能,从而对人类活动的可持续性作出评价。[①] 该指标的提出为核算某地区、国家和全球自然资源利用状况提供了简明框架,通过测量人类对自然生态服务的需求与自然所能提供的生态服务之间的差距,可以了解人类对生态系统的利用状况,在地区、国家和全球尺度上比较人类对自然的消费量与自然资本的承载量。因此,生态足迹分析法是一种较好的测量人类社会活动对自然环境影响的定量分析指标。[②]

### (二)生态足迹评估方法的基本思想

生态足迹的基本思想是将人类消费需要的自然资产的生态足迹与自然资产产生的生态承载力转化为可以共同比较的土地面积,二者的比较用来判断人类对自然资产的利用是否过度。[③]在生态足迹账户核算中,各种资源和能源消费项目被折算为水域、耕地、林地、草场、建筑用地、化石能源土地6种生物生产面积类型。耕地是最有生产能力的土地类型,提供了人类所利用的大部分生物量。由于人类对森林资源的过度开发,全世界除了一些不能接近的热带丛林外,现有林地的生产能力大多较低。草场的生产能力比耕地要低得多。由于人类定居在最肥沃的土壤上,建筑用地面积的增加意味着生物生产量的损失。化石能源土地是人类应该留出用于吸收 $CO_2$ 的土地,但目前事实上人类并未留出这类土地,出于生态经济研究的谨慎性考虑,在生态足迹的计算中,考虑了吸收 $CO_2$ 所需要的化石能源土地面积。由于这6类生物生产面积的生态生产力不同,需要对计算得到的各类生物生产面积乘以一个均衡因子,将它们转化为具有相同生态生产力的面积,才能汇总各项消费项目的生态足迹。

生态足迹的计算过程见图4-1,从图4-1可以看出,生态足迹计算方法可以分为两部分:一是将人类消费和废弃物排放转化成对应的土地面积;

---

① 郑军南.生态足迹理论在区域可持续发展评价中的应用[D].杭州:浙江大学硕士学位论文,2006(5),31.

② 温晓霞,魏俊,杨改河.陕西省生态足迹动态评价研究[J],西北农林科技大学学报(自然科学版),2006(10):55~59.

③ 徐中民,程国栋,张志强.生态足迹方法的理论解析[J].中国人口·资源与环境,2006,16(6):69~78.

二是采用共同的标准比较生态足迹和生态承载力。[①]

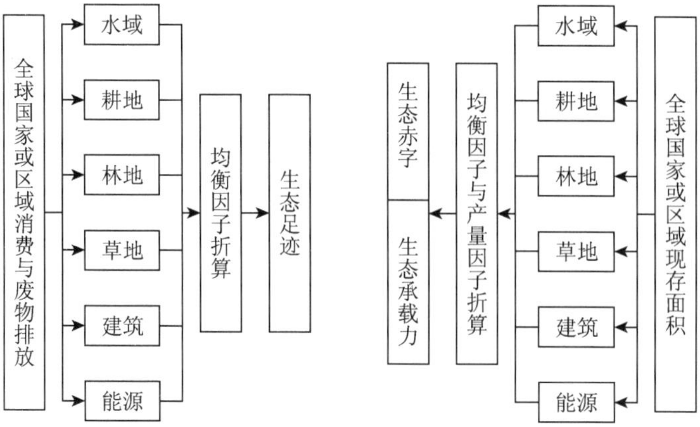

图4-1 生态足迹计算方法流程图

**（三）生态足迹的计算方法**

生态足迹模型的计算是基于以下两个基本事实:一是人类可以确定自身消费的绝大多数资源及其所产生废弃物的数量;二是这些资源和废弃物能转换成相应的生物生产土地面积,它假设所有类型的物质消费、能源消费和废水处理需要一定数量的土地面积和水域面积。生态足迹主要的计算步骤包括:(1)计算各主要消费项目的消费量。(2)计算为生产各种消费项目所需的人均生物生产性土地面积。(3)通过均衡因子汇总各类生物生产性土地,即生态足迹的大小。(4)通过产量因子计算生态承载力,并与生态足迹比较,分析生态经济的协调程度。

其计算公式如下:

$$EF = N \cdot ef = N \cdot \Sigma(aa_i) = \Sigma r_j A_i = \Sigma(c_i/p_i), i = 1, \cdots, n。$$

式中: ,

EF 为总的生态足迹($ghm^2$);

N 为总人口数;

ef 为人均生态足迹($hm^2$);

i 为消费商品和投入的类型;

---

① 杨柳,张明举.基于生态足迹方法的区域发展可持续性评估[J].西南农业大学学报,2009(6):18.

$c_i$ 为 i 种商品的人均消费量(t);

$p_i$ 为 i 种消费商品的世界平均生产能力($t/hm^2$);

$aa_i$ 为人均 i 种交易商品折算的生物生产面积($hm^2$),i 为所消费商品和投入的类型;

$A_i$ 为第 i 种消费项目折算的人均占有的生物生产面积($hm^2$);

$r_j$ 为均衡因子($ghm^2/hm^2$)。

根据生态足迹分析的原理与方法,测算程序为:① 计算各主要消费项目的总量,由此结合人口测算人均年消费量($c_i$);②利用全球平均产量($p_i$)将各类消费量折算为有可比性的生物生产性土地面积;③ 确定均衡因子,由于各类生态性生产力土地的生态生产力存在差异,均衡因子就是一个使不同类型的生态生产性土地转化为在生态生产力上等价的系数。利用均衡因子把区域内各生态生产性土地面积转化为等价生产力的土地面积;④计算人均各类生态足迹的总和(ef);⑤ 计算区域内总人口的生态足迹(EF)即为区域生态压力总量。

### (四)生态承载力

Hardin 在 1991 年明确定义生态容量为在不损害有关生态系统的生产力和功能完整的前提下,可无限持续的最大资源利用和废物产生率。[①] 生态足迹研究者接受了 Hardin 的思想,并将一个地区所能提供给人类的生态生产性土地的面积总和定义为该地区的生态承载力,以表征该地区生态容量。生态承载力是和生态足迹相对应的一个概念,是指区域生态系统提供给人类生存和发展所需要的资源生产性土地面积的总和。由于将各类土地乘以相应的均衡因子和产量因子,以转化为具有世界标准化的生物生产性面积。从而实现用生物生产土地面积来表示和评价生态足迹与生态承载力,使二者具有可比性。

生态承载力的测评内容为:①测算各类生态生产性土地面积;②测算产量因子,它是把不同地区同类生态生产性土地的实际土地面积转化为可比面积的参数;③ 计算人均生态承载力和区域生态总承载力。其公式为:

$$EC = N \cdot ec = N \cdot \sum (a_j \cdot y_j \cdot r_j), j = 1, 2, \ldots 6。$$

式中:

---

① 杨开忠,杨咏,陈洁.生态足迹分析理论与方法[J].地球科学进展 2000,15(6):630~636.

EC 为区域总的生态承载力;

ec 为人均生态承载力;

N 为区域人口总量;

$a_j$ 为区域人均资源生产性土地的面积;

$r_j$ 为均衡因子;$y_j$ 为产量因子,指区域某类资源生产性土地的平均生产力与世界同类土地的平均生产力的比值。产量因子在模型中的引人有利于不同空间范围内相同指标之间的比较和换算。

**(五)生态赤字与生态盈余**

区域生态赤字或生态盈余反映的是区域人口对自然资源的利用状况,用生态足迹与生态承载力之间的差值表示。如果一个地区的生态足迹超过了区域所能提供的生态承载力,就会出现生态赤字;如果小于区域的生态承载力,则表现为生态盈余,表示人均占有资源量仍在生态承载力允许的范围之内,该地区的消费模式具有相对可持续性。生态赤字的大小等于生态承载力减去生态足迹的差数;生态盈余的大小等于生态承载力减去生态足迹的余数。其计算公式为:

ED( ER ) = EC – EF。

式中:

ED 为生态赤字;

ER 为生态盈余;

EC 为生态承载力;

EF 为生态足迹。

全球生态足迹网站(Global Footprint Network)采用生态足迹与生态承载力比值结果来表示生态赤字或生态盈余。当区域生态足迹超过区域所能提供的生态承载力,比值大于1,就出现生态赤字;如果区域生态足迹小于区域所能提供的生态承载力,比值小于1,就表现为生态盈余。[①] 也即生态足迹强度指数,其计算公式为:

EFI = EF/EC

式中:

---

① 扈剑晖.广西2002年至2009年生态足迹与产业发展分析[J].国土与自然资源研究,2012(5):36.

ETI 为生态足迹强度指数;

EC 为生态承载力;

EF 为生态足迹。

当 EFI > 1 时,表明所研究地区处于生态超载状态;EFI = 1 表明处于生态平衡状态;如果 EFI < 1,则表明处于生态盈余状态,即处于可持续发展状态。

两种计算方式从不同的角度描述了该区域消费模式的可持续状况,前者直观地表示了生态赤字与生态盈余的程度,后者有助于理解区域生态承载力满足该地区生态足迹需求的能力。生态赤字和生态盈余成为判断一个国家或区域的生产消费活动是否处于当地生态系统承载力范围内的定量依据。

生态赤字表明该地区的人类负荷超过了其生态容量,要满足其人口在现有生活水平下的消费需求,该地区要么从地区之外进口欠缺的资源以平衡生态足迹,要么通过消耗自然资本来弥补收入供给流量的不足。这两种情况都说明地区发展模式处于相对不可持续状态,其不可持续的程度用生态赤字来衡量。相反,生态盈余表明该地区生态容量足以支持其人类负荷,地区内自然资本的收入量大于人口消费的需求量,地区自然资本总量有可能得到增加,地区的生态容量有望扩大,该地区消费模式具相对可持续性,可持续程度用生态盈余来衡量。

## 二、西南各省市区生态足迹的历史动态分析

### (一)广西生态足迹历史动态 ①

根据生态足迹测算模型,并在对《广西统计年鉴》及相关资料的统计分析的基础上,对 1995～2009 年广西生态足迹的历史动态进行分析。

1. 广西生态足迹历史动态

生态足迹的测算包括两个部分:一是生物资源的消耗;二是能源的消耗。一个国家或地区的生态足迹的计算应立足于生物资源和能源资源的净消费额,由于贸易的影响,区域生态足迹可以跨越地区界限。因此,在生物

---

① 扈剑晖.广西 2002 年至 2009 年生态足迹与产业发展分析[J].国土与自然资源研究,2012(5):35～39.

资源、能源的消费额中必须进行贸易调整，即只计算区域人口的生物资源、能源消费的净消费额的生态足迹。

生物资源消费账户。生物资源消费部分包括农产品、动物产品、林产品、水果和木材等大类中的16种广西农林牧副渔业中的主要产品。生物资源消费面积折算中，对"第i种消费项目的世界平均生产能力"采用联合国粮农组织1993年计算的有关生物资源的世界平均产量资料，①②将不同时期的生物资源消费量统一转化为生物生产性土地面积，以便于比较不同时期、不同地域之间的生态足迹。

能源消费账户。根据广西各年的统计年鉴显示，广西的能源消耗主要包括煤炭、原油、液化石油气、汽油、煤油、柴油、燃料油和电力八类。在计算这些能源消费项目的生态足迹时，将这些能源消费转化为化石能源土地面积，③即估计以化石能源的消费同样的速率来构建自然资产所需要的土地面积。现有的研究一般采用 Wackernagel 等所确定能源的全球平均土地产出率及折算系数，①②③来计算能源消费所消耗的热量折算成一定的化石能源土地面积。

生态足迹。根据对生物资源消费账户和能源消费账户的计算数据，对耕地、林地、草地、水域、化石能源地和建设用地六类分别统计广西人均生态足迹需求。本文采用 Wackernagel 所确定的均衡因子，[2][3][4]取值分别为：耕地和建筑用地为2.8，林地和化石能源地为1.1，草地为0.5，水域为0.2。广西生态足迹总需求的计算结果见表4-1。

---

① Wackernagel M, Onisto L, Bello Peta1. National natural capital accounting with the ecological footprint concept[J]. Ecological Economics,1999,29(3):375~390.

② Wackernagel M,Onisto L,Bello Peta1. Ecological footprints of nations:How much nature do they use? How much nature do they have？ [R]. Commissioned by the earth Council for the Rio +5 Form [M]. Toronto:International Council for Local Environmental Initiatives。1997:4~12.

③ Wackernagel M,Rees W E. Our Ecological Footprint:Reducing Human Impact on the Earth[M]. Gabriola Island:New Society Publishers,1996.

表4-1 广西1995～2009年生态足迹总需求构成变化

单位:hm²/人

| 年份 | 耕地 | 草地 | 林地 | 水域 | 建筑用地 | 化石能源地 | 人均生态足迹 |
|------|------|------|------|------|---------|-----------|------------|
| 1995 | 0.4494 | 0.1129 | 0.0490 | 0.1568 | 0.0005 | 0.1386 | 0.9071 |
| 2000 | 0.5233 | 0.1691 | 0.0382 | 0.3482 | 0.0007 | 0.1579 | 1.2374 |
| 2002 | 0.5485 | 0.1973 | 0.0457 | 0.3649 | 0.0007 | 0.1709 | 1.3280 |
| 2003 | 0.5423 | 0.2173 | 0.0519 | 0.3757 | 0.0009 | 0.2058 | 1.3938 |
| 2004 | 0.5442 | 0.2362 | 0.0605 | 0.3870 | 0.0009 | 0.2350 | 1.4638 |
| 2005 | 0.5611 | 0.2617 | 0.0951 | 0.3980 | 0.0010 | 0.2738 | 1.5908 |
| 2006 | 0.5603 | 0.2173 | 0.1121 | 0.3286 | 0.0012 | 0.2951 | 1.5145 |
| 2007 | 0.5943 | 0.2321 | 0.1370 | 0.3393 | 0.0014 | 0.3894 | 1.6934 |
| 2008 | 0.6053 | 0.2470 | 0.1834 | 0.3415 | 0.0015 | 0.3885 | 1.7672 |
| 2009 | 0.5942 | 0.2577 | 0.1610 | 0.3546 | 0.0017 | 0.4334 | 1.8025 |

图4-2更加直观地反映了广西1995～2009年生态足迹的变化情况。结合表4-1和图4-2可知,在六种生物生产面积类型中,各类型生态足迹均呈增长趋势,其中化石能源地的人均生态足迹增幅最大,1995年化石能源地的人均生态足迹为0.1386hm²,至2006年持续增长为0.2951hm²,2006年至2007年增幅较大,到2009年达到0.4334hm²,1995～2009年净增加了0.2948hm²,增幅达212.7%;耕地的生态足迹也从1995年的0.4494hm²增加到2009年的0.5942hm²,净增加0.1448hm²,增幅为32.2%;林地生态足迹从1995年的0.0494hm²增加至2008年的0.1834hm²,增幅为271.3%,但在2009年又有所下降;草地和水域生态足迹从1995年持续增长至2006年后于2007年有所下降,2007年后又呈缓慢增长趋势;建筑用地生态足迹也从1995年的0.0005hm²增加到了2009年的0.0017hm²,净增加0.0012hm²,增幅为240%。图4-3反映了广西1995～2009年人均生态足迹的增长情况。在这14年中广西人均生态足迹从1995年的0.9071hm²,持续增加至2009年的1.8025hm²,净增加了0.8954hm²,增幅达98.7%。

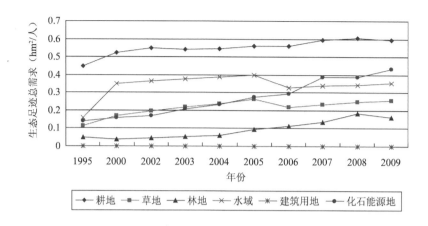

**图4-2 广西1995~2009年各生物类型生态足迹总需求构成变化**

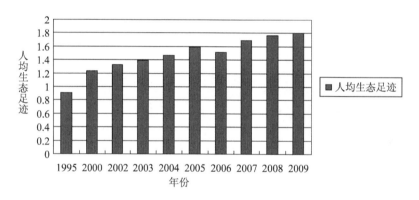

**图4-3 广西1995~2009年人均生态足迹变化情况**

**2.广西生态承载力历史动态**

根据人口及土地资源的相关资料,对广西1995~2009年的生态承载力进行计算,即得到表4-2。相应年份的耕地、林地、草地、水域和建设用地的面积取自广西统计年鉴的统计数据,化石能源地是人类应该留出用于吸收 $CO_2$ 的土地,但目前人类并未留出这类土地,因此用于土地的供给面积为0。产量因子参照徐中民等对中国以及西南地区生态足迹分析的结论,[①]取值分

————————

① 徐中民,张志强.甘肃省1998年生态足迹计算与分析[J].地理学报,2000,55(5):607~616.

别为:耕地为1.66,建筑用地为1.49,林地为0.91,草地为0.19,水域为1.0。其中,化石燃料用地出于保护生态多样性的考虑,国际上通行在生态承载力计算时扣除总供给面积的12%作为生物多样性保护面积。

表4-2 广西1995～2009年生态承载力构成变化

单位:hm²/人

| 年份 | 耕地 | 草地 | 林地 | 水域 | 建筑用地 | 化石能源地 | 人均生态承载力 | 减去生态多样性保护面积12% | 可利用的人均生态承载力 |
|---|---|---|---|---|---|---|---|---|---|
| 1995 | 0.2675 | 0.0016 | 0.2526 | 0.0021 | 0.0009 | 0.0000 | 0.5247 | 0.0630 | 0.4618 |
| 2000 | 0.2595 | 0.0016 | 0.2416 | 0.0034 | 0.0010 | 0.0000 | 0.5070 | 0.0608 | 0.4462 |
| 2002 | 0.2467 | 0.0015 | 0.2385 | 0.0033 | 0.0011 | 0.0000 | 0.4911 | 0.0589 | 0.4322 |
| 2003 | 0.2449 | 0.0015 | 0.2373 | 0.0033 | 0.0012 | 0.0000 | 0.4882 | 0.0586 | 0.4296 |
| 2004 | 0.2434 | 0.0015 | 0.2357 | 0.0033 | 0.0012 | 0.0000 | 0.4851 | 0.0582 | 0.4269 |
| 2005 | 0.2415 | 0.0015 | 0.2340 | 0.0032 | 0.0019 | 0.0000 | 0.4821 | 0.0579 | 0.4232 |
| 2006 | 0.2415 | 0.0015 | 0.2340 | 0.0032 | 0.0019 | 0.0000 | 0.4780 | 0.0574 | 0.4206 |
| 2007 | 0.2378 | 0.0014 | 0.2322 | 0.0025 | 0.0014 | 0.0000 | 0.4821 | 0.0579 | 0.4243 |
| 2008 | 0.2356 | 0.0013 | 0.2300 | 0.0024 | 0.0014 | 0.0000 | 0.4707 | 0.0565 | 0.4142 |
| 2009 | 0.2336 | 0.0021 | 0.2624 | 0.0034 | 0.0014 | 0.0000 | 0.5029 | 0.0603 | 0.4426 |

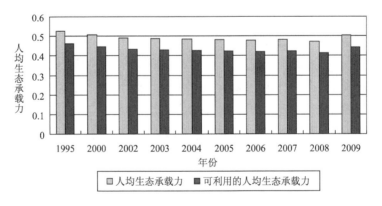

图4-4 广西1995～2009年人均生态承载力变化情况

从表 4-2 并结合图 4-4 可看出,从 1995～2006 年的 11 年来,广西人均生态承载力呈下降趋势,扣除生物多样性保护面积后的可利用的人均生态承载力从 1995 年的 0.4618hm² 下降到了 2006 年的 0.4206hm²,11 年间广西人均生态承载力减少了 0.0412hm²,减幅为 8.9%。说明在自然资源总量相对稳定的情况下,由于人口数量的增长,导致人均生态承载力下降。至 2007 年,广西人均生态承载力有所上升,至 0.4243hm²,比 2006 年增加了 0.0037hm²,2008 年又略有下降至 0.4142hm²,至 2009 年有所回升,达到 0.4426hm²。

3. 广西生态赤字及生态足迹强度指数历史动态

从上述所计算的年度广西的人均生态足迹与可利用的人均生态承载力,即可得出广西人均生态赤字情况及生态足迹强度指数(表 4-3)。

表 4-3 广西 1995～2009 年生态足迹供需及生态足迹强度变化情况

| 年份 | 人均生态足迹<br>(hm²/人) | 可利用的人均生态<br>承载力(hm²/人) | 人均生态赤字<br>(hm²/人) | 生态足迹强度指数 |
|---|---|---|---|---|
| 1995 | 0.9071 | 0.4618 | 0.4453 | 1.9643 |
| 2000 | 1.2374 | 0.4462 | 0.7912 | 2.7731 |
| 2002 | 1.3280 | 0.4322 | 0.8958 | 3.0727 |
| 2003 | 1.3938 | 0.4296 | 0.9642 | 3.2446 |
| 2004 | 1.4638 | 0.4269 | 1.0369 | 3.4290 |
| 2005 | 1.5908 | 0.4243 | 1.1665 | 3.7496 |
| 2006 | 1.5145 | 0.4206 | 1.0939 | 3.6006 |
| 2007 | 1.6934 | 0.4182 | 1.2752 | 4.0497 |
| 2008 | 1.7672 | 0.4142 | 1.3530 | 4.2662 |
| 2009 | 1.8025 | 0.4426 | 1.3599 | 4.0730 |

根据表 4 - 3 可以看出,广西生态足迹强度指数远远大于 1,在 1995 年广西进入工业化建设初期,广西的人均生态足迹是人均生态承载力近 2 倍,到 2000 年超出 2.8 倍。2002 年后,广西进入重化工业发展阶段,2002 年至 2009 年广西人均生态足迹与人均生态承载力的比例从 3 倍扩大至 4 倍。图 4 - 5 反映了广西 1995 ~ 2009 年的人均生态赤字情况,从图中也可以看出,广西生态赤字明显,且呈增长趋势,其人类负荷严重超过了其生态容量。1995 年广西人均生态赤字仅为 0.4453hm$^2$,2005 年达到 1.1665hm$^2$,2006 年略有下降,为 1.0939hm$^2$,后又上升,到 2009 年达到 1.3599hm$^2$。表明广西处于严重的生态超载状态,也显示出工业发展尤其是重化工业发展对环境的影响很可能影响到社会的可持续发展。

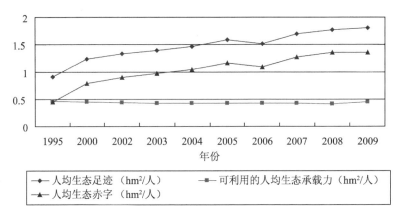

图 4 - 5　广西 1995 年——2009 年人均生态赤字变化情况

### (二)贵州生态足迹历史动态[①]

根据生态足迹理论及计算模型,并结合 1999 ~ 2008 年《贵州省统计年鉴》、《贵州省农业统计年鉴》、《贵州六十年》、《贵州省土地利用变更调查资料》及《中国能源统计年鉴》等相关数据,对贵州省 1999 ~ 2008 年生态足迹的历史动态变化进行计算评估。计算过程中,全球平均产量数据来自联合国粮农组织(FAO)统计数据库。均衡因子的取值分别为:耕地 2.82,林地 1.14,草地 0.54,水域 0.22,建筑用地 2.82,化石燃料用地 1.14。产量因子

---

① 魏媛,吴长勇. 基于生态足迹模型的贵州省生态可持续性动态分析[J]. 生态环境学报,2011,20(1):102 ~ 108.

的取值分别为:耕地1.66,林地0.91,草地0.19,水域1.00,建筑用地1.66,化石燃料用地0.00。

1. 贵州生态足迹历史动态

根据生物生产性土地分类,将贵州省1999～2008年可供给生物生产性土地分为6类(耕地、林地、草地、水域、建筑用地及化石燃料用地)来进行分析。应用生态足迹模型,将贵州省1999～2008年的消费情况进行统计并进行生态足迹进行分析。根据国际通行标准,生态足迹核算由3大账户构成,分别是生物资源账户、能源消耗账户和贸易调整账户。由于受资料限制未进行贸易调整,因此本文从生物资源和能源消耗2个方面进行生态足迹的核算,计算结果见表4-4。

**表4-4 贵州省1999～2008年人均生态足迹构成变化**

单位:hm² · cap⁻¹

| 年份 | 耕地 | 林地 | 草地 | 水域 | 建筑用地 | 化石燃料用地 | 人均生态足迹 |
|---|---|---|---|---|---|---|---|
| 1999 | 1.36023 | 0.00833 | 0.07795 | 0.01125 | 0.00247 | 0.63406 | 2.09428 |
| 2000 | 1.39615 | 0.01072 | 0.08397 | 0.01260 | 0.00288 | 0.04913 | 2.15544 |
| 2001 | 1.46986 | 0.01221 | 0.08940 | 0.01376 | 0.00395 | 0.68989 | 2.27907 |
| 2002 | 1.54440 | 0.01274 | 0.09993 | 0.01475 | 0.00428 | 0.73669 | 2.41279 |
| 2003 | 1.64478 | 0.01629 | 0.10292 | 0.01561 | 0.00475 | 0.93884 | 2.72319 |
| 2004 | 1.68095 | 0.01695 | 0.11876 | 0.01720 | 0.00499 | 1.15247 | 2.99131 |
| 2005 | 1.77089 | 0.01679 | 0.13720 | 0.01924 | 0.00496 | 1.32181 | 3.27090 |
| 2006 | 1.75807 | 0.01736 | 0.10994 | 0.01355 | 0.00551 | 1.36978 | 3.27420 |
| 2007 | 1.81936 | 0.02212 | 0.10981 | 0.01549 | 0.00634 | 1.48478 | 3.45789 |
| 2008 | 1.95389 | 0.01720 | 0.11725 | 0.01560 | 0.00598 | 1.50357 | 3.61348 |

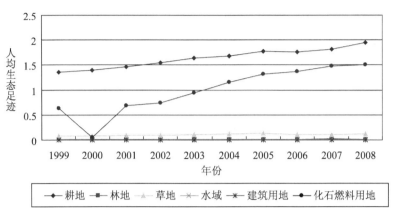

图 4 - 6　贵州省 1999 ~ 2008 年人均生态足迹构成变化图

　　根据表 4 - 4 的测度与分析结果可以看出,贵州省人均生态足迹呈明显的增长趋势,由 1999 年的 2.09428hm² 增加到 2008 年的 3.61348hm²,净增 1.51920hm²,增长了 72.5%。10 年来不同生产土地类型人均生态足迹均呈现出增长的趋势(图 4 - 6)。各生产土地类型人均生态足迹 10 年来的增幅分别为:耕地为 43.6%;林地为 106.5%;草地为 50.4%;水域为 38.7%;建筑用地为 142.1%;化石燃料用 137%,可见人均生态足迹年均增长率从大到小依次为化石燃料用地、建筑用地、林地、草地、耕地、水域,这意味着贵州省对于电力消费需求增长最快、其次为能源、林产品、农产品、畜产品,对水产品的消费增长最慢,这表明贵州省对电力和能源的消费需求快速增长,造成生态足迹不断上升。

　　2. 贵州生态承载力历史动态

　　贵州省 1999 ~ 2008 年 10 年内的人均生态承载力构成的测度与分析结果见表 4 - 5。

表 4 - 5　贵州省 1999 ~ 2008 年人均生态承载力构成变化

单位:hm² · cap⁻¹

| 年份 | 耕地 | 林地 | 草地 | 水域 | 建筑用地 | 化石燃料用地 | 人均生态承载力 | 生物多样性保护面积(12%) | 可利用人均生态承载力 |
|---|---|---|---|---|---|---|---|---|---|
| 1999 | 0.60506 | 0.21285 | 0.00470 | 0.00095 | 0.06896 | — | 0.89252 | 0.10710 | 0.78542 |

续表

| 年份 | 耕地 | 林地 | 草地 | 水域 | 建筑用地 | 化石燃料用地 | 人均生态承载力 | 生物多样性保护面积（12%） | 可利用人均生态承载力 |
|------|------|------|------|------|----------|--------------|----------------|---------------------------|----------------------|
| 2000 | 0.59459 | 0.21042 | 0.00459 | 0.00094 | 0.06854 | — | 0.87909 | 0.10549 | 0.77360 |
| 2001 | 0.58681 | 0.20817 | 0.00452 | 0.00093 | 0.06834 | — | 0.86878 | 0.10425 | 0.76452 |
| 2002 | 0.57331 | 0.20741 | 0.00442 | 0.00118 | 0.06320 | — | 0.84952 | 0.10194 | 0.74758 |
| 2003 | 0.55258 | 0.21045 | 0.00430 | 0.00102 | 0.06353 | — | 0.83188 | 0.09983 | 0.73206 |
| 2004 | 0.54135 | 0.21018 | 0.00424 | 0.00079 | 0.06297 | — | 0.81953 | 0.09834 | 0.72119 |
| 2005 | 0.56538 | 0.22030 | 0.00442 | 0.00079 | 0.06785 | — | 0.85874 | 0.10305 | 0.75569 |
| 2006 | 0.55991 | 0.21926 | 0.00437 | 0.00061 | 0.06815 | — | 0.85230 | 0.10228 | 0.75002 |
| 2007 | 0.55834 | 0.21951 | 0.00436 | 0.00046 | 0.06868 | — | 0.85135 | 0.10216 | 0.74919 |
| 2008 | 0.55383 | 0.20820 | 0.00460 | 0.00093 | 0.06745 | — | 0.83501 | 0.10020 | 0.73481 |

　　从表 4 - 5 中并结合图 4 - 7 可看出,1999 ~ 2008 年贵州省人均生态承载力呈现出缓慢的先减后增的变化趋势,可利用人均生态承载力 1999 年为 0.78542hm², 后逐渐下降至 2004 年的 0.72119hm², 下降了 0.06423hm², 后在 2005 年有所上升, 至 0.75569hm², 2006 年后又呈下降趋势, 到 2009 年下降至 0.73481hm², 比 1999 年下降了 0.05061hm²。另外从图中我们可以看出, 提供贵州省生态承载力主要部分为耕地,其次为林地、建筑用地及草地,最后是水域。10 年来耕地承载力呈总体波动下降趋势, 1999 年耕地人均生态承载力为 0.60506hm², 2008 年下降至 0.55383hm², 共下降了 0.05123hm²。这表明耕地资源提供各类生物资源的能力在下降。随着贵州省经济发展和城市化进程加快,城市不断向周边扩张,耕地被蚕食,耕地数量呈现减少的趋势,同时石漠化、水土流失导致的耕地质量有所下降,本地区能提供的农

产品随之减少,造成地区农产品消费也在一定程度上依赖外部供应。① 林地人均生态承载力所占比重仅次于耕地,这显示贵州省近年来实施的退耕还林和石漠化治理工程取得了一定的成效。② 建设用地人均生态承载力总体呈下降趋势,这表明随着工业化、城镇化步伐加快,对既有耕地占用不断加大,可供建设用地在不断减少。草地和水域的人均生态承载力总体上呈现下降趋势,波动性不大,这说明贵州省草地和水域资源提供各类生物资源的能力不断下降。

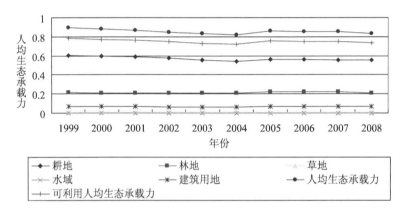

图4-7　贵州省1999~2008年人均生态承载力构成变化图

3.贵州生态赤字及生态足迹强度指数历史动态

若将贵州省1999—2008年十年间的生态足迹需求与供给进行汇总,并计算出人均生态赤字以及相应的生态足迹强度指数,便可得到表4-6。根据表4-6的计算结果,以及结合图4-8,可以看出贵州省人均生态足迹呈明显的增长趋势,人均生态承载力变化基本不大,导致人均生态赤字严重并呈明显的增长趋势,人均生态足迹强度指数也在逐年增大。

人均生态足迹由1999年的2.09428hm² 到2008年的3.61348hm²,净增1.51920hm²。人均生态足迹的增加,一方面反映了人民生活水平的提高,消费各种生物产品、农业资源和享有各类服务的绝对量增加,反映出区域

① 张群生.贵州省耕地人口及粮食安全研究[J].安徽农学通报,2010,16(15):11~14.
② 安和平,卢名华.贵州省退耕还林绩效与持续发展研究术[J].亚热带水土保持,2008,20(3):1~4,10.

消费需求的增长对自然资源的利用强度加大,但另一方面也反映出对区域生态系统造成的压力在不断加大。可以预见,随着社会经济的发展、人口的增长和生活水平的不断提高,贵州省生态足迹的需求将继续保持增长态势。

**表 4 - 6　贵州省 1999～2008 年生态足迹供需及生态足迹强度变化情况**

| 年份 | 人均生态足迹（hm² · cap - 1） | 可利用的人均生态承载力（hm² · cap - 1） | 人均生态赤字（hm² · cap - 1） | 生态足迹强度指数 |
|---|---|---|---|---|
| 1999 | 2.09428 | 0.78542 | 1.30887 | 2.6664 |
| 2000 | 2.15544 | 0.77360 | 1.38184 | 2.7862 |
| 2001 | 2.27907 | 0.76452 | 1.51454 | 2.9810 |
| 2002 | 2.41279 | 0.74758 | 1.66521 | 3.2275 |
| 2003 | 2.72319 | 0.73206 | 1.99114 | 3.7199 |
| 2004 | 2.99131 | 0.72119 | 2.27012 | 4.1477 |
| 2005 | 3.27090 | 0.75569 | 2.51520 | 4.3284 |
| 2006 | 3.27420 | 0.75002 | 2.52417 | 4.3655 |
| 2007 | 3.45789 | 0.74919 | 2.70870 | 4.6155 |
| 2008 | 3.61348 | 0.73481 | 2.87868 | 4.9176 |

与人均生态足迹需求增长形成对比的是,贵州省人均生态承载力的变化却不大,但从整体上来看,还有缓慢降低的趋势,由 1999 年的 0.78542hm² 降低到 2008 年的 0.73481hm²,随着社会经济的不断发展,科技的进步以及人们生态保护意识的加强,生态承载力的变化必然将会由逐渐降低转化为逐渐上升的变化趋势。

随着贵州省人均生态足迹不断增加而生态承载力缓慢下降,人均生态赤字也呈直线上升趋势。1999 年贵州省人均生态赤字为 1.30887hm²,2008 年增加到了 2.87868hm²,增幅达 119.9%。同时生态足迹强度指数也在不断加大,由 1999 年的 2.6664hm² 扩大到了 2008 年的 4.9176 hm²,即 1999 年贵州省人均生态足迹是人均生态承载力的2.6664倍,到2008年已经扩大到了将近5倍,这说明贵州省对自然资源的需求远远超过了其生态承载力的范围,单靠本地区的自然资源已经无法支撑经济和社会的发展,贵州省对外部资源的依赖性越来越强,说明人口、资源、环境处于不协调状态,生态压力不断加大。

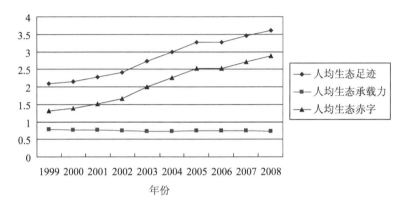

图4-8 贵州省1999~2008年生态足迹供需变化情况

**(三)云南省生态足迹历史动态①**

根据生态足迹模型计算方法,数据来源于1989~2010年《云南统计年鉴》,以及《改革开放三十年农业统计资料汇编1978~2007》中部分蔬菜数据,《新中国五十年农业统计资料1949~2009年》及《中国林业统计年鉴》2001年、2004年、2007年的部分林产品数据,对云南省1988~2009年的生态足迹进行计算评估。

**1.云南生态足迹历史动态**

云南生态足迹的计算过程中所使用的均衡因子分别为:耕地2.82,林地1.14,草地0.54,水域0.22,建筑用地2.82,化石燃料用地1.14。计算所得的云南省1988~2009年人均生态足迹如表4-7所示,图4-9则更加直观的反映了云南省这21年间的生态足迹变化情况。

① 田存志,彭浩.影响生态足迹模型计算结果的因素分析——以云南省为例[J].昆明理工大学学报(社会科学版),2011(5):55~62.

表4-7　云南省1988~2008年人均生态足迹构成变化

单位：gha/cap

| 年份 | 耕地 | 林地 | 草地 | 水域 | 建筑用地 | 能源用地 | 人均生态足迹 |
|---|---|---|---|---|---|---|---|
| 1988 | 0.262151 | 0.099094 | 0.165585 | 0.004567 | 0.000209 | 0.169289 | 0.700895 |
| 1990 | 0.276157 | 0.209042 | 0.180026 | 0.004720 | 0.000190 | 0.187775 | 0.857910 |
| 1992 | 0.308557 | 0.191775 | 0.207088 | 0.004673 | 0.000216 | 0.184110 | 0.896419 |
| 1994 | 0.289333 | 0.251679 | 0.253161 | 0.004326 | 0.000232 | 0.192928 | 0.991658 |
| 1996 | 0.320620 | 0.221450 | 0.307335 | 0.004186 | 0.000234 | 0.225138 | 1.078963 |
| 1998 | 0.314389 | 0.101009 | 0.378590 | 0.004342 | 0.000242 | 0.282092 | 1.170664 |
| 2000 | 0.317704 | 0.090557 | 0.433064 | 0.004777 | 0.000238 | 0.256543 | 1.102883 |
| 2001 | 0.336393 | 0.055047 | 0.461449 | 0.004871 | 0.000240 | 0.284253 | 1.142251 |
| 2002 | 0.332281 | 0.078525 | 0.493597 | 0.005198 | 0.000240 | 0.306387 | 1.216227 |
| 2003 | 0.342762 | 0.085305 | 0.530452 | 0.005261 | 0.000286 | 0.328229 | 1.292296 |
| 2004 | 0.338643 | 0.144556 | 0.576692 | 0.005459 | 0.000182 | 0.389686 | 1.455219 |
| 2005 | 0.353382 | 0.129704 | 0.622352 | 0.005587 | 0.000157 | 0.442065 | 1.553248 |
| 2006 | 0.351020 | 0.143348 | 0.638918 | 0.006344 | 0.000198 | 0.516503 | 1.656331 |
| 2007 | 0.343542 | 0.145702 | 0.576851 | 0.006468 | 0.000199 | 0.549422 | 1.622185 |
| 2008 | 0.364447 | 0.152170 | 0.620219 | 0.007427 | 0.000208 | 0.536650 | 1.681120 |
| 2009 | 0.377215 | 0.164599 | 0.655641 | 0.007767 | 0.000233 | 0.582082 | 1.787537 |

　　从图4-9可以看出，云南省近20年来，人均生态足迹呈迅速上涨趋势，由1988年的0.700895 gha增加到2009年的1.787537 gha，21年里人均净增加1.086642 gha，年平均增长率达4.56%。从各类生物生产性土地类型来

看,以草地的需求增长最快,从 1988 年的 0.165585 gha 增加到了 2009 年的 0.655641 gha,净增加 0.490056 gha,增长率为 295.9%;其次是化石能源用地,21 年间净增 0.412793 gha,增加了 243.8%;耕地和建筑用地的需求量虽然也呈增长趋势,但增幅不明显;林地的需求量在 1988～1997 年均呈缓慢增长趋势,但在 1998 年后有所下降,到 2004 年又开始增加。

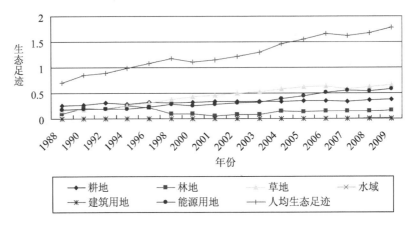

**图 4 - 9　云南省 1988～2009 年人均生态足迹构成变化图**

2. 云南生态承载力历史动态

根据人口及土地资源的相关资料,对云南 1988～2009 年的生态承载力进行计算,即得到表 4 - 8。化石能源地是人类应该留出用于吸收 $CO_2$ 的土地,但目前人类并未留出这类土地,因此用于土地的供给面积为 0,故不作计算。产量因子取值分别为:耕地为 1.66,建筑用地为 1.66,林地为 0.91,草地为 0.19,水域为 1.00。其中,化石燃料用地出于保护生态多样性的考虑,国际上通行在生态承载力计算时扣除总供给面积的 12% 作为生物多样性保护面积,本计算所得的人均生态承载力已扣除 12% 生物多样性面积。

图 4 - 10 则反映了云南省 1988～2009 年间生态承载力的变化情况,从图中可以看出,该时期云南省的生态承载力的变化较为复杂,在 1988～1997 年期间,呈缓慢下降趋势,九年间人均生态承载力从 0.571984 gha 变化到 0.5135gha,每年大约存在 1.2% 的下降。但从 1997 年开始,这种下降被急剧的抬升所代替,一路迅速增长到 2001 年的 0.899256 gha,这期间的年均增长率惊人的达到了 15%。经过这一特殊的变化时间段以后,人均承载力的

变化又逐渐与1997年前相似,2008年后,又开始出现抬头的趋势。耕地承载力变化也较大且较为复杂,1988~1998年期间,耕地生态承载力呈缓慢下降趋势,从1988年的0.368191 gha下降到了1998年的0.333602 gha,净下降0.034589 gha,共下降了9.4%,但从1999年开始,又急剧上升至2001年的0.704974 gha,三年上升了0.371372 gha,增幅达111.3%,在迅猛增加后,2002年开始又呈缓慢下降趋势。林地生态承载力呈波动增加趋势。

表4-8  云南省1988~2009年人均生态承载力构成变化

单位:gha/cap

| 年份 | 耕地 | 林地 | 草地 | 水域 | 建筑用地 | 人均生态承载力 |
|------|------|------|------|------|----------|----------------|
| 1988 | 0.368191 | 0.277484 | 0.002252 | 0.001708 | 0.000346 | 0.571984 |
| 1990 | 0.360990 | 0.268060 | 0.002176 | 0.001650 | 0.000315 | 0.557208 |
| 1992 | 0.351068 | 0.259779 | 0.002108 | 0.001612 | 0.000358 | 0.541135 |
| 1994 | 0.341859 | 0.252787 | 0.002052 | 0.001569 | 0.000386 | 0.526814 |
| 1996 | 0.336833 | 0.246278 | 0.001999 | 0.001529 | 0.000389 | 0.516583 |
| 1998 | 0.333602 | 0.324229 | 0.001949 | 0.001490 | 0.000401 | 0.582270 |
| 2000 | 0.468341 | 0.316716 | 0.001904 | 0.001456 | 0.000394 | 0.694153 |
| 2001 | 0.704974 | 0.313188 | 0.001881 | 0.001439 | 0.000398 | 0.899256 |
| 2002 | 0.684100 | 0.309835 | 0.001862 | 0.001424 | 0.000398 | 0.877905 |
| 2003 | 0.665163 | 0.306697 | 0.001843 | 0.001410 | 0.000474 | 0.858516 |
| 2004 | 0.658951 | 0.303833 | 0.001826 | 0.001396 | 0.000302 | 0.850351 |
| 2005 | 0.643591 | 0.351393 | 0.001811 | 0.001385 | 0.000261 | 0.878628 |
| 2006 | 0.638707 | 0.348726 | 0.001797 | 0.001374 | 0.000329 | 0.872021 |
| 2007 | 0.631902 | 0.346261 | 0.001784 | 0.001364 | 0.000331 | 0.863846 |
| 2008 | 0.628274 | 0.357376 | 0.001771 | 0.001355 | 0.000345 | 0.870428 |
| 2009 | 0.624345 | 0.413806 | 0.001761 | 0.001347 | 0.000387 | 0.916649 |

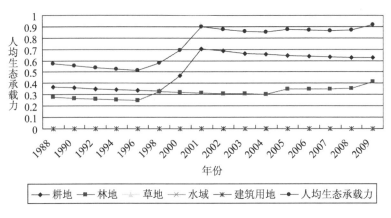

**图 4 - 10　云南省 1988～2009 年人均生态承载力构成变化图**

3.云南生态赤字历史动态

将云南省 1988～2009 年人均生态足迹及人均生态承载力进行汇总计算,便可得到云南省 21 年来的生态赤字情况以及生态足迹强度指数,见表4-9。

由于人均生态足迹和人均生态承载力变化较为复杂,导致云南省在这期间生态赤字情况的变化也较为复杂(如图 4-11 所示)。由于 1988 年至1997 年间,云南省人均生态足迹呈增长趋势,而人均生态承载力却呈缓慢下降趋势,所以这九年间云南省的生态赤字也呈上升趋势,从 1988 年的0.571984gha上升为 1997 年的 0.678683 gha,生态赤字净增 0.106699 gha;1997 年—2001 年间,随着人均生态承载力的急剧上升,人均生态赤字也急剧下降,从 1997 年的 0.678683 gha 急剧下降至 2001 年的 0.242995 gha,下降了 0.435688 gha,降幅达 64.2%;2001 年后,人均生态承载力又呈缓慢下降趋势,而人均生态足迹却急剧上升,导致生态赤字也在不断上升,至 2009 年生态赤字达 0.870888 gha,比 2001 年增加了 0.627893 gha,比 1988 年增加了0.741977 gha。生态足迹强度指数的变化也是如此,1988 年云南生态足迹仅为人均生态承载力的 1.2 倍,到 1996～1998 年扩大到 2 倍,为这 21 年来生态足迹强度指数最大的几年,后又迅速下降,2001 年下降到 1.3 倍,之后又逐渐扩大,到 2009 年时,人均生态足迹又达到人均生态承载力的近 2 倍之多。可见,由于人口增加、对生态环境的需求在不断增加,而生态供给却在减少,导致了云南省生态的赤字化,生态呈不可持续发展状态。

表 4 - 9　云南省 1988 ~ 2009 年生态赤字及生态足迹强度变化情况

| 年份 | 人均生态足迹<br>（gha/cap） | 人均生态承载力<br>（gha/cap） | 生态赤字<br>（gha/cap） | 生态足迹强度指数 |
|---|---|---|---|---|
| 1988 | 0.700895 | 0.571984 | 0.128911 | 1.2254 |
| 1990 | 0.857910 | 0.557208 | 0.300701 | 1.5397 |
| 1992 | 0.896419 | 0.541135 | 0.355284 | 1.6566 |
| 1994 | 0.991658 | 0.526814 | 0.464845 | 1.8824 |
| 1996 | 1.078963 | 0.516583 | 0.562379 | 2.0887 |
| 1998 | 1.170664 | 0.582270 | 0.588394 | 2.0105 |
| 2000 | 1.102883 | 0.694153 | 0.408729 | 1.5888 |
| 2001 | 1.142251 | 0.899256 | 0.242995 | 1.2702 |
| 2002 | 1.216227 | 0.877905 | 0.338323 | 1.3854 |
| 2003 | 1.292296 | 0.858516 | 0.433779 | 1.5053 |
| 2004 | 1.455219 | 0.850351 | 0.604868 | 1.7113 |
| 2005 | 1.553248 | 0.878628 | 0.674621 | 1.7678 |
| 2006 | 1.656331 | 0.872021 | 0.784310 | 1.8994 |
| 2007 | 1.622185 | 0.863846 | 0.758340 | 1.8779 |
| 2008 | 1.681120 | 0.870428 | 0.810692 | 1.9314 |
| 2009 | 1.787537 | 0.916649 | 0.870888 | 1.9501 |

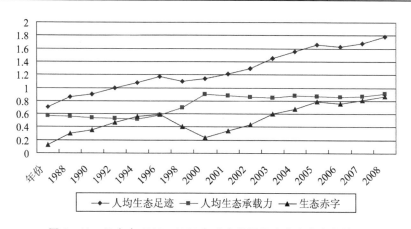

图 4 - 11　云南省 1988 ~ 2009 年生态供需及生态赤字变化情况

### (四)重庆市生态足迹历史动态[①]

根据生态足迹模型的计算方法,参照《重庆统计年鉴(1998 - 2007)》,对重庆 1997 - 2006 年以来的生态足迹、生态承载力以及生态赤字进行计算。

#### 1. 重庆市生态足迹历史动态

每一年的生态足迹均由生物资源账户和能源消费账户两大部分组成。生物资源账户包括谷物、蔬菜瓜果、蜂蜜、禽蛋等 21 项;能源消费账户包括原煤、汽油、电力等 7 项。因为缺乏直辖十年期间重庆市生态足迹计算所需各账户的进出口贸易统计数据,所以在计算过程中忽略了贸易调整量。另外,生物资源账户、能源消费账户中各项产品的世界年平均产量和能量折算系数来自于相关文献。[②][③][④] 经过计算,重庆市 1997 ~ 2006 年的人均生态足迹演变情况如表 4 - 10 所示。

表 4 - 10　重庆市 1997 ~ 2006 年人均生态足迹演变/hm²

| 年份 | 耕地 | 林地 | 草地 | 化石能源用地 | 建筑用地 | 水域 | 人均生态足迹 |
|---|---|---|---|---|---|---|---|
| 1997 | 0.38956 | 0.00824 | 0.44328 | 0.23947 | 0.00317 | 0.03587 | 1.11959 |
| 1998 | 0.37198 | 0.00963 | 0.45173 | 0.22502 | 0.00398 | 0.04030 | 1.10260 |
| 1999 | 0.37134 | 0.00911 | 0.46035 | 0.27069 | 0.00429 | 0.04294 | 1.15872 |
| 2000 | 0.37270 | 0.01025 | 0.37631 | 0.27440 | 0.00368 | 0.04470 | 1.18204 |
| 2001 | 0.34130 | 0.01191 | 0.49492 | 0.28714 | 0.00537 | 0.04385 | 1.18449 |
| 2002 | 0.35745 | 0.01352 | 0.51519 | 0.28777 | 0.00472 | 0.04686 | 1.22551 |
| 2003 | 0.36088 | 0.01478 | 0.54220 | 0.33723 | 0.00576 | 0.04955 | 1.31039 |
| 2004 | 0.37678 | 0.01574 | 0.58124 | 0.37720 | 0.00580 | 0.05248 | 1.40923 |

①　谢欣,吴华超. 重庆直辖十年可持续发展状况的生态足迹分析[J]. 重庆工商大学学报(西部论坛),2008(5):43 ~ 47.

②　Wackernagel M,Onisto L,Bello P,et al. National natural capital accounting with the ecological footprint concept[J]. Ecological Economics,1999,29(3):375 ~ 390.

③　王臣平,崔克勇,陈凯,赵月红. 山西省可持续发展状况生态足迹分析[J]. 中国生态农业学报,2006,14(3):199 ~ 201.

④　周洁,王远,安艳玲,陆根法,王群. 基于生态足迹法的铜陵市可持续发展竞争力评价[J]. 生态经济,2005(9):51 ~ 54.

续表

| 年份 | 耕地 | 林地 | 草地 | 化石能源用地 | 建筑用地 | 水域 | 人均生态足迹 |
|------|------|------|------|------|------|------|------|
| 2005 | 0.38392 | 0.01743 | 0.62456 | 0.41392 | 0.00646 | 0.05453 | 1.50081 |
| 2006 | 0.31521 | 0.01630 | 0.61554 | 0.44223 | 0.00703 | 0.04875 | 1.44506 |

图 4-12 更直观地反映了重庆市 1997~2006 年的人均生态足迹的变动情况。通过图 4-12 可以看出,重庆市的人均生态足迹呈上升的态势,从 1997 年的 1.120hm² 上升到 2006 年的 1.445hm²,期间共增加 0.325hm²,年平均增长率为 2.88%。尽管 1998 年和 2006 年略有下降,但总的趋势是上升的。参考表 13 可知林地、牧草地、化石燃料用地、建设用地和水域的生态足迹增加幅度较高,分别达到了 97.82%、38.86%、84.67%、121.77%、35.91%,年平均增长率为 7.87%、3.72%、7.05%、9.25%、3.47%;耕地则有小幅下降,从 0.390hm² 减至 0.315hm²。但在权重方面,耕地、牧草地和化石燃料用地在人均生态足迹总量中所占比重的年平均值为 29.18%、41.12% 和 24.68%,林地、建设用地和水域仅分别占 0.99%、0.39% 和 3.64%。由此可见,重庆直辖十年以来,人均生态足迹的不断上升主要源自牧草地和化石燃料用地生态足迹的增加。这说明随着人民生活的不断提高,膳食结构发生了改变,粮食谷物等的消费减少,农副产品的消费增加。此外,直辖后的工业发展和城市基础建设对能源也提出了较高的消费要求。

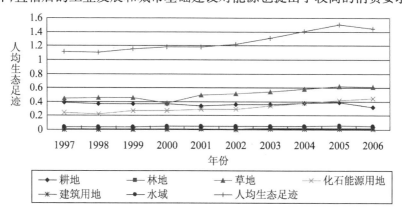

图 4-12　重庆市 1997~2006 年人均生态足迹变动图

2. 重庆市生态承载力历史动态

利用重庆直辖十年的资源生产性土地面积(包含耕地、林地、草地、建筑用地和水域共五类)分别乘以相应的产量因子和均衡因子,计算出重庆市1997~2006年的生态承载力(表4-11)。值得一提的是,计算结果还应去除12%的生物多样性保护面积。[①]

根据计算出的重庆市1997~2006年的生态承载力,即可得到重庆市1997~2006年的生态承载力演变图(图4-13)。根据图4-13可以看出,1997~2006年的这十年以来,重庆市的人均生态承载力呈现出逐年下降的趋势。结合表14可知,1997年重庆市人均生态承载力为0.526hm$^2$,到2006年下降为0.453hm$^2$,期间共减少13.82%,平均每年减少1.64%。其中耕地的生态承载力由1997年的0.422hm$^2$下降至2006年的0.336hm$^2$,降幅达到了20.51%;林地和建设用地则略有上升,分别从1997年的0.095hm$^2$和0.0778hm$^2$变动至2006年的0.103hm$^2$和0.084hm$^2$;而牧草地和水域的生态承载力变化不大。这说明这十年以来,重庆市人均生态承载力所呈现的下降态势主要是由于可耕地面积的变动造成的。因为,一方面,耕地的生态承载力在人均生态承载力总量中占的比例较高,十年期间的平均值达到了76.37%;另一方面,退耕还林、退耕还草政策和城市建设占用耕地的现象在一定程度上也影响了生态承载力的变化。

表4-11　重庆市1997~2006年人均生态承载力演变/hm$^2$

| 年份 | 耕地 | 林地 | 草地 | 建筑用地 | 水域 | 生物多样性保护 | 人均生态承载力 |
|------|------|------|------|----------|------|----------------|----------------|
| 1997 | 0.42241 | 0.09490 | 0.00074 | 0.07783 | 0.00176 | 0.0172 | 0.52592 |
| 1998 | 0.41042 | 0.09578 | 0.00074 | 0.07740 | 0.00175 | 0.07032 | 0.52575 |
| 1999 | 0.39932 | 0.09679 | 0.00073 | 0.07837 | 0.00174 | 0.06923 | 0.50771 |
| 2000 | 0.38774 | 0.09631 | 0.00073 | 0.08126 | 0.00173 | 0.06813 | 0.49964 |
| 2001 | 0.37797 | 0.09622 | 0.00073 | 0.07952 | 0.00173 | 0.06674 | 0.48942 |

---

① Wackernagel M, Onisto L, Bello P, et a1. National natural capital accounting with the ecological footprint concept[J]. Ecological Economics,1999,29(3):375~390.

续表

| 年份 | 耕地 | 林地 | 草地 | 建筑用地 | 水域 | 生物多样保护 | 人均生态承载力 |
|---|---|---|---|---|---|---|---|
| 2002 | 0.36807 | 0.09754 | 0.00073 | 0.07755 | 0.00172 | 0.06547 | 0.48013 |
| 2003 | 0.34860 | 0.10202 | 0.00072 | 0.08019 | 0.00171 | 0.06399 | 0.46926 |
| 2004 | 0.33814 | 0.10351 | 0.00072 | 0.08262 | 0.00170 | 0.06320 | 0.46349 |
| 2005 | 0.33186 | 0.10338 | 0.00071 | 0.08347 | 0.00169 | 0.06253 | 0.45857 |
| 2006 | 0.33577 | 0.10300 | 0.00071 | 0.08391 | 0.00167 | 0.06181 | 0.45325 |

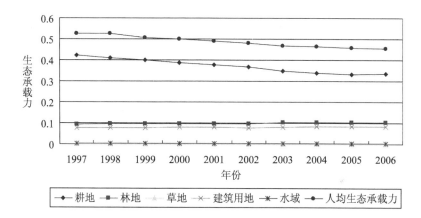

**图 4-13　重庆市 1997~2006 年人均生态承载力演变图**

3. 重庆市生态赤字及生态足迹强度指数历史动态

根据之前所得的重庆市 1997~2006 年的人均生态足迹及人均生态承载力的计算结果，将两者分别相减和相除，便可得到重庆市这十年的生态赤字及生态足迹强度指数（表 4-12）。

结合图 4-14 可以看出，随着生态足迹的急剧上升，人们的生态需求也在不断增加，而与此同时生态供给却在减少，人均生态承载力呈不断下降的趋势，这就导致重庆的生态赤字在 1997~2006 年十年期间连续出现，而且呈现不断上升的趋势。从 1997 年的 0.594hm² 增加至 2006 年的 0.992hm²，年平均增长率为 5.87%，2005 年达到峰值 1.042hm²，为 1998 年的 1.8 倍。同时生态足迹强度指数也在不断增加，1997 年人均生态足迹为人均生态承载力的 2.12 倍，到 2004 年后生态足迹强度指数一直在 3 以上，2005 年生态足迹强度指数达到 3.2728,也就是说生态需求是生态供给的 3 倍之多。众所周知,重庆自直辖以来社会经济快速发展,城市变化日新月异,建设成果举世瞩目,但这样的成就背后隐藏的是对资源生产性土地面积需求的持续增长。需求大大超出了区域生态系统的承载能力,生态系统处于生态赤字的病理状态,这样的发展模式是不可持续的。

表 4 - 12　重庆市 1997～2006 年生态供需及生态足迹强度指数变化情况

| 年份 | 人均生态足迹 /hm² | 人均生态承载力 /hm² | 人均生态赤字 /hm² | 生态足迹强度指数 |
|---|---|---|---|---|
| 1997 | 1.11959 | 0.52592 | 0.59367 | 2.1288 |
| 1998 | 1.10260 | 0.52575 | 0.58685 | 2.0972 |
| 1999 | 1.15872 | 0.50771 | 0.65101 | 2.2822 |
| 2000 | 1.18204 | 0.49964 | 0.68241 | 2.3658 |
| 2001 | 1.18449 | 0.48942 | 0.69507 | 2.4202 |
| 2002 | 1.22551 | 0.48013 | 0.74538 | 2.5525 |
| 2003 | 1.31039 | 0.46926 | 0.84114 | 2.7925 |
| 2004 | 1.40923 | 0.46349 | 0.94575 | 3.0405 |
| 2005 | 1.50081 | 0.45857 | 1.04224 | 3.2728 |
| 2006 | 1.44506 | 0.45325 | 0.99181 | 3.1882 |

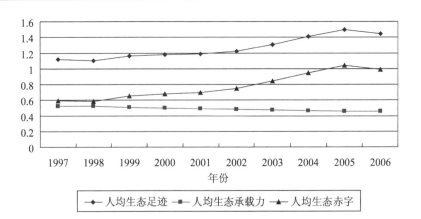

图 4 - 14　重庆市 1997～2006 年生态供需及生态赤字变化情况

**(五)四川省生态足迹历史动态①**

应用生态足迹、生态承载力、生态赤字(盈余)计算方法,采用四川省1995~2004 年《四川省统计年鉴》的数据,对四川省1995 年—2004 年的生态足迹进行计算评估。

1. 四川省生态足迹历史动态

四川省生态足迹的计算过程中所使用的均衡因子分别为:耕地2.8,林地1.1,草地0.5,水域0.2,建筑用地2.8,化石能源用地1.1。计算所得的四川省1995~2004 年人均生态足迹如表4－13 所示,图4－15 则更加直观的反映了四川省这十年间的生态足迹变化情况。

表4－13　四川省1995~2004 年人均生态足迹构成变化

单位:公顷/人

| 年份 | 耕地 | 林地 | 草地 | 水域 | 建筑用地 | 能源用地 | 人均生态足迹 |
|---|---|---|---|---|---|---|---|
| 1995 | 0.50103 | 0.03213 | 0.37836 | 0.02523 | 0.00730 | 0.56765 | 1.51169 |
| 1996 | 0.51482 | 0.03141 | 0.39698 | 0.02792 | 0.00771 | 0.58390 | 1.56273 |
| 1997 | 0.53326 | 0.02746 | 0.41646 | 0.03104 | 0.00576 | 0.39208 | 1.40607 |
| 1998 | 0.54772 | 0.02124 | 0.44213 | 0.03507 | 0.00557 | 0.38710 | 1.43883 |
| 1999 | 0.56020 | 0.00363 | 0.46320 | 0.03842 | 0.00565 | 0.33107 | 1.40217 |
| 2000 | 0.57124 | 0.00113 | 0.48452 | 0.04209 | 0.00632 | 0.32767 | 1.43296 |
| 2001 | 0.51782 | 0.00077 | 0.51051 | 0.04670 | 0.00710 | 0.32682 | 1.40972 |
| 2002 | 0.56154 | 0.00113 | 0.54058 | 0.05277 | 0.00809 | 0.37470 | 1.54781 |
| 2003 | 0.56453 | 0.00211 | 0.59027 | 0.06177 | 0.00910 | 0.42035 | 1.64814 |
| 2004 | 0.58725 | 0.00207 | 0.64286 | 0.06912 | 0.01019 | 0.48799 | 1.79947 |

从图4－15 可以看出,四川省人均生态足迹消费总体呈增加的趋势,结合表4－13,1995~2004 年四川省人均生态足迹从1.51169hm² 增加到1.79947hm²,10 年时间增加了19.04%,净增0.28778hm²。从各类生态生产

①　潘安兴,张文秀.四川省生态足迹与土地可持续利用[J].新疆农垦经济,2006(11):51~53.

性土地类型来看,林地人均生态足迹呈下降趋势,从 1995 年的 0.03213hm²
下降至 2004 年的 0.00207hm²,10 年减少了 0.03006hm²,减幅为 93.6%;能
源用地生态足迹波动变化较大,1995 年化石能源生态足迹为 0.56765hm²,
1996 年略有上升后 1997 年迅速下降至 0.39208hm²,后至 2001 年均呈缓慢
下降趋势,2001 年降至 0.32682hm²,后又开始缓慢上升,2004 年达
0.48799hm²,却也还未及 1995 年的化石能源生态足迹,说明四川省对于化石
能源用地的需求在经历了一个由多到少又增多的过程;其他耕地、水域、草
地、建筑用地生态足迹均呈缓慢上升趋势。

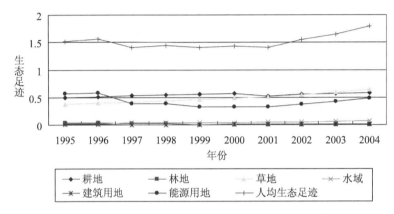

图 4-15　四川省 1995~2004 年人均生态足迹构成变化图

### 2. 四川省生态承载力历史动态

根据 Wackernagel 等对中国生态足迹的计算,在此在对四川省 1995~
2004 年生态承载力计算的过程中,产量因子的取值分别为:耕地 1.66,草地
0.19,林地 0.91,建筑用地 1.66,水域 1.00。经过计算,四川省 1995~2004
年的生态承载力见表 4-14。

结合图 4-16,可以看出,四川省 1995~2004 年的十年间人均生态承载力
呈现出逐年下降的趋势。1995 年四川省人均生态承载力为 0.43953hm²,到
2004 年下降为 0.38635hm²,期间共减少 0.05318hm²,减幅为 12.1%。参照表
4-14 不难发现,其中耕地的生态承载力由 1995 年的 0.28513hm² 下降至 2004
年的 0.24975hm²,共减少了 0.03538hm²,降幅为 12.4%;林地的生态承载力从
1997 年的 0.23017hm² 下降至 2004 年的 0.22543hm²,共减少 0.00474hm²,降幅
为 20.6%;建筑用地的生态承载力从 1997 年的 0.45700hm² 变动至 2004 年的

0.42176hm²，期间减少了0.03524hm²，降幅为7.7%；草地和水域的生态承载力变动不大，这十年间分别减少了仅0.00008hm²、0.00007hm²，减幅分别为5%和4.8%。

**表4-14 四川省1995～2004年人均生态承载力构成变化**

单位：公顷/人

| 年份 | 耕地 | 林地 | 草地 | 水域 | 建筑用地 | 人均生态承载力 | 可利用的人均生态承载力 |
|---|---|---|---|---|---|---|---|
| 1995 | 0.28513 | 0.23017 | 0.00160 | 0.00146 | 0.45700 | 0.49926 | 0.43953 |
| 1996 | 0.29046 | 0.22909 | 0.00159 | 0.00145 | 0.46075 | 0.49500 | 0.43560 |
| 1997 | 0.28730 | 0.22793 | 0.00158 | 0.00145 | 0.45694 | 0.49076 | 0.43187 |
| 1998 | 0.28445 | 0.22675 | 0.00157 | 0.00144 | 0.45338 | 0.48698 | 0.42854 |
| 1999 | 0.28029 | 0.22575 | 0.00156 | 0.00143 | 0.44884 | 0.48223 | 0.42436 |
| 2000 | 0.27506 | 0.22622 | 0.00155 | 0.00142 | 0.44464 | 0.47313 | 0.41635 |
| 2001 | 0.27148 | 0.22068 | 0.00155 | 0.00142 | 0.43664 | 0.46812 | 0.41195 |
| 2002 | 0.25889 | 0.22640 | 0.00154 | 0.00141 | 0.43062 | 0.45375 | 0.39930 |
| 2003 | 0.25061 | 0.22688 | 0.00153 | 0.00140 | 0.42373 | 0.44235 | 0.38927 |
| 2004 | 0.24975 | 0.22543 | 0.00152 | 0.00139 | 0.42176 | 0.43903 | 0.38635 |

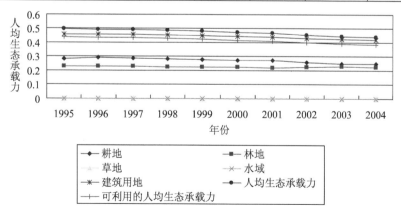

**图4-16 四川省1995～2004年人均生态承载力构成变化图**

### 3. 四川省生态赤字及生态足迹强度历史动态

根据 1995~2004 年人均生态足迹及人均生态承载力即可计算出该十年四川省的人均生态赤字情况以及生态足迹强度指数,见表 4-15。

从图 4-17 中可以看出,由于 1995~2004 年间四川省的人均生态承载力虽然呈现逐年下降的趋势,但是趋势不明显,所以该阶段四川省的生态赤字变动情况与人均生态足迹的变动情况基本一致。结合表 4-15,四川省的人均生态赤字 1995 年为 1.07216hm²,1996 年上升至 1.12713hm²,1997 年迅速下降至 0.97420hm²,后虽有略微波动,但是整体还是呈现出上升的趋势,特别是 2001~2004 年上升趋势十分明显,由 0.99777hm² 上升至 1.41312hm²。生态足迹强度指数 1995~2002 年都在 3.5 左右徘徊,从 2003 年开始四川省的人均生态足迹上升至人均生态承载力的 4 倍之多。从四川省的生态赤字和生态足迹强度指数,以及其不断增加的趋势可以看出四川省的经济发展处于一种不可持续的状态,是以对自然资源的过度掠夺为代价的。从另外一个方面也可以反映出土地的供给能力不能适应经济发展对土地的需求。

**表 4-15   四川省 1995~2004 年生态供需及生态足迹强度指数变化情况**

| 年份 | 人均生态足迹 | 可利用的人均生态承载力 | 人均生态赤字 | 生态足迹强度指数 |
|------|------------|------------------|------------|--------------|
| 1995 | 1.51169 | 0.43953 | 1.07216 | 3.4393 |
| 1996 | 1.56273 | 0.43560 | 1.12713 | 3.5875 |
| 1997 | 1.40607 | 0.43187 | 0.97420 | 3.2558 |
| 1998 | 1.43883 | 0.42854 | 1.01029 | 3.3575 |
| 1999 | 1.40217 | 0.42436 | 0.97781 | 3.3042 |
| 2000 | 1.43296 | 0.41635 | 1.01661 | 3.4417 |
| 2001 | 1.40972 | 0.41195 | 0.99777 | 3.4221 |
| 2002 | 1.54781 | 0.39930 | 1.14851 | 3.8763 |
| 2003 | 1.64814 | 0.38927 | 1.25887 | 4.2339 |
| 2004 | 1.79947 | 0.38635 | 1.41312 | 4.6576 |

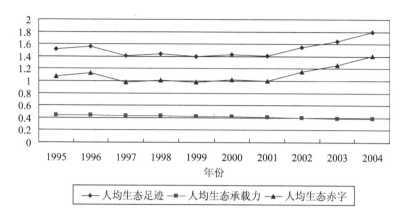

图 4-17  四川省 1995~2004 年生态供需及生态赤字变化情况

## 三、西南部分省市区生态足迹现状

### (一)数据来源

生态足迹计算的数据来源包括消费的自然资源和能源数据及各类土地供给数据，本文结合现有文献采用的指标及考虑到数据的可得性，选取的生物资源消费包括稻谷、小麦、豆类、马铃薯、蔬菜、油菜籽、糖类、猪肉、牛肉、羊肉、禽蛋、鲜奶及奶制品、水产品、水果、共14项；能源消费包括煤炭、原油、汽油、煤油、天然气、电力共6项。土地利用类型分为耕地、草地、林地、水域、建筑用地和化石燃料用地等六大类。[①] 贵州、云南、重庆、广西四省市区以上相关数据资料主要分别来源于 2012 年贵州统计年鉴、2012 年云南统计年鉴、2012 年重庆统计年鉴、2012 年广西统计年鉴；各项数据的全球平均产量来自 FAO 数据库。

由于均衡因子和产量因子是生态足迹和生态承载力的重要因素，它们的选取对生态足迹的计算至关重要。所以，本文选取世界生态足迹网站2010 年国家账户生态足迹核算方法指南中给出的均衡因子数值，分别为耕地 2.51，草地 0.46，林地 1.26，建筑用地 2.51，水域 0.37，化石能源用地1.26。[②] 本文选用的产量因子数值：耕地为 1.66，草地为 0.19，林地为 0.91，

---

①  徐中民,张志强,程国栋. 甘肃省 1998 年生态足迹计算与分析[J]. 地理学报,2005(5).
②  齐明珠,李月. 北京市人口生态足迹变动定量分析[J]. 城市问题,2012(10).

建筑用地为 1.66。在生物承载力中扣除 12% 的土地面积作为生物多样性的保护面积,扣除之后的面积为均衡生态承载力面积。

### (二) 数据处理与分析

由于生态足迹和生态承载力的计算过程较为繁琐,此处不具体列举。

1. 贵州省生态足迹现状

表 4－16　贵州省 2012 年人均生态足迹

| 土地类型 | 生态足迹 hm² | 均衡因子 | 均衡生态足迹 hm² |
|---|---|---|---|
| 耕地 | 0.296 | 2.51 | 0.743 |
| 草地 | 0.589 | 0.46 | 0.271 |
| 林地 | 0.211 | 1.26 | 0.267 |
| 建筑用地 | 0.012 | 2.51 | 0.030 |
| 化石燃料地 | 0.313 | 1.26 | 0.394 |
| 水域 | 0.066 | 0.37 | 0.024 |
| 总和 | | | 1.729 |

表 4－17　贵州省 2012 年生态承载力

| 土地类型 | 生态面积 hm² | 均衡因子 | 均衡生态面积 hm² |
|---|---|---|---|
| 耕地 | 0.506 | 1.66 | 0.840 |
| 草地 | 0.124 | 0.19 | 0.024 |
| 林地 | 0.211 | 0.91 | 0.192 |
| $CO_2$ 吸收 | 0.000 | 0.000 | 0.000 |
| 建筑用地 | 0.141 | 1.66 | 0.234 |
| 生态承载力 | | | 1.290 |
| 生物多样性保护(12%) | | | 0.155 |
| 总和均衡生态承载力 | | | 1.135 |

　　通过表 4－16、表 4－17 的数据,可以了解到贵州省 2012 年的人均生态足迹为 1.729 公顷,生态承载力为 1.135 公顷(已经扣除了 12% 的生物多样性的保护面积),生态承载力与人均生态足迹相减得到贵州现在处于生态赤

字状态,赤字水平为0.594公顷,说明贵州人均生态需求超出了生态承载力0.594公顷的生态面积。人口所消耗的资源负荷已经超过其生态容量,自然生态的承载能力难以满足人口的生态足迹需求,人均资源消耗已经超出了自然本身的供给能力,人口的生活和生产给自然造成了较大压力。生态赤字的出现,说明贵州省人口的需求超过了自然生态系统所提供的资源以及消纳的废物,自然生态系统难以满足人口生存以及可持续发展的需求,生态系统存在危机,贵州省的人口与资源、环境不协调,影响贵州省的可持续发展。

2. 云南省生态足迹现状

表4-18  云南省2012年人均生态足迹

| 土地类型 | 生态足迹 hm² | 均衡因子 | 均衡生态足迹 hm² |
|---|---|---|---|
| 耕地 | 0.161 | 2.51 | 0.404 |
| 草地 | 0.517 | 0.46 | 0.238 |
| 林地 | 0.281 | 1.26 | 0.354 |
| 建筑用地 | 0.028 | 2.51 | 0.070 |
| 化石燃料地 | 0.226 | 1.26 | 0.285 |
| 水域 | 0.124 | 0.37 | 0.046 |
| 总和 | | | 1.397 |

表4-19  云南省2012年生态承载力

| 土地类型 | 人均面积 | 均衡因子 | 均衡生态面积 hm² |
|---|---|---|---|
| 耕地 | 0.453 | 1.66 | 0.752 |
| 草地 | 0.102 | 0.19 | 0.019 |
| 林地 | 0.582 | 0.91 | 0.530 |
| $CO_2$ 吸收 | 0.000 | 0.000 | 0.000 |
| 建筑用地 | 0.126 | 1.66 | 0.209 |
| 生态承载力 | | | 1.510 |
| 生物多样性保护(12%) | | | 0.181 |
| 总和均衡生态承载力 | | | 1.329 |

表4-18、表4-19的数据显示,云南省2012年的人均生态足迹为1.397公顷,生态承载力为1.329公顷(已经扣除了12%的生物多样性的保护面积),生态承载力与人均生态足迹水平相当,略微存在生态赤字的状况,但赤字水平为仅仅为0.068公顷,赤字水平不明显。说明人口所消耗的资源负荷与自然生态容量相当,人均资源消耗与自然生态本身的供给能力基本持平,自然生态的承载能力刚好能够满足人口的生活、生产需求,人口与自然生态之间的发展机制良好。表明云南省自然生态系统所提供的资源以及消纳的废物刚好满足人口的需求,自然生态系统与人口可持续发展的需求相适应,目前,云南省人口与资源、环境处于可持续发展状态。但是生态系统存在隐患,在不久的将来,人口发展可能对云南省的可持续发展提出挑战。

3. 重庆市生态足迹现状

表4-20、表4-21的数据显示,重庆2012年的人均生态足迹为2.003公顷,生态承载力为0.965公顷(已经扣除了12%的生物多样性的保护面积),很明显,重庆市处于生态赤字状态且赤字水平很高,为1.038公顷,重庆市人均生态足迹要消耗相当于生态自身承载力两倍的生态面积。同时,重庆市化石能源消耗在生态足迹中占了1/3的份额,人均能源消耗量巨大,人民的生活和生产使用的化石能源给自然生态造成了巨大压力。重庆市的生态赤字相当于人均生态足迹的51.8%,人均生态足迹是生态承载力的2倍还要多。这就意味着重庆市的人口所消耗的资源是其生态容量的两倍,自然生态的承载能力远远达不到人口的生态足迹需求,人均资源消耗大大超出了自然本身的供给能力。高水平生态赤字的出现,说明重庆市人口的需求超过了自然生态系统所提供的资源以及消纳的废物,自然生态系统已经不能满足人口生存以及可持续发展的需求,生态系统存在严重问题,重庆市的人口与资源、环境不协调,重庆市现有的人均生态足迹不适合可持续发展。

表4-20 重庆市2012年人均生态足迹

| 土地类型 | 生态足迹 hm² | 均衡因子 | 均衡生态足迹 hm² |
|---|---|---|---|
| 耕地 | 0.111 | 2.51 | 0.279 |
| 草地 | 0.671 | 0.46 | 0.309 |
| 林地 | 0.163 | 1.26 | 0.205 |

续表

| 土地类型 | 生态足迹 $hm^2$ | 均衡因子 | 均衡生态足迹 $hm^2$ |
|---|---|---|---|
| 建筑用地 | 0.142 | 2.51 | 0.356 |
| 化石燃料地 | 0.607 | 1.26 | 0.765 |
| 水域 | 0.241 | 0.37 | 0.089 |
| 总和 | | | 2.003 |

**表4-21 重庆市2012年生态承载力**

| 土地类型 | 人均面积 $hm^2$ | 均衡因子 | 均衡生态面积 $hm^2$ |
|---|---|---|---|
| 耕地 | 0.241 | 1.66 | 0.400 |
| 草地 | 0.247 | 0.19 | 0.047 |
| 林地 | 0.197 | 0.91 | 0.179 |
| 建筑用地 | 0.284 | 1.66 | 0.471 |
| $CO_2$吸收 | 0.000 | 0.000 | 0.000 |
| 生态承载力 | | | 1.097 |
| 生物多样性保护(12%) | | | 0.132 |

### 4.广西生态足迹现状

**表4-22 广西省2012年人均生态足迹**

| 土地类型 | 面积 $hm^2$ | 均衡因子 | 均衡面积 $hm^2$ |
|---|---|---|---|
| 耕地 | 0.220 | 2.51 | 0.552 |
| 草地 | 0.551 | 0.46 | 0.253 |
| 林地 | 0.114 | 1.26 | 0.144 |
| 建筑用地 | 0.133 | 2.51 | 0.168 |
| 化石燃料地 | 0.442 | 1.26 | 0.557 |
| 水域 | 0.516 | 0.37 | 0.191 |
| 生态足迹 | | | 1.865 |

— 255 —

表 4 - 23　广西省 2012 年生态承载力

| 土地类型 | 人均面积 $hm^2$ | 均衡因子 | 均衡生态面积 $hm^2$ |
|:---:|:---:|:---:|:---:|
| 耕地 | 0.271 | 1.66 | 0.450 |
| 草地 | 0.167 | 0.19 | 0.032 |
| 林地 | 0.357 | 0.91 | 0.325 |
| $CO_2$ 吸收 | 0.000 | 0.000 | 0.000 |
| 建筑用地 | 0.198 | 1.66 | 0.329 |
| 生态承载力 | | | 1.136 |
| 生物多样性保护(12%) | | | 0.136 |
| 总和均衡生态承载力 | | | 1.000 |

　　表 4 - 22、表 4 - 23 的数据显示,可以了解到广西省 2012 年的人均生态足迹为 1.865 公顷,生态承载力为 1.000 公顷(已经扣除了 12% 的生物多样性的保护面积积)。上表也清楚的显示了广西省现在也处于生态赤字状态,生态赤字水平为 0.865 公顷,此水平虽然比重庆市要低一些,但是也超过了0.5 公顷的临界值,广西省人口所消耗的资源负荷超过其生态容量,人口的生态足迹需求超过了自然生态的承载能力,人均资源消耗也已经远远超出了自然本身的供给能力,人民的生活和生产给自然造成了很大的压力。生态赤字的出现,说明广西省人口的需求远远超过了自然生态系统所提供的资源以及消纳的废物,自然生态系统难以满足人口生存以及可持续发展的需求,生态系统存在较为严重问题,广西省的人口与资源、环境已经呈现不协调的状态,广西省现有的生产与发展方式需要转变。

　　5. 西南四省市区生态足迹现状比较分析

表 4 - 24　西南山地四省市区生态足迹汇总表

| 地区 | 贵州 $hm^2$ | 云南 $hm^2$ | 重庆 $hm^2$ | 广西 $hm^2$ | 平均水平 $hm^2$ |
|:---:|:---:|:---:|:---:|:---:|:---:|
| 生态足迹 | 1.729 | 1.397 | 2.003 | 1.865 | 1.749 |
| 生态承载力 | 1.135 | 1.329 | 0.965 | 1.000 | 1.107 |
| 生态赤字 | - 0.594 | - 0.068 | - 1.038 | - 0.865 | - 0.641 |

将西南四省市区的人均生态足迹、人均生态承载力和人均生态赤字进行汇总,便可得到表4-24。图4-18较为直观的反映了贵州、重庆、广西、云南四省市区的生态足迹、生态承载力及生态赤字情况,结合表4-24中的数据明确,看样看出西南四省市区的生态足迹情况,除了云南地区生态赤字不明显以外,贵州、重庆、广西三个地区的生态赤字水平都超过了0.5公顷的临界值,特别是重庆市,生态赤字占人均生态足迹的50%。西南山地的人均生态足迹平均水平为1.749公顷,生态承载力的平均水平为1.107公顷(已经扣除了12%的生物多样性的保护面积)。西南山地的生态赤字平均水平达到了0.641公顷,生态承载力仅能维持人均生态足迹的63.3%。这就意味着西南山地四省市的人均资源消耗超出了自然本身的供给能力,自然生态的承载能力远远达不到人口的生态足迹需求,人口发展给自然造成了巨大压力。以喀斯特地貌生态环境为代表的西南山地,人口与资源环境可持续发展不甚乐观。

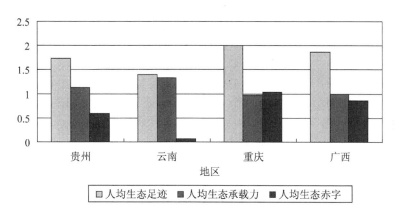

**图4-18 西南山地四省市区生态供需及生态赤字**

从整体上看,化石能源的使用产生大量二氧化碳与固体废物,给自然生态造成巨大压力大。同时,经济社会的发展改善了人民的生活水平,消费水平随之提高,肉、蛋、奶等消费量上升,草地生态资源消耗量巨大,提高了人均生态足迹,从而增加了生态赤字。较高水平生态赤字的出现,说明西南山地四省市区人口的需求超过了自然生态系统所提供的资源以及消纳的废物,自然生态系统不能满足人口生存以及可持续发展的需求,自然生态系统在现有人口需求的前提下存在严重问题。西南山地四省市区的人口与生态环境不协调,现有的人均生态足迹难以持续发展。

当前,我国的人均生态足迹平均水平为2.1公顷,由表4-24得知,西南山地的人均生态足迹平均水平为1.749公顷,西南山地的人均生态足迹平均水平比全国平均水平低0.351公顷,也就是说,西南山地的人均消耗的能源和资源等,均低于全国水平。南山地的人均生态足迹平均水平仅相当于全国平均水平的83.29%,这就意味着西南山地人口每年都为全国节约了16.7%的自然资源与能源。尤其是在西南山地这片喀斯特地貌区域,自然环境恶劣,山地多,耕地少,人均生态足迹低于全国水平称得上难能可贵。由于西南山地人口超过了1.6亿人,人口基数大,自然生态实际承载力也超过了环境容量,总和生态足迹还是对西南山地生态系统造成巨大影响,人地矛盾也凸显出来,西南山地的可持续发展问题逐渐引起关注。

## 四、结论及建议

生态足迹的指标较为全面的衡量了生态资源数量,不但考虑了人口生存所需要的食物、能源与资源,而且侧面反映了人口发展过程中所需要的生产因素与服务体系,估算可持续发展的方法可靠有效。通过对西南山地生态足迹的历史动态与现状的考察分析,较为客观的衡量了西南山地生态承载水平。不管从历史上看还是从现状看,西南山地的生态需求远远大于生态供给,呈现出较大的生态赤字,西南山地的发展是不可持续的。其原因可能有以下几个方面:从生态承载上看,区域地貌以丘陵、低山为主,且喀斯特地貌发育,人口较多,人均资源量少,生态空间供给类型单一,供给总量有限,导致区域生态承载能力较为低下;从生态足迹上看,在生物资源的消费结构中,能源消费结构中,以煤炭消费为主,需要的生物性生产性土地面积较大,而电力作为一种清洁能源,在区域能源消费结构中所占比例较小,导致化石能源地生态足迹较大;从经济发展上看,社会经济快速发展,产业结构不合理,能源效率低。

从生态足迹视角看,西南山地范围内承载的人口数量过大,人均生态足迹的不断增加与社会、经济的发展和人口的增加等都有很大的关系,因此需要从人口、资源环境、经济发展、消费和科学技术等方面进行治理,以促进西南山地人口与生态环境的可持续利用与可持续发展。

1. 人口方面

西南山地由于温度适中,气候宜人,资源丰富等原因,在87万平方千米的土地上,养育了1.6亿人口。随着工业化、城市化发展的加快和人民生活水平的不断提高,人口对资源环境的压力进一步加剧,导致环境污染、水土流失、生态环境脆弱等问题日趋严重,这对西南山区的资源、环境以及公共技术设施、城市规划、环境保护等提出严峻的挑战,甚至有可能导致环境污染严重、资源短缺、交通拥挤、人民生活质量整体下降。区域适度人口规模研究对于区域可持续发展具有重要意义。因此,政府必须严格贯彻计划生育这一基本国策不动摇,控制人口增长速度,尽可能把人口控制在自然可承受的范围内,有力地解决人口增长超过人口承载力、适度人口的现实状况,从而保障人口与资源、环境的协调发展。采取多渠道、多方法解决超负荷人口,积极发展农村二、三产业,组织劳务输出,减少劳动力对土地、食物、能源、资源的依赖与占有,减少农林牧生态系统的负荷和压力,降低人均生态足迹,使西南山地人口与资源环境相适应,促使人口与经济、社会可持续发展。同时,政府要加大对人口的投资,重点投资教育与宣传等领域。合理配置教育资源,促进教育公平,推进素质教育,提高人口综合素质,尤其是科学文化素质与思想道德素质,使人口数量的优势转化为人口资源优势,创造社会财富的同时,减少生态赤字的产生。

2. 资源、能源方面

西南山地资源丰富,但是开发困难,人均占有量又不足,在能源利用率有限的情况下,必然要发展循环经济。依靠科技进步,合理的开发资源。加强水电资源的开发建设和清洁能源的推广应用,推行清洁生产,降低传统能源的使用量,提高清洁能源在能源消耗中的比例,降低化石能源地生态足迹。同时要提高资源的利用效率,改变目前以资源消耗为特征的经济增长模式。在资源利用方面,产品的开发、能源的消费和废弃物的处理等都应遵循减量化(Reuse)、再利用(Reduce)和再循环(Recycle)的3R原则,提倡循环经济的资源利用模式。① 大力发展高科技产业,广泛推行实用而适宜的生态实用技术,依靠科技进步和工艺改进,从而提高工业的资源利用效率,缓解生态环境的压力,重视可替代和再生能源(如风能、太阳能等)的开发利用,走高效、节能、环保的发展模式,减少人均生态资源的消耗度,增加区域

---

① 陈德敏.循环经济的核心内涵是资源循环利用—— 兼论循环经济概念的科学运用[J].中国人口资源与环境,2004,14(2):12~15.

适度人口数量。西南山地以喀斯特岩溶地貌为主,地表与地下流水侵蚀严重,环境脆弱且自我保护与恢复能力差。所以,必须保护生态环境,在资源开采时减少对自然生态的破坏。增强环保意识,开发过程中应尽力保护生态环境,使脆弱的环境不被破坏。现在西南山地的环境问题已经凸显,水资源不足而且地貌塌陷,保护环境迫在眉睫。应综合治理已经破坏和污染的环境,保护水资源,防治水土流失。

3. 经济发展方面

面对当前西南山地的经济发展方式及现状,必须要进行产业结构调整。西南山地的人口规模已经远远超出了适度人口规模的容量,这就需要转变经济发展发展模式,改变现有的高能源消耗、高经济增长率和高环境影响的"三高"发展模式。通过对产业结构的调整,消减生态空间赤字,并以高效的方式提升生态环境的承载力,把西南山地作为一个生态整体来考虑,通过严格保护耕地和基本农田、建设人工森林、大力恢复和重建退化喀斯特生态系统来提高区域生态环境的承载能力,增加适度人口,满足未来持续发展需要,走生态、经济、社会的全面协调的可持续发展之路。在农业发展方面,要推进农业产业化,发挥集群效应。大力推行多层次、多结构和多功能经营管理的生态农业模式,加速农业向绿色化和效益化转变。通过改善农业生产条件,改造中低产田,推广先进的农业技术,发展高效农业,提高农作物的产量,以提高土地的生态价值。要提高生态生产能力,特别是能源的生产,并逐步退出那些缺乏比较优势的农产品生产,建立具有区域比较优势的农产品生产基地,因地制宜发展高效农产品,提高生产效率;在工业发展方面,积极改造传统的工业产业结构,把以机械、化工和电子等高能耗制造业为主的工业产业结构转变为多样化的综合型产业结构,鼓励发展高新技术产业,逐渐淘汰能效比低、污染率高的劳动资金密集型产业,以建立资源节约环保型的工业体系。最后,要进一步调整优化产业结构,大力发展第三产业,如旅游业、餐饮业等。此外作为典型的山地区域,城市可利用土地有限,应该加强土地的合理规划,提高利用效率,改善利用结构,提高土地承载力。

4. 科学技术方面

西南山地所辖范围内,贵州、云南、重庆、广西四省市都处于西部山区,经济欠发达,先进科学技术还难以全面推广。当前西南山地的资源利用效益水平还较低,而资源利用效益的高低和科技发展水平又息息相关。因此,在经济发展中,尤其是生产过程,尽量降低资源与能源的消耗,改变资源、能源消耗型的经济增长方式,加大科技资金的投入,开发新技术,推动新技术、新科学的开发和应用,调整产业结构,大力发展低能耗、无污染的高新技术产业。在生产的方式上,建立资源节约型的社会生产体系,发展低碳经济和循环经济,提倡低碳生活,提高能源资源的利用效率,更大程度的提高林地、草地、水域以及建筑用地的生态供给以提高西南山地的整体人均生态承载力。与此同时,增加科技投入,更换陈旧设备,提高能源的回收利用率。推广清洁能源和可再生能源,例如:水能、风能、太阳能、生物能等,一方面可以缓解能源不足问题,另一方面可以减少废水、废气、废料的排放,降低人口生态足迹。同时优化土地利用结构,加强土地整理,改善区域土地质量,改良土地生态环境条件。提高区域土地利用的节约集约利用水平,加强农业科技的研究和推广应用,推行生态农业,提高土地的生态承载能力。

5. 消费方面

在一定的技术、经济条件和环境资源的背景下,人类消费模式和需求的变化是生态足迹发展的决定性因素。伴随着社会经济的发展,人们的生活水平有了明显的提高,居民消费逐渐开始出现部分浪费型消费与享受型消费,造成了大量的资源浪费与严重的环境污染问题,这样的消费观与可持续发展的理念是背道而驰的。人们日常生活的物质消费迅速增加,特别是动物性食品,造成需求和消耗数量的剧增,再加之生产方式的粗放型,引发了严重的生态赤字。政府要在保证生活水平不降低的前提下,引导消费结构调整,提倡健康的膳食结构,降低耕地生态足迹,使其向可持续方向发展。在消费模式上,提倡节约消费,合理、高效地利用各类资源,尤其是食物和深林资源。在城市,交通上应提倡公共交通和地铁,以减少小汽车、私家车的数量,减少二氧化碳等废气的排放。同时,鼓励自行车和步行,倡导健康的生活习惯。还要加强宣传,提高人的素质,普及可持续消费理念,动员全社会的力量,从而实现西南山地人口与生态环境的可持续发展。

6. 生态环境保护方面

政府应积极出台切实可行的政策措施,如:加强环境伦理宣传、建立健全生态环境的补偿机制和恢复制度等。加强生态建设立法、宣传、实施工作,不断提高人民群众的生态观念、法制意识,严格执法,强化法律监督,坚决杜绝在建设资源开发中造成的新水土流失行为,严禁毁林、草地,浪费土地等破坏生态环境的行为。此外,加大污染治理和环境保护方面的资金投入,保持和提高区域生态环境质量,以期最终实现社会效益、经济效益和环境效益三者的统一。

# 专题五:西南山地石漠化及其综合治理

西南山地主要为岩溶山区(又称喀斯特山区),是世界上最大也是最集中连片的生态脆弱区,也是石漠化最严重的地区。该地区由于其特殊的地质环境与气候因素,造成生态环境极其脆弱,加之人为因素的影响,使得石漠化成为了当前我国西南喀斯特山区最为严重的生态问题之一。西南喀斯特山区石漠化造成该地区水土流失严重,生态环境不断退化,耕地面积减少,土地生产力下降,甚至于已经危及到该区域的人类生存。同时,石漠化造成人们生活水平低下,石漠化地区往往又是经济发展较为落后、贫困人口较多、贫困程度较深的贫困地区,对这些地区而言,石漠化问题已经不仅仅是严重的生态问题,更是突出的社会经济问题,是制约该地区社会经济发展的重要因素,也是制约西南地区可持续发展的最重要也是最严重的问题。多年来,国务院对喀斯特地区的石漠化等生态问题给予了高度的关注,2001年国务院就已经正式提出要"推进岩溶地区石漠化综合治理",国家"十五"计划也明确指出要"推进黔桂滇岩溶地区石漠化综合治理"。因此,加快西南喀斯特山区的石漠化治理,遏制并不断扭转石漠化不断扩展的趋势,改善生态环境,是促进西南地区经济社会以及全面可持续发展的关键,也是极为紧迫的任务之一。

## 一、石漠化的含义

对于石漠化的含义,不同学者有不同的理解和界定。袁道先认为,石漠化是植被、土壤覆盖的喀斯特地理景观转变为岩石裸露的喀斯特地理景观的过程,并指出石漠化是中国南方亚热带岩溶地区严峻的生态问题,石漠化导致了岩溶风化残积土层迅速贫瘠化和丧失,是我国四大环境地质问题中最难整治的。① 另外一些学者如王世杰②、王德炉③、夏卫生④、王瑞江⑤等认为,喀斯特石漠化是指亚热带脆弱的喀斯特环境背景下,人类不合理社会经济活动的干扰和破坏,土壤严重侵蚀、基岩大面积裸露、生产力下降的土地退化过程,具有类似石漠化的特征。在这一过程中,降水和径流等外营力的作用,是导致石漠化的直接动因,人类的不合理的经济活动是间接动因。屠玉麟认为石漠化是在岩溶自然背景下,受人类活动干扰破坏造成土壤严重侵蚀、基岩大面积裸露、生产力下降的土地退化过程,所形成的土地称为石漠土地。⑥ 潘红丽,等认为石漠化是指在热带、亚热带湿润、半湿润气候条件和岩溶极其发育的自然背景下,受人为活动干扰,使地表植被遭受破坏,导致土壤严重流失,基岩大面积裸露或砾石堆积,地表呈现类似荒漠化景观的土地退化现象,是岩溶地区土地退化的极端形式。石漠化是岩溶土地持续水土流失的最终结果,也是我国南方山地荒漠化的特殊形式,又称喀斯特荒漠化或者石化。⑦ 石漠化的含义又有广义和狭义之分,广义的石漠化指在自然外营力作用下地表出现岩石裸露的荒漠景观的土地,⑧包括岩溶石漠化(Karst Rock Desertification)、花岗岩石漠化(Granite Rock Desertification)、紫色土石漠化(Purple Soil Desertification)等石质荒漠化土地⑨;狭义的石漠化指岩溶区的荒漠化土地。虽然不同学者对石漠化的概念界定不同,但是综观这些概念可以发现,它们都涵盖了以下几个方面的含义:(1)石漠化形成的基质背景是以碳酸盐岩发育的喀斯特地貌特征;(2)石漠化所在的空间范

---

① Yuan Daoxian. Rock desertification in the subtropical karst of south China [J]. Z Gromorph N F , 1997,108:81~90.

② 王世杰. 喀斯特石漠化概念演绎及其科学内涵的探讨[J]. 中国岩溶,2002,21(2):101~105.

③ 王德炉. 喀斯特石漠化的形成过程及防治研究[D]. 南京:南京林业大学博士学位论文,2003.

④ 夏卫生,雷廷武,潘英华,等.南方坡耕地石漠化现状及防治的初步研究[J].水土保持通报,2001,21(4):47~49.

⑤ 王瑞江,姚长宏,蒋忠诚,等.贵州六盘水石漠化的特点、成因与防治[J].中国岩溶,2001,20(3):211~216.

⑥ 屠玉麟.贵州土地石漠化现状及成因分析[C]/李箐.石灰岩地区开发治理.贵阳:贵州人民出版社,1996.58~70.

⑦ 潘红丽,张利,文智猷,等. 石漠化治理研究进展[J]. 四川林业科技,2012,33(3):44~47.

⑧ 朱震达,崔书红.中国南方的土地荒漠化问题[J].中国沙漠,1996,16(4):331~337.

⑨ 中国荒漠化(土地退化)防治研究课题组.中国荒漠化(土地化)防治研究[M].北京:中国环境科学出版社,1998:1~19.

围是在我国南方湿润的喀斯特地区;(3)石漠化形成的原因是在特殊的自然生态环境背景下,受人类不合理的经济活动的干扰和破坏所造成的;(4)石漠化的外部可识别特征,或者说是其景观标志和发展程度指标是植被的退化、土壤的流失、基岩的裸露及相应的生境变化等,其本质特征是土壤严重侵蚀,土地生产力不断下降。

根据国家林业局《西南岩溶地区石漠化监测技术规定》,以裸露基岩占总面积的比例、裸露基岩的分布特征和结构以及植被的结构和覆盖率等作为分级的基本根据,可将石漠化划分为 6 个等级,即无明显石漠化、潜在石漠化、轻度石漠化、中度石漠化、重度石漠化和极重度石漠化(见表 5 - 1)。

表 5 - 1　石漠化程度划分情况

| 石漠化程度分级 | 基岩裸露率(%) | 裸岩结构 | 植被结构 | 植被覆盖率(%) |
|---|---|---|---|---|
| 无明显石漠化 | <20 | 无 | 乔灌草 | ≥70 |
| 潜在石漠化 | ≥20—30 | 点状乔灌草 | | ≥50—70 |
| 轻度石漠化 | ≥30—50 | 点状 + 线状 | 乔草 + 灌木 | ≥35—50 |
| 中度石漠化 | ≥50—70 | 线状 + 点状 | 疏草 + 疏灌 | ≥20—35 |
| 重度石漠化 | ≥70—90 | 面状疏草 | | ≥10—20 |
| 极重度石漠化 | ≥90 | 面状 | 稀少 | <10 |

## 二、西南山地石漠化的现状与特点

### (一)西南山地石漠化的现状

根据国家林业局发布第二次全国石漠化监测结果显示,截止 2011 年年底,我国岩溶地区有石漠化土地总面积 12 万平方千米,为岩溶地区岩溶土地面积的 26.5%,为岩溶地区国土面积的 11.2%,主要分布于以云贵高原为中心的贵州、云南、广西、湖南、湖北、重庆、四川、广东等 8 个省(区、市)、455 个县(市、区)、5 575 个乡(镇),其中以贵州、广西和云南三个省区分布最为集中,危害也最为严重(如表 5 - 2)。这三个省区地表喀斯特露出面积达 51 万平方千米,土地石漠化面积为 10.51 万平方千米,占喀斯特山区总面积的 20%,其中轻度和重度石漠化面积各占 40%,强度和极强度石漠化面积约占 20%;土地石漠化面积大于 1000 平方千米的县有 20 个,大于 500 平方千米的县有 74 个。

表 5－2　西南喀斯特地区各省(市、区)石漠化土地概况统计表

| 省　份 | 贵州 | 广西 | 云南 | 四川、重庆 |
|---|---|---|---|---|
| 喀斯特分布面积(万 km²) | 13.0 | 9.5 | 11.21 | 8.2 |
| 占所在省份总面积比(%) | 73.8 | 41.0 | 29.0 | 15.0 |
| 土地石漠化面积(万 km²) | 3.25 | 1.88 | 2.88 | 3.55 |
| 占所在省份总面积比(%) | 19.3 | 8.11 | 7.45 | 6.29 |
| 占所在省份喀斯特面积(%) | 24.96 | 19.78 | 25.69 | 43.29 |

　　其中,贵州省是我国喀斯特地貌发育最为典型的省份,也是全国石漠化最为严重的省份,目前共有喀斯特分布面积 13 万 km²,其中石漠化面积 3.25万 km²,占全省总面积的 19.3%。其中强度石漠化面积为 5258.5km²,占石漠化面积的 16.22%;重度石漠化面积 11874.3 km²,占石漠化面积的36.62%;轻度石漠化面积为 15294.3 km²,占石漠化面积的 47.16%。从石漠化在县级行政单元的分布来看,全省除赤水、榕江、从江、雷山、剑河 5 县(市)无明显石漠化外,其余都有明显的石漠化现象。广西是我国西南喀斯特地区碳酸盐岩面积分布最广最集中的地区之一,岩溶土地面积约占西南岩溶地区岩溶面积的 18.5%。广西岩溶地区石漠化土地中,轻度石漠化面积有 23.5 万 km²,中度石漠化面积 65.9 万 km²,重度石漠化面积 130.4 万km²,极重度石漠化面积 18.1 万 km²,分别占石漠化面积的 9.9%、27.7%、4.8%、7.6%。

**(二)西南山地石漠化的特点**

1. 石漠化分布广,面积大

　　如前所述,我国石漠化严重地区共 8 个省市区,其中本课题所研究的西南岩溶山地中贵州、广西、重庆、云南、四川全部囊括在内,且贵州、广西、云南还是石漠化的重灾区。若以县域范围内石漠化面积≥300km² 的县作为石漠化严重县,则南方岩溶区共有 173 个石漠化严重县,其中滇、黔、桂 3 省(区)石漠化严重县 119 个,占 68.79%,可见西南地区石漠化面积之大,分布之广。

### 2.石漠化地区分布集中连片

西南地区石漠化不仅分布广、面积大，而且呈集中连片分布的趋势。如贵州省，从空间分布看，石漠化土地多集中分布在喀斯特发育的南部和西部，以六盘水、黔西南、黔南、安顺、毕节所占面积最多。在广西岩溶土地主要集中分布在桂西的百色河池两市、桂西南的崇左市，以及桂北的桂林市，岩溶土地分布范围广且集中。

### 3.石漠化扩展速度快

一方面，由于不良的耕种方式等生产行为，加之矿山的开发和道路建设，导致生态环境不断恶化，一些潜在石漠化土地变成了石漠化土地；另一方面，石漠化程度也在不断加剧，即轻度石漠化在向中度发展，中度在向强度发展。据国土资源部航遥中心遥感调查资料，西南岩溶石山地区岩石裸露率大于30%的严重石漠化区面积达10.55万km$^2$，石漠化年发展速度达到2.11%，若不及时治理，西南岩溶石山地区的石漠化面积将在30年左右翻一番。届时西南岩溶石山地区将有1/3的国土面积演变为严重石漠化地区，这将是一个十分可怕的局面。①

### 4.石漠化治理难度大

石漠化地区生态十分脆弱，生态环境一旦遭到破坏，要修复则要经历一个非常缓慢且漫长的过程，有的甚至是不可逆的。科学测算表明，要在自然状态下形成一厘米厚的表土，最长需要上万年。同时，西南岩溶地区虽然雨热条件好，但是分布不均，而且由于水土流失，肥力极差，治理难度大。而区域经济不发达、人口密度大、各种频繁的不合理的人为活动更是使石漠化的治理难上加难。

### 5.石漠化危害严重

石漠化不但破坏了本来就极为脆弱的生态环境，而且还会引发干旱、洪水、泥石流、滑坡等自然灾害，导致耕地锐减，群众生产生活用水受到威胁，河道淤积威胁下游生态安全，造成生态恶化，生物多样性锐减，可见，石漠化危害严重，已经成为制约区域社会经济发展的重要因素。

### 6.石漠化地区与少数民族地区、贫困地区交错

石漠化地区往往又是少数民族聚居区，同时也是经济欠发达地区。目

---

① 彭艳,朱健,朱宇.西南石漠化地区生态恢复及恢复模式浅谈[J].科技创新导报,2010(36):122.

前西南岩溶区在经济上重点扶持的贫困县有152个,约有1000万人没越过温饱线,约占全国贫困人口的一半。贵州省48个国家级扶持县中有39个集中分布在石漠化较突出的喀斯特山区,2000年年底全省有贫困人口313万多,其中大部分分布在石漠化地区。石漠化地区生产和生态效率低,农民生产生活设施差,文化层次品位低,生活质量水平低。农民饮水难、行路难、用电难、听看广播电视难,同时突出地表现为物质文化消费和精神文化消费的低层次,文化心理愚昧,思维方式以及价值观念的低层次长期混合积淀并发挥作用。

## 三、西南山地石漠化的成因及危害

石漠化的发生既有自然因素又有人为因素的影响。自然因素提供了石漠化发生的物质基础,导致喀斯特的脆弱生态系统对外界干扰的抵抗能力弱,而人类的生产、生活活动又加剧了石漠化的发生,不合理的人为活动引起植被、大气、土壤、水体等环境因子发生质和量的改变,进一步加剧了水土流失,植被覆盖率下降等生态环境问题,并最终导致石漠化的发生。因此,西南喀斯特地区石漠化是在特殊的脆弱的生态地质背景上叠加了人类行为活动而出现的,是人为因素作用于自然的结果。

### (一)西南山地石漠化的成因分析

#### 1. 石漠化产生的自然因素

西南岩溶地区巨厚且广布的碳酸盐岩、特殊的土体坡面结构和岩溶空间结构、陡峭而又破碎的地貌格局以及降雨丰沛而又集中的气候特征等构成了西南岩溶地区特殊的地理地质背景,而恰恰是这些特点又成为了该地区水土流失、石漠化严重的自然地理因素。

(1)碳酸盐岩的造壤能力差且缓慢造成土层浅薄。碳酸盐岩是岩溶(喀斯特)地貌石漠化赖以发育的基础。西南地区在地质历史时期沉积了巨厚的碳酸盐岩,而碳酸盐岩抗风蚀能力强,母岩的造壤能力极差,成土过程较为缓慢,导致土壤资源缺乏,巨厚的碳酸盐岩和瘠薄的土壤则为石漠化的形成提供了物质基础。现已证实,贵州岩溶台地红色风化壳是碳酸盐岩原地风化残积的结果。① 而广西的岩溶速率为 0.1228 ~ 0.0350mm/a;贵州的岩溶速度为 0.036 ~ 0.076 mm/a;云南岩溶速度为 0.0317 ~ 0.0515 mm/a。纯碳酸盐岩的酸不溶物含量低,平均仅为 4% 左右,风化残余物很少,成土速率极慢,若考虑地表的自然剥蚀率,成土速率则更低,土壤允许侵蚀量远远小于非喀斯特地区。② 据对贵州 133 个样点分析,贵州灰岩风化剥蚀速率为 23.7 ~ 110.7mm/1000a,若按平均 61.68 mm/1000a 的剥蚀速率、平均酸不溶物 3.9% 计算,1000 年只有风化残余物 2.47mm,换句话说每形成 1cm 厚的风化土层需要 4000 余年,慢者需要 8500 年,较非岩溶区慢 1080 倍。③ 袁道先等根据贵州红黄土及广西红色粘土的化学成分分析结果估算,形成 1m 的土层需要剥蚀掉 25 m 的岩层,需要 250 ~ 850 ka;取其中间数值 556 ka 作为近似,即形成 1 cm 的土层需要 5.5 ka 左右。④ 由于西南喀斯特地区碳酸盐岩的抗风蚀能力较强,成土速度极其漫长,且形成的土壤厚度有限,造成西南喀斯特山区土层浅薄,这是导致该地区易出现石漠化的客观地理背景条件和基本原因。

(2)特殊的土体剖面结构和岩溶空间结构加剧了斜坡上的水土流失和石漠化。岩溶山区土壤剖面中通常缺乏 C 层(过渡层),在基质碳酸盐母岩和上层土壤之间,存在着软硬明显不同的界面,使岩土之间的粘着力与亲和力大为降低,一遇降雨激发便极易产生水土流失和石漠化。⑤ 由于岩溶山区土壤剖面中缺乏这种过渡层,便会形成土岩双层结构,上部土壤极松散,下层基质碳酸盐母岩坚硬密实,所以在二者之间就存在着软硬明显不同的界面,使得岩土之间的粘着力大为降低。西南喀斯特山区地表峰林、峰丛、溶洼、溶丘、溶谷、天窗、漏斗、脚洞、溶槽等比比皆是,面岩溶率一般为 10% ~ 30%,地下管道洞穴等也较多,因此除了坡面侵蚀以外,这种上下组合为土

① 王世杰,季宏兵,欧阳自远,等.碳酸盐岩风化成土作用的初步研究[J].中国科学(D 辑),1999,29(5):441 ~ 449.

② 李阳兵,王世杰,容丽.关于中国西南石漠化的若干问题[J].长江流域资源与环境,2003,12(6):593 ~ 598.

③ 苏维词.中国西南岩溶山区石漠化的现状成因及治理的优化模式[J].水土保持学报,2002,16(2):29 ~ 32.

④ 袁道先,蔡桂鸿.岩溶环境学[M].重庆:重庆出版社,1988:29—30.

⑤ 苏维词,朱文孝,熊康宁.贵州喀斯特山区的石漠化及其生态经济治理模式[J].中国岩溶,2002,21(1):19 ~ 24.

壤的岩溶化丢失以及土壤受降水、地表水及地下水的侵蚀和流失提供了充分的空隙场所与空间通道,导致水土通过这些落水洞等向地下河流流失。据有关研究,有地衣和覆盖层的纯碳酸盐岩其溶蚀速率为 0.05 ~ 3.00 mm/ka,而溶蚀残积成土速率为 1.3 ~ 3.2 mm/ka,土岩体积比约为 1:627。显然在一个溶蚀空穴中,每溶蚀流走后的剩余空间是残留体(土壤)的 627 倍,627 倍的余空需要上覆土壤在重力和渗水压力等作用下向下填充,地表土壤下陷堆积于溶沟、溶槽等空隙中,土壤虽没有远距离流走,但地表土壤层渐渐不连续,基岩逐渐裸露,这便是典型的岩溶化土壤丢失过程。① 除此之外,土壤的水土流失还与土壤抗蚀性能有关,而土壤抗蚀性能又与有机质含量有关,有机质含量越低,土壤抗蚀性越弱。由于土体绝大部分的有机质都集中于石灰土的表层,表层以下的土壤有机质含量就会降低,一旦富有有机质和植物养分的表层土被剥蚀,那么土壤的抗侵蚀和抗冲击能力就会明显下降。这也是造成西南岩溶地区水土流失和石漠化的重要地理地质原因之一。

(3)山多坡陡的地形为水土流失提供了动力潜能。大幅度的新生代抬升以及地史上多次的造山运动,使地壳抬升隆起,宏观上致使西南岩溶山区产生较大的地表切割、地势高差悬殊和地形坡度明显,微观上地质构造直接影响岩溶空隙介质的发生与拓展,从而不利于水土资源的保持,也为岩溶的发育和水土流失提供了动力潜能,这也是岩溶石漠化的典型区域多分布于构造活动强烈的河流上游及河谷地带的原因。如乌江流域上游、南盘江、北盘江流域,红水河流域的上中游等都是石漠化最典型的地区。石漠化的发生与发展主要是从高坡地开始,而且不同岩溶地貌类型区石漠化的发生率也存在明显的区别,②地势陡峻的峰丛洼地、峰林洼地及岩溶断陷盆地区,其石漠化程度往往最严重。而西南岩溶山区往往地形陡峭、地表崎岖破碎、山多坡陡,落差大、切割深。其中云南山地和高原占了 94%;广西山地面积为

① 王宏远,韩志敏,刘子琦. 中国喀斯特地区石漠化成因及其危害研究概述[J]. 安徽农业科学,2011,39(11):6680 ~ 6684.
② 童立强,丁富海. 西南岩溶石山地区石漠化遥感调查研究[C].//中国地质调查局. 中国岩溶地下水与石漠化研究论文集. 南宁:广西科技出版社,2003:36 ~ 45.

60.24%；①②贵州省山地面积占87%，丘陵占10%，而平川坝地仅占3%；全省地表平均坡度达17.78°，其中大于25°的陡坡地占全省总面积的34.5%，15°~25°的的占34.9%，两者合计占69.4%。山多坡陡的地表结构加剧了斜坡体上水、土、肥的流失，在某些人类活动扰动的激发下，使大片岩溶山地变成石漠化。③

（4）降雨多且降雨量大为石漠化的形成提供了溶蚀条件。西南岩溶山区的气候特征为温暖湿润的亚热带季风气候，绝大多数地区年均气温处于1.5—20℃之间，由于年降雨量大，降雨相对集中，降雨强度大，多集中在5月~9月，尤其在夏天极易造成暴雨和特大暴雨，进而发生洪涝灾害，导致西南岩溶山区极易发生水土流失，土壤受到严重侵蚀而减量变薄；另一方面，干旱又使植被枯死、土壤松疏，导致土壤质量下降，力学强度降低，土壤的稳定性差，一旦遭遇降水易发生水土流失。可以说，西南岩溶地区的降雨为石漠化形成提供了侵蚀动力和溶蚀条件。根据李瑞玲对降雨和石漠化二者之间的关系所进行的研究表明，降雨量大于1200mm对石漠化的影响最为明显。在降雨量大于1200mm的地区，降雨量越大，其石漠化越严重；而降雨量小于1100mm的地区石漠化程度则以轻度和中度为主。④

2.石漠化产生的人为因素

如果说上述的自然因素是西南岩溶地区产生石漠化的地理基础的话，那么人类不合理的生产、生活活动则在石漠化的产生和发展过程中起着推波助澜和加速进程的促进作用。

（1）人口规模超出了西南岩溶山区的生态承载力。岩溶地区由于山高坡陡且耕地面积较少，而且岩溶生态环境是一种对人类活动极其敏感的脆弱的生态环境，环境容量极低，倘若一个地区的人口规模过大，超过了土地的人口承载力，则人为活动将成为石漠化形成的催化剂。黄秋燕等对广西都安县地区不同人口密度对石漠化影响的定量研究表明，人口密度的增加

① 赵济，陈传康.中国地理[M].北京:高等教育出版社,1999:574~576.
② 董宾芳.我国西南岩溶地区石漠化问题研究——以滇黔桂三省区为例[J].西北师范大学学报(自然科学版),2006,42(2):90~95.
③ 苏维词.中国西南岩溶山区石漠化的现状成因及治理的优化模式[J].水土保持学报,2002,16(2):29~32.
④ 李瑞玲.贵州岩溶地区土地石漠化形成的自然背景及其空间地域分异[D].贵阳:中国社会科学院地球化学研究所博士论文,2004.

就意味着需要占用和开发更多的资源,山区的资源与环境的压力必然增大。当人口密度≥150 人/km² 时,石漠化比例急剧增加。例如,都安县人口密度小于 110 人/km² 的区域,发生强度石漠化的比例为 2.09%;而人口密度大于 200 人/km² 以上的区域,发生强度石漠化的比例为 15.31%,为前者的 7 倍多。① 有关研究也表明,岩溶区人口承载量不宜大于 100 人/km²,②但是西南地区多数石漠化地区的人口密度都在 200 人/km² 以上,人口压力导致人类活动对喀斯特环境的压力急剧增加,使西南岩溶山区陷入人口增加——过度开垦——土壤侵蚀性退化——石漠化扩展的经济贫困的恶性循环中。

(2)不合理的生产活动加速了石漠化的发生。西南岩溶地区人们不合理的垦荒与耕作活动以及乱砍滥伐、过度樵采、过度放牧等生产方式或生产活动引起植被迅速被破坏和退化,加剧了水土流失和石漠化的发展。首先,西南岩溶山区由于土地质量差,耕地面积少,随着人口的不断增长,人地矛盾愈来愈突出,导致人们对土地的需求随之增大,不得不对自然界进行过度开发,使得环境的破坏速度远远高于其恢复速度。据调查统计,在人为地质作用造成的石漠化的形成过程中,不合理耕作形成的石漠化占 21.2%、开垦形成的石漠化占 15.1%。③④一些不科学合理的耕种方法与活动,主要包括陡坡垦荒种植、瘠薄石山垦荒种植、偏坡地耕种等将会导致原始植被被完全破坏,作为生物储水层的原始植被一旦遭到破坏,其山体表层的出水能力将会大幅度下降,进而导致浅层地下水较少甚至枯竭,土壤的抗侵蚀能力便会随之降低,导致水土流失和石漠化加剧。其次,乱砍滥伐、过度樵采和过度放牧也会造成植被减少,山体表层出水能力下降,水土流失加剧将导致石漠化。据相关研究,在人为地质作用形成的石漠化中,乱砍滥伐形成的石漠化占 13.4%,过度樵采造成的石漠化占 31.4%,过度放牧形成的石漠化占 8.2%。③④

① 黄秋燕,吴良栋.喀斯特石漠化与人类活动响应的定量研究——以广西都安县为例[J].安徽农业科学,2008,36(21):9228~9231.

② 郑红雷.重庆南川石漠化地区可持续发展模式研究[D]重庆:西南大学硕士学位论文,2010:17.

③ 国家林业局.岩溶地区石漠化状况公报[N].中国绿色时报,2006~06:23.

④ 张殿发,王世杰,周德全,等.土地石漠化的动机制:以贵州省喀斯特山区为例[J].农村生态环境,2002,18(1):6~10.

**(二)石漠化的危害**

1.造成水土流失,土地退化,可耕地面积减少

据水利部门1999年调查资料,以岩溶石漠化区为主的红水河上中游流域水土流失面积占土地总面积的25%以上,1999年广西水土流失面积3.06万km²,占广西土地面积的12.92%,其中桂西岩溶石漠化区是广西水土流失的重点地区。[1]另据2008年遥感调查显示,贵州省水土流失总面积为73 179 km²,占土地总面积的41.54%,其中强度流失8 016 km²,占4.55%;极强度流失1 322.4 km²,占0.75%。全省年土壤流失量25 215万t,土壤侵蚀模数1 432 t/(km²·a)。[2]水土大量流失导致可耕地面积减少,人地矛盾更加突出。据对乌江流域近年来的遥感观测,该流域89%的新增石漠化面积是由陡坡旱耕地演变而来的。石漠化的加剧,使耕地质量下降并被破坏,可耕地面积因此减少。如位于黔中的普定县现人均拥有耕地仅0.04ha,而每年新增严重石漠化面积就达500ha。由于新增的石漠化主要发生在陡坡耕作区,相当于全县每年人均减少耕地0.0016ha,即人均耕地年平均减少4%,人地矛盾日趋突出。[3]

2.造成河道淤积,威胁下游生态安全

西南岩溶山区由于岩石裸露,其涵养水源的功能大大衰减,迟滞洪涝的能力也明显降低。同时流域面上的土壤由于受集中降雨的冲刷和侵蚀,泥沙随地表径流入河,成为河流泥沙的主要来源,长此以往,将会导致河道淤积。据1998年贵州省水电厅资料,全省土壤年侵蚀总量估计已达2.8×108t,[4]另外,红水河每立方米河水含沙量为0.726kg,流域土壤年均侵蚀模数为1 622t/km²。[1]大量的泥沙淤积,致使大部分泥沙最终进入长江和珠江,并在两江中下游淤积,造成河道淤浅变窄,湖泊面积及容积也在逐年缩小,使蓄、泄洪水能力逐年下降,将会直接威胁到长江、珠江下游地区的安全,并

① 蒋忠诚,袁道先.西南岩溶区的石漠化及其综合治理综述,《中国岩溶地下水与石漠化研究[M].南宁:广西科学技术出版社,2003:13-19.
② 黄秋昊,蔡运龙等.我国西南喀斯特地区石漠化研究进展[J].自然灾害学报,2007,16(2):106~111.
③ 李春惠.政策滞后投入少、水保执法难度大——贵州水土流失治理调查[DB/OL].http://www.gz.xinhuanet.com/2008htm/xwzx/2008496/04/eontent_l3449495.hun,2008-06-04/2009-12-10.
④ 黄秋昊,蔡运龙,王秀春.我国西南喀斯特地区石漠化研究进展[J].自然灾害学报,2007,16(2):106~111.

成为制约沿河水电工程发挥综合效能的严重障碍。

3. 加剧饮用水困难

由于西南岩溶山区的漏斗、裂隙及地下河网发育,造成地表径流较快地汇入地下河系而流走,加之石漠化地区地表土层流失严重,而植被生长困难,植被覆盖率低,地表土壤植被系统的保水贮水功能便大幅度降低,导致地表可利用的水资源极度匮乏,大部分石漠化地区都不同程度地存在人畜饮水困难的问题。虽然经过几年的"渴望工程",已经解决了一部分的人畜饮水问题,但是西南岩溶石山地区还有 1 700 万人饮水困难,并且大面积的地表干旱,滇、黔、桂三省(自治区)有 168 万 ha 耕地受旱。①

4. 造成生态环境持续恶化,自然灾害频繁

西南岩溶山区石漠化还将导致干旱、洪涝、泥石流、滑坡等自然灾害的发生,导致石漠化地区往往也是自然灾害发生频率较高、强度较大的地区,而且这些自然灾害往往交替重复、叠加发生,且随着岩溶地区生态环境的不断恶化,各种自然灾害呈现周期缩短、频率加快、损失加重的趋势。据不完全统计,黔、桂、滇三省区 200 个县中,1999 年遭受旱、涝等自然灾害,农作物受灾 6450 万亩,损坏耕地 90 万亩,因灾减产粮食 300 万 t,直接经济损失达121 亿元。②

## 四、石漠化治理的实践与模式

### (一)石漠化治理的实践

1. 生态修复工程

生态修复工程是根据不同区域、石漠化程度及地貌类型,按照适生适种、适地适用原则,合理配置乔灌草,采用人工促进植被自然恢复和人工恢复等修复技术,促进生态系统的适应性修复及可持续发展。③ 主要建设内容包括退耕还林还草、封山育林、人工种树种草等。其中退耕还林还草的生态补偿是调整保护或破坏生态环境的主体间利益关系的一种制度安排,是保

① 蒋忠诚,袁道先.西南岩溶区的石漠化及其综合治理综述,《中国岩溶地下水与石漠化研究》[M].南宁:广西科学技术出版社,2003:13 - 19.

② 覃小群,朱明秋,蒋忠诚.近年来我国西南岩溶石漠化研究进展[J].中国岩溶,2006,25(3):234～238.

③ 田秀玲,倪健.西南喀斯特山区石漠化治理的原则、途径与问题[J].干旱区地理,2010(4).

护生态环境的有效激励机制,核心包括对环境破坏者、受益者征费和对保护者进行经济补偿。它不仅能促进生态环境保护,也促进解决脱贫和生态公平等重大经济社会问题。①封山育林是对于西南岩溶山区岩石裸露率较高、土壤较少且土层较薄、水土保持能力较差的山区采取的有效措施,使其受人为干扰影响降低到最低的程度,以便其在自然条件下能够自我恢复。而对于土层相对较厚、水土保持能力较佳、能够并适合种树种草的石漠化地区,则通过人工培育,选择一些"石生、耐寒、喜钙"的植物物种,将封山育林和人工种树育林相结合,对该地区进行恢复。

2. 水利水保工程

西南岩溶山区降雨量大,水资源原本是相对较丰富的,但是由于降水极易沿岩溶裂隙、落水洞进入深处的地下水系而难以利用,且常积涝成灾,致使岩溶石漠化地区水土资源缺乏,造成工程性缺水。各地结合实际依靠先进技术,开展了一系列相关的水利水保工程建设。如把生物节水(如培植推广耐旱作物品种等)、农艺节水(如地膜覆盖、聚垄耕作等)、工程节水(修建鱼鳞坑等)和管理节水结合起来,通过实施"沃土工程"、坡改梯等培土培肥工程和间作套种、错季节种植、立体种植等措施来提高基本农田的单产和复种指数,稳步解决石漠化地区人民的温饱问题和人畜饮水问题。②贵州省黔西南州在"十五"期间,加快了水资源供给保障体系建设,大力发展农田灌溉,加强对原有工程的管理和维修配套,除险加固及渠道防渗,防止效益衰减。小型灌溉工程、排洪除涝工程、小山塘、小水池、小水窖等"三小"工程建设,累计投入资金2816万元,完成渠道防渗改造380千米,维修加固提防30千米,修复水毁工程80处,提水站检修改造5000千瓦,整修加固山塘500座,建成小水窖、小水池8000余个。并在水源条件好的地方积极发展提水灌溉。通过"渴望工程"、"国家农村人饮解困工程"、"以工代赈"人畜饮水工程等,突出特色,强调示范推动,坚定不移地实行"预防为主,防治结合"的方针,一手抓治理,一手抓预防监督执法,始终把水利水保工作贯穿于整个生态治理工作之中。有效控制水土流失和石漠化,为黔西南州社会经济可持

① 国家行政学院经济学部.构建西部地区生态补偿机制面临的问题和对策[R].经济研究参考,2007:44.
② 苏维词.中国西南岩溶山区石漠化的现状成因及治理的优化模式[J].水土保持学报2002(2).

续发展起到有力的基础支撑和保障作用。

### 3. 生态移民工程

生态移民是一项重要且极为有效的综合防治石漠化的举措,西南喀斯特石漠化山区进行的生态移民主要是指由于资源匮乏、生存环境恶劣、生活贫困,不具备现有生产力诸要素合理结合条件,无法吸收大量剩余劳动力而引发的人口迁移。此举既可有效减轻石漠化地区土地及生态承载压力,又可帮助搬迁人口逐步摆脱贫困,所以又名"异地扶贫搬迁"。① 据资料统计,2001～2005年,贵州黔西南州生态移民搬迁安置0.75万户3.43万人,并有效解决他们用水、用电、行路等实际困难和问题,进一步拓宽他们的增收门路、提高基本素质,增强贫困地区自我发展能力,真正做到"搬得出、稳得住、有产业、能致富",以减轻人口对环境的压力,从而加快黔西南州脆弱生态区生态重建的步伐。

### 4. 基本农田建设工程

基本农田建设工程是以土地整理、水土保持为中心任务,结合中低产田土改造、坡改梯、兴修小水利、推广节水灌溉和水土保持等的石漠化治理工程。以贵州省黔西南州为例,资料显示,从1991～2005年,经过十四年的建设治理,以坡改梯为主的基本农田建设取得了明显的社会效益、生态效益和经济效益。通过治理人均拥有基本农田由1991年工程实施前的0.19亩,提高到现在的0.35亩,人均拥有粮食,由工程实施前的225公斤,提高到现在的307公斤。14年来累计增粮30.4万吨,占全州累计增加粮食的10%,经济作物增钱累计10692万元,国家投入基本农田及配套小水池建设资金18684万元,产出经济效益41092万元,投入与产出比为1:2.2,投资产出率为220%,极大地改善了全州农业生产条件、生态条件,为农业产业结构调整打下了坚实基础,有效防止水土流失和石漠化。

### 5. 生态农业工程

生态农业主要有立体农林复合型、牧农结合型、林果药为主的林业先导型、节水农业型、生态农庄型、庭院型等形式。该模式主张开发农村新能源.节约薪柴,多种方式结合,推动农民致富,科技扶贫,有效遏制水土流失。贵州喀斯特生态农业模式有:自给型粮食种植业、生态经济型林(果、药)业、效

① 田秀玲,倪健. 西南喀斯特山区石漠化治理的原则、途径与问题[J]. 干旱区地理,2010(4).

益型畜牧业和增值型绿色产品加工业。广西凤山县"新型高效特色生态农业模式"为:地头水柜收集雨水,为耕地、草地、桑园、沼气池、人畜饮水和加工用水提供水源,水柜内养鱼,地改田,坡改梯,水、旱轮作,退耕还林还草,种植高产牧草和生态林,促进农业产业结构调整和林业发展。①再以贵州省黔西南州为例,从上世纪开始,黔西南州人民始终坚持经济和环境协调发展原则,总结吸收各种农业生产方式的成功经验,按生态学、生态经济学原理,结合本地资源实际,以沼气建设为纽带,并且先后开展生态农业示范推广工作,建立"猪—沼—椒"、"猪—沼—果"、"牛—沼—粮"等循环经济模式。把粮食生产与多种经济作物生产相结合,把种植业与林、牧、副、渔业相结合,把大农业与二三产业发展相结合;利用我国传统农业的精华和现代科学技术,通过人工设计生态工程,探索黔西南生态农业发展的优良路子。

6. 沼气工程

农村沼气工程建设是代煤、代柴的一种清洁能源,是推进生态建设和农村经济发展的一项战略性措施,也是石漠化综合治理的一项重要措施。目前在西南喀斯特山区大力推广的是"多位一体"农村循环经济模式,②以沼气为纽带,"畜、草、果(药)、沼、水、路(多位一体)"为核心,"猪—沼—庭院—农家乐"、"猪—沼—花(果)"、"猪—沼—农产品加工"等"三沼"综合利用为技术支撑,充分回收、利用各种生产废弃物(如废旧塑料、秸秆等),"资源—产品—再生资源"为特征,推行生物质能有效循环和以家庭微循环为代表的"多位一体"多向循环。①贵州黔西南州实施了农村沼气建设工程,以气代柴,大力推广沼气,节柴灶建设,确保"建设一口,成功一口,见效一口,带动一方"。到2008年年底,全州共建沼气池9.16万口,占农村户数的14%,相当于每年可节约薪柴14.06万吨。

7. 生态农业工程

西南岩溶地区山地面积大,农业生态系统脆弱,农业资源贫乏,人为破坏严重,自然灾害频繁,实施生态农业工程不仅对于治理石漠化意义重大,而且对于提高农村经济发展、促进农民增收具有重要的意义。从上世纪开始,贵州黔西南州人民始终坚持经济和环境协调发展原则,总结吸收各种农

① 田秀玲,倪健. 西南喀斯特山区石漠化治理的原则、途径与问题[J]. 干旱区地理,2010(4).
② 王济,蒋志毅,蔡景行."多位一体"农村循环经济模式的探索[J].中国农业资源与区划,2007,28(4):48~52.

业生产方式的成功经验,按生态学、生态经济学原理,结合本地资源实际,以沼气建设为纽带,并且先后开展生态农业示范推广工作,建立"猪—沼—椒"、"猪—沼—果"、"牛—沼—粮"等循环经济模式。把粮食生产与多种经济作物生产相结合,把种植业与林、牧、副、渔业相结合,把大农业与二三产业发展相结合;利用我国传统农业的精华和现代科学技术,通过人工设计生态工程,探索黔西南生态农业发展的优良路子。

**(二)石漠化治理的模式**

各地根据中央政策并结合当地实际,探索出了符合当地的一些石漠化治理模式,在此以贵州省为例列举一二。

1. 底海拔喀斯特岩溶山区种植花椒的"顶坛模式"

"顶坛模式",是指在自然环境承载能力低下、生态系统敏感脆弱的喀斯特地区与贫困抗争种植花椒,成功进行生态修复,改变当地群众生存困境,提高农民收入,因最早在北盘江镇顶坛片区实施,故称"顶坛模式"。

顶坛花椒受其独特地形地貌、气候、土壤等自然条件的良好影响,具有香味浓烈,口感醇畅的优良品性,在国内市场独树一帜,近年已斐声省内外,目前成品椒油已经问世。顶坛片区种植花椒达6万多亩,农民人均收入由不足200元上升到3000多元。由于普遍种植花椒,该片区水土流失已得到根本控制,目前,这一模式已向州内条件适宜的24个乡镇进行推广,全州石漠化地区花椒种植面积已近16万亩,省内外前来参观、引种的络绎不绝。1998年4月,时任国务院副总理的温家宝亲临贞丰顶坛视察,对"顶坛模式"给予了高度评价,他说:"这是一个创举,在这么恶劣的环境中,不但生存下来了,还能脱贫致富,是了不起的创举啊!"2003年9月,中国科学院和中国工程院10位院士和45位专家、教授、学者到顶坛片区调研,充分肯定了种植花椒既有经济价值又能改变生态,为石漠化治理创造了可借鉴的"顶坛模式",并指出:这种不改变原始地形地貌,因地制宜,采用生物措施,调整种植结构,恢复治理生态,投资小,见效快,并能产生明显的经济效益的治理模式可在全国推广。

2. 高海拔喀斯特岩溶山区生态畜牧业"晴隆模式"

"晴隆模式",是指通过基地带动、滚动发展、集体转产等模式,促进农民增收、农业增效,把草地畜牧业发展、石漠化治理与生态恢复连为一体。

晴隆县自1999年利用10~30厘米的表土层种牧草,开始人工种草,现种草面积已扩大到17万亩,其中,改良草地10万亩,建成31个种草养羊示范基地,带动14个乡镇86个村的10860多户农民实施种草养羊。2008年,肉羊存栏数13.8万只,其中,纯种波尔山羊8000余只,杂交肉羊60000余只,黑山羊基础母羊70000余只;已建成25个肉羊基地,2个育种场。2008年,出售杂交肉羊12万只,杂交肉羊远销江苏、上海、香港等地,供不应求,帮助农民增加收入4000万元,农户养羊年均收入达6000多元。人工种植优质牧草,采用多种草种混播,增加植被,改良土壤,陡坡山地变成了绿色牧场,促进了种植结构调整。2006年6月,国务院扶贫办在晴隆县组织召开了"全国科技扶贫(南方草地畜牧业)现场经验交流暨培训会",与会领导和专家对晴隆县草地生态畜牧业的发展给予了充分肯定和高度赞扬。认为晴隆发展草地畜牧业创造了三种模式:一是南方喀斯特山区产业结构调整,使农民迅速脱贫致富的模式;二是喀斯特地区生态治理和经济效益成效显著的模式;三是国家企业和农民利益有效结合的机制模式,值得全国推广。2008年5月,全国人大委员长吴邦国考察晴隆草地畜牧业时说"这是一个当代人挣钱,子孙后代享福的项目,对国家来说保护了生态,对农户来说脱贫,有一定的科技含量"。并对晴隆县种草养羊科技扶贫、石漠化草地治理、生态畜牧业发展取得的成绩,给予了高度的评价和充分的肯定。

3. 中海拔喀斯特岩溶山区种植金银花的"坪上模式"

"坪上模式"是黔西南州为有效治理石漠化、实现山区农业综合开发和改善生态环境探索出的成功之路,在贵州已经全面推广。

黔西南州中海拔石漠化石山、半石山石旮旯间隙中存有一定土壤,在这些地段种植金银花,以岩石作为金银花攀爬的永久性支撑,以岩石表面作为生产空间,既覆盖了裸露的岩石,治理了水土流失,又能产生较好的经济效益,对治理岩溶山区石漠化起到了良好的植被恢复作用。该模式因在贞丰县珉谷镇坪上村较典型,称为"坪上模式"。目前,全州种植金银花已达30万亩。金银花品种为地产黄褐毛忍冬,具有生长快、抗逆性强、花期集中的特点,其中"绿原酸"等有效成份远远高于其他省区的金银花品种。种植金银花的农户,人均净收入1300元。实施项目的石漠化地区,绿化效益非常明显,水土流失状况大为改观。

4. 普安小水电代燃料庭园生态经济型模式

普安县利用2003年被国家确定为小水电带燃料工程建设试点示范县的

有利条件,在青山、雪浦、楼下3个乡镇选择7个村进行小水电带燃料工程建设试点,即国家投入一定的资金补助企业,建设小水电站,小水电站与政府签定供用电协议,小水电站以每度0.19元的价格向项目区农户供电,政府补助农户购买电炊具,以电代替燃料,让农户告别了砍柴做燃料破坏生态的日子。小水电代燃料试点在普安取得成功,引起了国家相关部委的高度重视。2005年4月,全国小水电代燃料试点现场会在普安县青山镇召开,其成功模式向全国推广。中央财经工作领导小组、国务院政策研究室、水利部等单位的领导也多次到普安县调研,为中央制定惠农政策提供决策依据。

5. 南北盘江干热河谷地带车桑子治理模式

黔西南州南、北盘江流域石漠化程度较高的白云质石山地带气候干旱、土壤贫瘠,不利于一般植物生存,但适宜车桑子生长。1993年,黔西南州从云南省引入车桑子种植成功后,先后在兴义、安龙、晴隆等石漠化程度较高的干热河谷地带,对石漠化治理的植被恢复采用“先治害,后兴利”的原则,在25个乡镇点播耐干旱、耐贫瘠的车桑子小乔木50余万亩,现车桑子造林地带已经取得明显的成效,原来的石漠化土地上,现在植被得到恢复,长势良好,平均高在2米左右,高的已达4米,多数植株已经开花结实,能够进行天然下种,水土流失得到遏制,基本达到治理石漠化,保持水土的目的,取得了良好的生态效益。

6. 者楼生态农业发展模式

“者楼模式”,是黔西南州在低热河谷地区规模发展早熟蔬菜,实行产、供、销一体化运作的一种成功模式,因在册亨县者楼镇率先推行而得名。

册亨县位于北盘江与南盘江交汇处,素有“贵州的天然温室”之称。过去,者楼河岸是“荒田荒土荒田坝”。1985年全镇人均口粮不足400斤,人均年纯收入130～150元,人均耕地1.2亩,但耕地质量低劣,25度以上的陡坡耕地占当时旱作耕地的一半,且土地涵养水源能力差,稻田面积中,中低产农田就占了70%。上世纪80年代年代初,者楼镇羊场村5户农民为改变生存现状,引进早熟辣椒试种成功。1995年以后本村发展8亩早熟蔬菜,通过示范种植成功后,羊场村成为了册亨县发展早熟蔬菜的起源地。通过逐步发展,到2009年,全县种植规模达4.2万亩。并形成了以者楼河流域为重点的优质蔬菜基地,通过了贵州省无公害早熟蔬菜产品产地认证,国家商标局批准注册了“者楼河”牌早熟蔬菜商标,成立了集产、供、销一体化服务的者楼蔬菜协会和岩架果蔬协会,带动了全县 2 万余菜农依托早熟蔬菜种植走向了致富路。过去的荒田、荒土、荒坝子变成了今天农民增收致富的宝地。

除上述贵州省的石漠化治理模式外,其他省区市还有一些石漠化治理模式也取得了一定的效益(见表 5-3)。

表 5-3　西南岩溶山地石漠化治理模式

| 治理模式 | 示范区 | 实施措施 | 示范区治理效益 |
|---|---|---|---|
| 农村循环经济生态产业发展模式 | 贵州花江喀斯特峡谷 | 以沼气为纽带,以经济林草种植和庭院养殖为主要链环结构,及椒(庭园种植)—猪(庭院养殖)—沼(家庭能源开发) | 2000~2003 年,种植业产值由 64% 降至 38%,林灌草覆盖率由 21.19% 增至 65.81%,与此同时,土壤侵蚀面积变小 |
| 复合型立体生态农业模式 | 广西平果果化岩溶峰丛洼地 | 在弄拉立体生态农业模式的基础上又叠加多种农林牧复合模式:粮—草—畜—沼循环生态型模式、林—草畜—立体生态循环模式、林—粮—禽复合生态模式,果—药立体生态模式、果—菜(野菜)立体生态模式 | 植被覆盖率由不足 10% 提高到 50% 以上,土壤侵蚀模数下降了 30%,形成了生态产业,火龙果直接经济效益可以达到 3000~4000 元/亩 |
| 生态工程技术治理模式 | 云安昆明市石林县 | 借助石漠化中的大小势头,建立有利于藤本植物攀爬的各类棚架。将主要的植物生产面(茎、叶、花、果等)提高至各种高度空间,达到多层次多种类生产结构 | 花费成本低,收益高而快,5 年总计 1 公顷盈余 50.9 万元,每亩平均盈余 3.39 万元 |
| 喀斯特山地生态产业发展模式 | 重庆南川市南平镇喀斯特石山区 | 荒坡地:生态林草+植物篱+牧草;陡坡耕地:经济林果+等高种植+工程土埂+经济植物篱;坡改梯新改梯地:蔬菜+护坎植物篱;缓坡耕地:经济或粮食农作物+经济条带植物篱+高等植物;稻田:保护性耕地+无害农产品 | 植被覆盖率提高 30%,水土流失减少了 66%,农民人均年收入提高了 22%~151%,拦蓄了 22% 的坡面径流量,降水利用率提高了 26% |

## 五、石漠化治理的效益、经验与存在的问题

石漠化问题已然是中国三大生态问题之一，更是岩溶地区首要的生态问题，石漠化问题也引起了党中央和国务院的高度重视。20世纪80年代以来，在西南岩溶地区开展了很多项目，如实施了"八七"扶贫攻坚计划，长江中上游防护林工程，水土保持、天然林保护等工程，以及世界粮食计划、世界银行贷款和澳大利亚、新西兰的援助项目等，在石漠化治理方面已经取得了不少成功经验。2004～2005年，国家林业局组织开展了岩溶地区石漠化土地监测工作，基本查清了岩溶地区的石漠化状况，这项工作为石漠化的科学防治提供了基础数据。2008年，国务院批复了国家发改委等六部委《岩溶地区石漠化综合治理规划大纲(2006～2015年)》，提出在"十一五"期间，国家将加大投入，安排专项基金，在云南、贵州、广西、湖南、湖北、重庆、四川、广东8省(市、区)选择100个县开展石漠化综合治理试点工作。为全面实施石漠化治理探索道路、积累经验。其中，作为西南岩溶山区石漠化最为严重的贵州省就有55个县列入国家试点县，每个县三年国家补助3000万元，可见国家对于石漠化治理的支持力度。石漠化综合治理工程试点实施以来，各地在石漠化治理方面取得了一定的成绩，在石漠化防治技术与工程管理方面也积累了一些经验。

### (一) 石漠化治理取得的成效

党中央、国务院高度重视石漠化地区的生态建设，先后在西南岩溶地区实施了天然林保护、天然草地植被恢复与建设、退耕还林、退牧还草、草山草坡开发示范、基本农田建设、水土保持、耕地整治、农村新能源开发建设、人畜饮水安全、生态移民以及异地扶贫等一系列国家重点工程，从不同角度出发对石漠化进行了全面治理，也取得了一定的成效。

1. 生态效益

西南岩溶山区各试点县通过实施封山育林、退耕还林、人工造林、小型水利水保配套等项目建设，逐步改善了项目区及周边地区的生态环境，促进了自然生态系统的逐渐恢复，并向良性循环发展，生态效益日益明显。如贵州省"十一五"期间，工程区451个县中央基本建设累计投资273.09亿元，其中生态修复工程投资75.26亿元。主要工程建设情况是退耕还林501.73万公顷、营造林208.52万公顷、草地治理93.10万公顷、水土保持144.89万

公顷、耕地整理 14.13 万公顷、沼气池建设 158.62 万户、移民搬迁 48.01 万人、解决 808.16 万人饮水问题、农村小水电 652.72 千瓦。通过工程实施，治理区林草植被覆盖率有所上升，水土流失减少，生态状况得到了一定的改善。再如，重庆彭水县 2008 年石漠化实施工程以来，实施了以营造用材林、防护林、经济林与封山育林相结合的生态治理，项目区新增森林面积约 9 万亩，恢复森林面积约 1.5 万亩，按每年每平方千米森林蓄水 3 万 $m^3$ 计算，年蓄水可达 86.4 万 $m^3$，这对恢复工程区内的生态平衡和改善生态环境质量发挥了重要作用。[①] 贵州赫章县通过 3a 治理，完成封山育林 l133hm²，人工造林 500hm²；完成畜牧业人工种草 2 333hm²，建圈 39 480m²，建青贮窖 15 760m³，修建蓄水池 38 口 440m³，安装输配水管道 100 km，供水桩头 129 个，解决了 2 500 人、4 500 头（匹）牲畜的饮水安全问题和 133hm² 草场、67hm² 耕地的灌溉问题，各项工程建设任务全部超计划完成，共治理石漠化面积 34.67 km，治理面积超 8.4 km，治理区林草覆盖率提高 25.75%，达到 74.4%；森林覆盖率提高 12.6%。[②] 贵州省关岭县花江示范区十余年来，林草覆盖率由原来的 14.16% 提高到 21.29%，减少泥沙流失量 20.2 × 10 4t/a，新增蓄水 48 × 10 4m³。[③] 广西平果县果化示范区治理结果表明：四年来，生态环境得到了良好改善，植被覆盖率由 2000 年的 10% 提高到 2005 年的 50% ~70%。[④] 贵州省蒙铺河小流域，1983 年启动"长防林"工程，实施流域综合治理，仅 6a 时间，林草覆盖率由 6.5% 上升到 55.4%，水土流失面积则由 75.5% 下降到 22.17%，人均耕地虽由 0.104hm² 下降到 0.08hm²，人均粮食却由 198.5 kg 增加到 399 kg，人均纯收入更是增加了 3.24 倍。[⑤] 广西 2008 ~2010 年，按照国家的统一部署，由国家安排专项资金，在全国选择 100 个县先行综合治理试点，其中广西田阳、田东、平果、都安、大化、环江、凤山、

① 李继晖，廖佳泉，丁一玲. 彭水县石漠化现状及主要治理模式[J]. 重庆林业科技,95(2):43~52.

② 肖时珍，肖华. 喀斯特地区石漠化综合治理的经验与启示——以贵州省赫章县石漠化治理工程为例[J]. 人民长江 2012,,43(7):85~88.

③ 卢彪，刘应江，杨兴权. 关岭县花江喀斯特石漠化综合防治对策探讨[J]. 人民珠江,2006,2:61~62.

④ 吴孔运，蒋忠诚，罗为群，等. 喀斯特峰丛山地立体生态农业模式实施效果研究——以广西平果县果化示范区为例[J]. 中国生态农业学报,2008,16(5):1197~1200.

⑤ 梅再美. 熊康宁. 贵州喀斯特山区生态重建的基本模式及其环境效益[J]. 贵州师范大学学报（自然科学版）,2000,18(4):9~17.

柳江、忻城、天等、马山、平乐等 12 个县被列为试点县。要求以小流域为治理单元,合理确定农、林、水、牧等各项建设项目,规划封山育林育草面积 94 010hm²,人工造林 4 062hm²,草地建设 801hm²;坡改梯面积 486hm²,泉点引水 133 km,建设沼气池 660 座。[①]

2. 经济效益

在石漠化治理过程中,通过相关的工程建设,不仅改善了生态环境,而且还促进了产业结构调整,项目建成投产后,具有较好的经济效益。如重庆彭水县在石漠化治理的过程中实施用以营造用材林、防护林、经济林与封山育林相结合的生态治理。其中香椿等用材林每亩能出材 8m³,按 400 元/m³计算,每亩可实现产值 3200 元,用材林 7800 亩可实现总收入 2496 万元,项目区人均可增收 1000 元以上;枇杷、桃子、李子、板栗等经果林,每亩可生产水果 2000kg,按 2 元/kg 计算,每年可实现产值 4000 元,经果林 5823 亩可实现总收入 2329 万元,项目区人均每年可增收 1500 元以上。[②] 再如广西百色靖西、隆林两个试验区,截至 2012 年 5 月底,累计动工项目 133 个,完成投资 1306.92 万元,其中:基础设施项目 126 个,完成投资 964.42 万元,建设村屯道路 10 条,里程 35.4 千米,建设人畜饮水项目(含家庭水柜建设)32 处,改造农户危房 52 户;实施生态工程项目 2 个,完成投资 22 万元,主要建设千亩竹子示范基地,种植细叶龙竹 770 亩;实施产业开发项目 3 个,完成投资 155.9 万元,建设中药材苗圃基地 20 亩,种植金银花 5590 亩,发放猪苗 3388 头;实施社会事业项目 2 个,完成投资 35 万元,建设村部和敬老院各 1 处;此外,项目区群众还得到了曹氏扶贫善款 129.6 万元。[③]贵州关岭县花江示范区十年来贫困人口由 1997 年的 3 072 人减少到 746 人,人均纯收入从 1991 年的 120 元增加到 1 800 元。[④] 广西平果县果化示范区治理结果表明:四年来,不仅生态环境得到了良好改善,农民年均纯收入由治理前的 632 元上升

---

① 蔡会德,胡宝清,农胜奇,莫奇京. 广西石漠化治理现状及其分区施策[J]. 广西师范学院学报:自然科学版 2011 第 28 卷第 3 期:57～62.

② 李继晖,廖佳泉,丁一玲. 彭水县石漠化现状及主要治理模式[J]. 重庆林业科技,95(2):43～52.

③ 罗金丁. 滇桂黔石漠化片区扶贫开发路径探析——以百色石漠化综合治理和扶贫开发试验区为例. 中共桂林市委党校学报 2012 12 卷第 3 期:41～44.

④ 卢彪,刘应江,杨兴权. 关岭县花江喀斯特石漠化综合防治对策探讨[J]. 人民珠江,2006,2:61～62.

到 2005 年的 1 524 元。① 贵州赫章县在石漠化治理的实施过程中,共购置饲草机械 69 台,共扶持养羊户 1 316 户,养殖基础母羊 26 320 只,种公羊 1 600 只;完成农业措施中药材种植 333hm²;农民人均纯收入由治理前以种植玉米为主的 1 657 元提高到 2 274 元,提高 37.23%,经过 2a 的发展,养羊大户户均养羊纯收入达 12 137 元/a。② 贵州黔西南州从 1991 年至 2005 年,经过十四年的建设治理,以坡改梯为主的基本农田建设取得了明显的社会效益、生态效益和经济效益。通过治理人均拥有基本农田由 1991 年工程实施前的 0.19 亩,提高到现在的 0.35 亩,人均拥有粮食,由工程实施前的 225 公斤,提高到现在的 307 公斤。14 年来累计增粮 30.4 万吨,占全州累计增加粮食的 10%,经济作物增钱累计达 10692 万元。

3. 社会效益

西南地区的石漠化综合治理试点工程还具有良好的社会效益。首先,广大石漠化农村地区的基础设施建设得到了发展,人民生活环境和生活条件有了一定的改善。如贵州赫章县,在石漠化治理过程中同时通过整合项目投入,修通了治理区通村公路 16 条,共 63 km,启动了威奢至兴发 24.7 km 柏油路建设,完成农村危房改造 145 户、茅草房改造 189 户、异地生态移民搬迁 25 户,修建沼气池 448 口,完成土地整理 300hm² 以上,并配套小水池、排水沟、坡改梯、机耕道、绿肥改良、石灰土改良等项目,建成旱涝保收的基本农田 233hm。③ 其次,推动了农村经济结构调整,推动了生态农业、农田牧业、生态旅游业的发展。如贵州黔西南州结合当地资源实际,以沼气建设为纽带,并且先后开展生态农业示范推广工作,建立"猪—沼—椒"、"猪—沼—果"、"牛—沼—粮"等循环经济模式。把粮食生产与多种经济作物生产相结合,把种植业与林、牧、副、渔业相结合,把大农业与二三产业发展相结合;利用我国传统农业的精华和现代科学技术,通过人工设计生态工程,探索出了黔西南生态农业发展的优良路子。而且人工草地建设从 2000 年开始起步,到目前为止,全州已建成人工草地和围栏改良草地 50 万亩。各县(市)都建

---

① 吴孔运,蒋忠诚,罗为群,等. 喀斯特峰丛山地立体生态农业模式实施效果研究——以广西平果县果化示范区为例[J]. 中国生态农业学报,2008,16(5):1197～1200.

② 肖时珍,肖华. 喀斯特地区石漠化综合治理的经验与启示——以贵州省赫章县石漠化治理工程为例[J]. 人民长江 2012,,43(7):85～88.

③ 肖时珍,肖华. 喀斯特地区石漠化综合治理的经验与启示——以贵州省赫章县石漠化治理工程为例[J]. 人民长江 2012,,43(7):85～88.

起了一批养羊、奶牛、肉牛种草养畜示范场或示范基地。重庆"巴渝新十二景"之一的阿依河景区位于阿依河流域,即将开园接待游客的摩围山风景区位于河麻沟流域,通过对自然风景区的石漠化治理,为本已风光宜人的自然风景区锦上添花,达到了进一步增加彭水旅游资源的目的。① 最后,人口素质得到了提高。石漠化治理工程是一个全民参与的大工程,在实施过程中,大批农民会接受各级各类专业技术培训,熟练掌握一些实用技术,显著提高生产技能和管理水平,提高了广大农民的现代农业意识。

**(二)石漠化治理的经验**

自中央提出推进岩溶地区石漠化综合治理以来,西南岩溶地区各地认真贯彻中央政策,因地制宜地寻求适合当地实际的石漠化治理措施与模式,并取得了一定的效益,也积累了一定的经验。

1. 政府重视、部门协作、全民参与

各地政府将石漠化治理纳入了国民经济和社会发展的全局考虑,并摆上重要议事日程,不断加大投资和政策扶持力度,同时,通过广泛宣传和政策的引导,群众广泛参与石漠化治理的积极性也被调动起来。为保障石漠化防治工作取得显著成效,各地各级形成"党政一把手亲自抓"、"分管领导具体抓"的工作格局,精心组织,周密部署,抓落实、抓举措。相关部门,如农业、林业、水利、畜牧等分工合作,各司其职,共同把石漠化防治工作推向了纵深发展,并不断探索和建立了一套适合当地发展、具有当地石漠化特点、并具有当地农村特色的石漠化综合防治的公众参与理论与技术体系,逐步实现村民对石漠化治理与生态环境恢复保护的自主参与和自觉维护,启动石漠化山区农村自动增长机制。在项目选点、设计规划、配置植物、造林绿化树种选择、栽种方法、抚育管理等方面,都召集农户积极进行协商,增强了村民的参与性和积极主动性。并充分发挥电视、广播、网络报纸、等媒体传播作用,广泛宣传生态建设基本知识和有关法律、法规,号召全民参与。

2. 因地制宜,科学规划,制定符合并适合当地的正确的防治对策

西南岩溶山地虽然都属岩溶区,但是地质条件复杂,各地自然环境和社

---

① 李继晖,廖佳泉,丁一玲. 彭水县石漠化现状及主要治理模式[J]. 重庆林业科技,95(2):43~52.

会条件迥异,岩溶区的情况各有不同,各地石漠化的特点和状况各不相同,因此,根据各地的不同情况和特点,治理措施和方式也不能千篇一律。如在南方62万 km² 的岩溶区,黔南、桂西属厚层碳酸盐岩区,黔东北、重庆、湘鄂西属碳酸盐岩与非可溶岩间夹区,湘中、桂粤北、桂中属覆盖型岩溶区,川南属埋藏型岩溶区以及滇东属断陷盆地岩溶区,各地情况各有不同,且在上述五大类型内又还有许多不同情况。因此,只有遵循客观的自然规律和经济规律,坚持科学发展,分类实施,注重实效、因地制宜、因害设防,因势利导,科学规划,抓住生态环境的主要问题和矛盾,对症下药,实行宜农则农、宜林则林、宜牧则牧、以科学的方法治理石漠化。对石山采取"以封山育林为主,造林补植、改燃节柴为辅"的治理措施,加快石山造林绿化步伐。工程性缺水的石漠化地区,以水利水保工程为主,大力建设水源林的同时,配套小水池、小水窖以拦截坡面径流。对农村能源短缺的石漠化地区,以沼气池建设、节能炉灶、太阳能推广、小水电代燃料等农村能源建设工程为主导替代薪材,解决居民的生活能源问题。大力发展沼气池,巩固封山育林成果,是石漠化治理的一项关键举措。

3. 科技先行、科学治理,充分挖掘和发现治理典型

石漠化综合防治是一项庞大繁杂的系统工程,涉及学科多,部门多。在治理过程中,不论是恢复石漠化地区的植被,实现生态效益和经济效益的结合,还是解决人畜饮水困难,都有许多与生物学、地质学、水文学、经济学、环境医学等相关的问题。另外还确立了国家、省部级重点攻关课题,以现行实施的珠防工程、退耕还林工程、珠治工程以及启动的石漠化试点工程为依托,多项目组装,采取多学科、多兵种联合攻关,建立高等院校、科研院所与地方主管部门的合作研究项目,发挥各学科优势,研究与示范相结合。目前有关科研院所及大专院校对石漠化的形成机理、植被退化与恢复、流域治理、造林树种的筛选、种草品种的选择和石漠化治理的模式等方面都做了大量卓有成效,这些研究为石漠化治理提供更有利的科学支撑。在石漠化综合治理中,要充分运用这些已有的研究成果。在实践中,各地积极采用先进适用的成熟技术和符合当地实际的石漠化治理模式。在具体石漠化治理过程中,要以攻关项目为契机,以骨干工程为依托,建立综合开发、制度建设、科技示范和试验小区进行试验,按照石漠化综合治理与生态环境建设规划开展工作。重视基础理论对具体治理科学技术方法和措施的指

导,增加研究项目的科技含量,准确、有效地实施科学技术方法、措施。

4.多项目集成、叠加与滚动发展,注重先进适用技术的应用

在恢复改造石山坡地的生态环境中,把工程措施与生物措施相结合。在砌石埂内,把种植生态经济兼备树种,与防止强烈土壤流失的沟谷侵蚀的拦沙谷坊相配合,把坡地干旱缺水生境的改变,与充分利用坡面雨水径流和喀斯特表层水(皮下水)相结合的水池、水窖工程措施相结合,并尽可能地把水池、水窖、用水管串连、形成池管联系的微型水利系统,进而达到既能防止水土流失作用,又能解决干旱时农业的灌溉用水,在梯化的坡地上再次进行改土培肥、改良作物品种,提高土地的产出率相结合,达到科技措施组装配套的综合治理效果。把生态环境的改善治理与庭园经济、社区环境、生活质量提高相结合,建立生态经济型模式,在促进生态恢复的同时发展沼气,以煤气电代柴解决能源短缺问题,减少砍伐,保护植被。

5.坚持综合开发治理,促进区域经济社会快速发展

可坚持以小流域为单位进行综合治理,在治理措施和模式上,改单一措施为综合措施,改消极式的防护型治理为积极式的开发型治理,以发展小流域经济建设良好生态为目标,以坡耕地的整治改造和生态修复为突破口,开展基本农田和生态建设,在治理中搞开发,在开发中促治理。以市场为导向,以系统论、生态经济理论和可持续发展理论为支撑,充分发挥当地资源优势,优化组合生产要素,大力开发各具地方特色的名、特、优经济林木,实行工程措施、生物措施、耕作措施合理配置,山、水、林、田、路综合治理,形成种、养、加、林、工、贸一体化的生产经营机制和经济发展格局。也就是说,要在石漠化防治过程中,首先要保障人民生活的基本条件,同时必须根据当地自然条件特点,合理安排审查种植,并根据各地资源情况因地制宜地发展乡镇企业。尤其是要抓住岩溶石山区的生态农业建设,才能从根本上持久地解决脱贫问题。如广西忻城石叠村、马山县古零镇弄拉屯、罗城县肯王屯都通过发展山林而实现脱贫。贵州普定试验站,也已开始在后寨地下河上游地区石山上植树造林。广西马山弄拉屯,面积 1.7 $km^2$,为由 25 座石峰构成的典型峰丛石山区,人口 120 人,耕地仅 3.3 $hm^2$,人均不足半亩。多年来,他们靠封山育林,并发展水果和药材,不但使山上的小泉水在最干旱年份不断

流,保证了人畜饮水,而且提前实现了小康。①

**(三)石漠化治理存在的问题**

西南岩溶山区石漠化的治理工作虽然取得了一定的成绩,但是依然存在一定的问题亟待解决和完善。

1. 资金短缺,投入不足

西南岩溶山区石漠化分布范围广、程度深、治理难度大、任务很艰巨,因此开展石漠化治理工作仍需要投入大量的资金。但是长期以来,石漠化治理资金来源渠道单一,主要靠财政投入,没有形成全方位,多渠道投入机制。"十一五"期间,广西规划石漠化治理投资额为175亿元,但实际投入不足其1/3。② 贵州省"十五"期间,岩溶区平均每个县针对石漠化的生态治理投资不到500万元,与石漠化的严峻形势相比,投入严重不足。再如贵州省黔西南州在石漠化治理的资金投入上,主要依靠国家专项工程资金进行建设。10年来共计投入资金38580万元(不算退耕地补助费),取得了较大的成绩,但平均每年每县仅有482万元,而且退耕还林工程、珠防林工程近两年国家投入逐步减少。面对严重的石漠化现状和贫困的人口,特别是余下地方的石漠化治理更困难,资金投入严重不足。由此可见,资金短缺,投入严重不足成为了制约石漠化综合治理的瓶颈所在。

2. 缺乏统筹协调规划、分区实施策略

由于西南岩溶山区石漠化土地分布范围极广,且成因复杂,各地石漠化程度各异,这就决定了在石漠化综合治理过程中、在制定治理措施时必须要考虑差异性和复杂性。在过去的综合治理过程中,往往"头痛医头,脚痛医脚"的现象相当普遍,没有统筹协调考虑,多数缺乏统筹规划的科学方法,也没有考虑到不同地区自然环境、社会经济条件、石漠化成因、石漠化程度等方面都存在差异,没有从这些差异性来实行分区施策,科学合理地选择适宜当地实际的治理模式、治理实践方法和技术措施,从而影响了整个治理效果。另外,在石漠化综合治理过程中,各有关部门开展的治理工程项目都是为解决某一专项问题而设立开展的,项目之间往往缺乏统筹协调,难以形成

---

① 中国科学院学部. 关于推进西南岩溶地区石漠化综合治理的若干建议[J]. 地球科学进展, 2003(4).

② 蔡会德,胡宝清,农胜奇,莫奇京. 广西石漠化治理现状及其分区施策[J]. 广西师范学院学报(自然科学版)2011 第28卷第3期:57~62.

合力和规模效应。

3. 过度开垦现象依然突出，易造成新的石漠化

西南岩溶石漠化山区属于典型的"老、少、边、穷"地区，"多子多福"等传统的生育观念依然严重，由此造成人口出生率居高不下，人口增长过快，人口规模超出了耕地的承载量。当地群众只能靠不断地毁林造地，樵采、放牧等生产活动来维持生计。另外，一些地方还存在坡地过度开垦，甚至在25度以上陡坡上大面积开垦的问题，一些公路可视范围内满目疮痍、遍地"补丁"，形成新的石漠化。同时，退耕地复耕的现象也依然存在。实施退耕还林工程以来，贵州省黔西南州直接退耕60.9万亩，退耕农户获得粮食和现金补助达7亿多元。现在，一些地方退耕还林工作出现反弹，少数农户又在25度以上的退耕地上复耕。种种这些生产方式造成旧的石漠化尚未治理，新的石漠化又产生，难以确保治理成果。

4. 综合治理工程规模小，实施范围较为分散，整体效果不佳

以往所实施的石漠化综合治理工程，包括退耕还林还草、基本口粮田建设、坡改梯、水土保持、农村能源建设、种草养畜工程等，这些工程普遍存在规模小，实施范围分散，工程之间、部门之间缺乏密切结合、不能统筹配合等问题。且由于缺乏整体规划，同一区域治理措施单一，主要针对林草植被恢复或水土流失治理，对群众生产生活考虑不够，即生态治理与产业开发相脱节，没有进行系统治理，因此整体效果不明显。

5. 基层管理人员、技术人员配备不足，部分造林的后续管理工作跟不上

在乡镇机构改革中，农、林、水基层管理人员、技术人员没有得到充实，人员缺乏，而且由于种种原因还在逐渐减少，使得技术人员少，而且部分人员又因工资低等原因，工作积极性不高，影响了石漠化综合治理工作的开展。而实施退耕还林工程中的荒山造林、珠防林工程、珠治工程造林等工程中，由于没有管护费或管护费较低，部分地方保存率较差，而且长势不够好，也影响了石漠化综合治理的效果。

6. 由于种种原因，一些地区的农民对于石漠化治理的积极性不高

以退耕还林还草来说，在执行过程中补偿标准普遍偏低（每亩退耕还林土地补偿粮食100~150 kg或140~210元，并补助种苗费50元，管护费20元，远低于退耕农民在同一土地进行农业生产的经济效益）、补偿落实及生态目标难到位的问题还普遍存在，加上生态林的生长和生态效益的发挥需

要较长时间，其产生的生态效益又是公益性的，致使在护林环节上，农民的动力不足，退耕还林难以持续，在一些地区甚至出现了贫困面增大的趋势，使退耕还林还草的生态环境恢复目标往往成为很难实现的理想。[①]

## 六、西南山地石漠化治理的原则、思路与对策

### （一）石漠化治理的紧迫性和必要性

加快西南岩溶山区石漠化治理步伐，遏制石漠化扩展趋势，综合治理石漠化地区，改善西南地区生态环境，有利于全面落实科学发展观，有利于推进西部大开发战略的实施，有利于加速推进西南地区全面小康建设步伐，有利于推动社会主义新农村建设，最终有利于构建和谐社会。

1. 西南岩溶山区实施石漠化综合治理，是落实科学发展观，全面建设小康社会的迫切要求

科学发展观就是要坚持以人为本，实现全面协调可持续发展。西南石漠化地区往往也是贫困地区，绝对贫困人口多、程度深，社会经济发展滞后，"三农"问题突出，也是全面建设小康社会任务非常艰巨的地区。石漠化是西南岩溶地区生态恶化的根本原因，也是导致贫困问题、经济发展落后的根源所在。因此，只有对石漠化进行综合治理，改善生态环境，充分发挥利用该地区的资源优势，才能逐步改变贫困面貌，实现经济社会效益。

2. 西南岩溶山区实施石漠化综合治理，是改善生态环境，稳步推进西部开发实施战略的迫切要求

加快西部地区的生态建设，是实施西部大开发战略的重要指导方针和切入点。西南岩溶山区石漠化问题是西南地区乃至全国最突出的生态问题，也是制约西部地区社会经济发展的重要因素。因此，西南岩溶山区石漠化综合治理不仅是西部大开发中的一项重要的基础性工程，而且也有利于更进一步推进西部大开发的实施。

3. 西南岩溶山区实施石漠化综合治理，是构建社会主义和谐社会的迫切要求

西南岩溶山区既属于西部地区、边疆地区，同时又是少数民族聚居区，由于自然和历史的原因，社会经济发展水平滞后。日益严重的石漠化，不仅

---

① 田秀玲,倪健. 西南喀斯特山区石漠化治理的原则、途径与问题[J]. 干旱区地理,2010(4).

仅是造成区域生态恶化、社会经济落后的根源所在,而且还会影响到民族团结、社会稳定,是制约人与自然和谐、人与社会和谐的重要影响因素。因此,加快石漠化综合治理步伐,改善西南地区的生态环境,从而促进区域经济社会的协调可持续发展,是广大人民群众的共同利益所在,也是构建社会主义和谐社会的重要举措,是增进民族团结、保障社会稳定的需要,具有重要的政治、经济、社会意义。

**(二)石漠化治理的原则**

**1.自然发展原则**

在生态恢复与重建的过程中,首先要遵循的就是自然原理与原则,西南岩溶山区石漠化综合治理亦是如此,在治理过程中必须遵循自然的客观规律。在选择植树造林的树种时,必须考虑地带性与生物性原则,即该种植物是否能够在当地良好生长;在植被恢复的种植过程中,应考虑个体的密度与种类的搭配,即种群密度效应与物种间的相互作用,以及生态位和生物互补原则;在对整个生态系统进行恢复与构建时,应遵循生物多样性原则、食物链及食物网原则。只有遵循自然发展的客观规律,才能使得石漠化的治理工作取得成功并达到事半功倍的效果。

**2.因地制宜原则**

由于西南地区岩溶地貌具有特殊性和复杂性,虽都属喀斯特地貌,但是各地环境不同造成不同地区具有千差万别的异质性,而且石漠化发展程度不同,其喀斯特生态系统在结构和功能上的特点特征也是不同的,处于不同阶段的石漠化土地,其生产力、稳定性、生态恢复的可能性和恢复的过程也存在很大的差异性。因此,在石漠化综合治理过程中,必须遵循因地制宜原则。首先要弄清楚具体地区的地理环境、气候条件、地质结构及特征、以及石漠化的发展程度,然后结合当地的社会经济发展状况和居民生产生活方式以及生活水平等不可忽视的因素,做到有的放矢地借鉴其他地区的成功经验,并结合本地实际,不断摸索出具有本地特色的适宜本地发展的石漠化治理模式。如在强度石漠化区,进行环境移民、封山育林、建设多功能的国家公园或自然保护区;在中度石漠化区,退耕还林(草)、发展草地畜牧业,开展基本农田建设;在轻度石漠化区,发展果林、庭院经济和生态农业;在潜在石漠化和无石漠化区,合理利用土地及安置农村剩余劳动力,进行预防保护。①

### 3.石漠化治理与经济发展相结合的原则

西南岩溶石漠化地区既是典型的生态脆弱、生态危机区,又是我国主要贫困人口集中区,且石漠化与西南地区经济的贫困互为因果,进行石漠化综合治理,改善生态环境是促进该区域社会经济发展和人口、资源、环境、经济可持续发展的根基,因此,单纯地抓经济建设或孤立地搞生态建设都是行不通的,必须坚持"生态·经济二元中心论",兼顾经济效益与生态效益,把石漠化治理与促进经济发展二者紧密结合起来,创建生态·经济双优耦合系统,才能从根本改观西南喀斯特山区的石漠化现状,并实现生态环境与社会经济的协调可持续发展。

### 4.循序渐进、可持续性原则

任何遭到破坏的生态系统要想恢复或重建都绝非一朝一夕的事,对于石漠化的综合治理也是如此。因此,在石漠化综合治理过程中,必须克服"短、平、快"、"速战速决"等急功近利的思想,根据不同情况,分清轻重缓急,有步骤、分阶段地进行。要从多学科如岩溶学、生态学、地理学与经济学、社会学等学科角度出发,结合当地实际形成多层次多角度的石漠化综合治理生态经济模式。另外,由于西南岩溶山区石漠化分布面积广且治理难度大,而石漠化治理的投入又极其有限,因此必须采取先易后难、先点后面的时序性原则,首先治理石漠化程度较低的、相对治理较容易的地区,然后通过见效快的石漠化治理区域的典型示范效应,带动整个岩溶山区石漠化的综合治理,最终使石漠化治理成为促进治理区生态、经济和社会健康、全面、可持续发展的综合性工程。

### 5.可操作性原则

石漠化综合治理策略措施的制定还应遵循可操作性原则。一方面,制定和采用的治理策略和措施不仅要具有相关的技术支撑,而且要在技术上更具有可操作性,要易懂且便于操作,便于为治理地区的民众所接受和掌握运用;另一方面,治理措施的选择制定和相关工程的规划设计必须符合国家及当地政府部门的经济发展实际,使之在经济上具有可行性与可承受性。

---

① 田秀玲,倪健. 西南喀斯特山区石漠化治理的原则、途径与问题[J]. 干旱区地理,2010(4).

### (三) 石漠化治理的思路

从石漠化治理的投入方面来说,由于西南岩溶山区石漠化面积广,综合防治难度大、时间长、工程复杂,需要大量人力、物力、财力的不断投入。因此,要稳定现有石漠化治理资金渠道,整合各类生态建设资金,统筹安排中央资金投入,防止重复投资。在保证国家投入的同时,要制定扶持政策,发挥市场机制的作用,多渠道、多层次、多方式筹集资金,引导多元投资主体投入到石漠化防治,确保石漠化综合防治工作向纵深发展。从规划统筹方面来说,西南岩溶山区石漠化综合治理是一项系统工程,涉及到林业、农业、畜牧、水利、国土、环护以及劳动和社会保障等部门。因此,治理要统一规划,分部门统筹施策,将生物措施、工程措施和技术措施有机结合,加快石漠化综合治理步伐。从实施步骤来说,要突出重点,分步实施。西南岩溶山区石漠化防治工作是一项长期的工程,不宜全面同时铺开,要有主有次、有轻有重、有缓有急,要分区分片逐步施策,集中力量先行开展试点,采取点面结合、以点带面的方式,突出重点,有序推进,在试点基础上积累经验,逐步推开,治理一批、见效一片。从治理程序上来说,要整合资源,进行连片治理,要结合各地实际,采取连片治理战略,坚持"统筹协调、项目整合、资金捆绑"的运作程序,整合涉农部门资金,捆绑各类资金,集中连片治理,一片一片地建设,一个区域一个区域地解决问题,打破连片治理投入不足的制约"瓶颈",使有限的资金发挥最大的叠加放大效应。从治理方式上来说,要以防为主,防治结合,要结合西南岩溶山区石漠化现状和社会经济发展实情,根据石漠化等级差异和区域差异,合理设置各项防治措施。坚持防护为主,改变不合理的农户经济行为和土地利用方式,坚持以人为本,大力保护岩溶生态脆弱区的生物多样性,通过退耕还林、封山育林、植树造林、小水电开发、沼气建设等工程,逐步改善生态环境、解决农村能源问题,真正做到防护为主、防治结合。从治理开展的思想原则上来说。要生态优先,兼顾经济社会发展。西南岩溶地区石漠化综合治理规划是生态建设规划的主体部分,规划内容要在优先保证实现生态建设目标的前提下,综合考虑区域经济和社会发展。既要解决生态问题,又要优化资源利用,发展经济。从治理的实施模式来说,要因地制宜,结合实际开展工作。要利用岩溶环境生境多样性和生态自我修复功能,以林草植被的保护和建设为重点,科学配置草食畜牧业发展、基本农田建设、蓄水保土工程、农村能源建设、易地扶贫搬迁、资源合理开发利用与区域经济发展等工程措施,坚持宜封则封、宜造则造,封山育林育草与人工造林相结合,多树种多林种与乔灌草藤相结合。从治理方法上来说,要有科技支撑,综合运用技术推广。要充分发挥科技进步在石漠化防治中的支撑作用,大力推广和应用先进实用的治理模式和技术体系,将成熟的技术应用到石漠化综合防治实践中去。按照试验、示范、推广的路子,积极推进新技术、新方法和新工艺的应用,通过科学试验、筛选、组装和配套一批生态效益、经济效益显著的治理技术新模式。从治理实施的主体来说,要依法治理,实现全民参与。当地群众是石漠化治理的主力军,要大力宣传和贯彻《森林法》、《水土保持法》、《草原法》等法律法规,加大执法力度,依法治理石漠化土地。同时,要大力开展石漠化综合治理重要性的宣传,提高广大干部群众的生态意识和治理认识,要充分尊重农民的意愿,调动他们参与石漠化防治的积极性,使石漠化综合治理稳步、健康、持续发展。

**(四)石漠化治理的对策措施**

1. 继续加大对石漠化地区地质及环境条件的调查

了解石漠化地区的地质及环境结构条件,掌握石漠化程度及结构特征,是综合治理石漠化的基础和必要条件。要在以往已经进行的区域调查的基础上,扩大调查的范围,提高调查的精度和深度,摸清石漠化地区土地演变的规律和趋势,系统开展西南喀斯特地质条件和石漠化结构特征及过程的基础性研究,开展石漠化地区土地适宜性评价,从而为科学编制石漠化治理规划和开展石漠化治理提供科学依据。

2. 加大资金投入

由于西南岩溶石漠化山区资源环境承载能力较弱,环境恶劣,大规模集聚人口的条件不够好,生存条件差,贫困人口和少数民族多,而石漠化治理具有社会公益性,投入较大;且石漠化地区作为全国贫困集中区,地方财政极为困难。因此,对于国家和政府来说,要依据对石漠化地区现状、问题及其发展潜力的分析,通过加大财政转移支付力度、加大对西南石漠化治理的资金投入力度等方式,分阶段对石漠化治理进行立项投资,将公益性治理的运作机制转变为利益性治理;对于治理工程建设中的产业开发项目,采取减免税或国家贴息贷款,鼓励多种性质的投资主体积极参与,并给予投资主体一定年限的合理回报。

3. 调整产业结构,发展绿色农业

西南岩溶山区不仅面临着石漠化等生态恶化的现状,而且还存在着人民生活水平不高,生活贫困的问题,人口与环境相互作用的负面影响导致生态环境的恶性循环。岩溶地区土层较薄、持水性较差、生物生产力较低,加之人口日益增加,人均占有粮食量低,从而加剧了土地的反复利用和不断的毁林毁草开荒,形成土壤肥力日渐低下、石漠化愈加严重的恶性循环。因此,综合治理西南岩溶地区石漠化,恢复生态系统良性运行,单靠治理生态环境是不能达到预期目的的,还必须解决人类的生存和发展问题,走人口、资源、环境、经济、社会协调发展之路,这就必须要进行产业结构调整,改变当前西南岩溶石漠化地区以粮食作物为主、产业结构单一的局面。要充分利用西南岩溶区名特优植物资源丰富的优势,抓住岩溶生态环境多样性的特征,改变种粮为主的传统观念,通过产业结构调整,选准适合各地岩土地球化学环境的多年生经济作物,开发出具有地方特色的产品,大力发展既有经济效益,又有生态效益的药材、果树和经济作物,形成多方位的优势高效的生态农业体系,并通过产业化提高其附加值。

4. 加大石漠化综合治理工程的推广实施

西南岩溶地区在以往的石漠化综合治理工作中开展了生态修复工程、水土资源保护与高效利用工程、农村能源工程、异地扶贫搬迁工程等治理工程,并取得了良好的生态、经济、社会效益。在下一步的石漠化治理工作中,要继续加大综合治理工程的推广和实施。要继续做好以退耕还林还草、封山育林为基本内容的生态修复工程,根据不同林草品种的生态环境适应性,科学处理好林灌草的恢复顺序和不同品种之间的关系;要继续依靠先进的科学技术,高效合理利用有限的水土资源,继续配套发展小水塘、小水池、小水窖等小型提灌工程,把生物节水、农艺节水、工程节水和管理节水结合起来,稳步解决生产用水和人畜饮水问题;对于土地利用方面,要以土地整改和水土保持为中心,通过坡改梯等工程和措施提高土地的利用效果;在能源工程建设方面,要坚持以沼气为主、多种能源互补的思路,加强沼气、太阳能、节能灶和小水电等农村能源建设。

5. 加大石漠化综合治理的科技投入

石漠化综合治理必须依托科技,要实现石漠化治理的目标,保护和改善西南岩溶山区脆弱的生态环境,加大科技创新投入力度也是一项行之有效的重要举措。要大力推广保护性耕作,用有机肥料替代无机速效肥、横坡代替顺坡、水平沟、鱼鳞坑、植物篱等水土保持治理措施,推广林粮间作、果牧畜联合经营等多种产业模式等。同时，运用科学技术，科学合理地做好喀斯特地区植被的品种选育和造林营林技术、保土保肥技术、表层蓄水和地下水综合利用技术、农作物品种的选育技术、中草药材的标准化、规模化栽培与加工技术、绿色食品的加工技术等方面的技术工作，为石漠化综合治理注入科学动力。

6. 控制人口数量，缓解人口压力

西南岩溶石漠化地区生态环境脆弱，人地矛盾突出，"人口增长—扩大耕种—毁林—水土流失—石漠化"的状况普遍，人口规模高过生态承载力是造成石漠化的重要原因之一，因此，控制人口增长，提高人口素质，缓解人地矛盾，从而从根源上减缓人口对生态环境的压力，也是防治石漠化的重要战略措施。要坚定不移地实施计划生育政策，控制人口增长，切实减轻环境人口负荷和土地承载力。在控制人口数量的同时，也要提高人口的文化素质和环境意识，除了继续贯彻落实九年义务制教育外，还要在政府的大力支持和推动下，由教育、科技、扶贫等有关部门协作举办生产技能培训班，搞好农民实用技术培训，加快石漠化地区农村剩余劳力的输出与转移，降低农业人口比重，以减轻农业人口对岩溶石漠化环境造成的直接压力。

# 参考文献

[1]马克思恩格斯选集(第1卷)[M].北京:人民出版社,1995.

[2]孙中山全集(第9卷)[M].北京:中华书局,1986:355.

[3]江泽民.在庆祝中国共产党成立八十周年大会上的讲话[M].北京:人民出版社,2001.

[4]马克思恩格斯全集(第1卷)[M].北京:人民出版社,1956.

[5]江泽民文选(第3卷)[M].北京:人民出版社,2006.

[6]张善余.中国人口地理[M].北京:科学出版社,2003.

[7]张善余.人口垂直分布规律和中国山区人口合理再分布研究[M].上海:华东师范大学出版社.

[8]张善余,人口地理学概论[M].上海:华东师范大学出版社,1999.

[9]侯伟丽,钟水映,叶林等.中国经济发展中的人口资源环境问题[M].济南:山东人民出版社,2009.

[10]中国21世纪议程.[M].北京:中国环境科学出版社,1994.

[11]杨魁孚,田雪原.人口、资源、环境可持续发展[M].浙江:浙江人民出版社,2001.

[12]谢家雍.西南石漠化与生态重建[M].贵阳:贵州民族出版社,2002.

[13]陈建庚.贵州地理环境与资源开发[M].贵阳:贵州教育出版社,1994.

[14]孙国强.循环经济的新范式[M].北京:清华大学出版社,2005.

[15]马中.环境与自然资源经济学概论[M].北京:高等教育出版社,2006.

[16]史昭乐.贵州社会发展形势分析与预测(2007—2008)[M].贵阳:贵州人民出版社,2008.

[17]王德清.西南少数民族地区经济文化发展战略与教育需求研究

[M].北京:民族出版社,2007.

[18]杨军昌,剪继志,等.人口·社会·法制研究(2010年卷)[M].北京:知识产权出版社,2011.

[19]张坤民,温宗国,等.生态城市评估与指标体系[M].化学工业出版社,2003.

[20]将正华,米红.人口安全[M].浙江大学出版社,2008.

[21]于秀林,任雪松.多元统计分析[M].北京:中国统计出版社,1999.

[22][美]迈克尔·波特著.高登第等译.竞争论[M].北京:中国中信出版社,2003.

[23]孙振玉主编.人类生存与生态环境[M].黑龙江人民出版社,2005.

[24]顾军等.文化遗产报告—世界文化遗产保护运动的理论与实践[M].北京:社会科学文献出版社,2005.

[25]何耀华.山区民族经济开发与社会进步[M].北京:学林出版社,1994.

[26]马克思.1844年经济学—哲学手稿[M].北京:人民出版社,2000.

[27]王永平,袁家榆,曾凡勤.趋势·挑战与对策——欠发达地区农村反贫困的实践与探索[M].北京:中国农业出版社,2008.

[28]迈克尔·P·托达罗.经济发展(第六版)[M].北京:中国经济出版社,1999.

[29]李箐.石灰岩地区开发治理[M].贵阳:贵州人民出版社,1996.

[30]中国荒漠化(土地退化)防治研究课题组.中国荒漠化(土地化)防治研究[M].北京:中国环境科学出版社,1998.

[31]袁道先,蔡桂鸿.岩溶环境学[M].重庆:重庆出版社,1988.

[32]赵济,陈传康.中国地理[M].北京:高等教育出版社,1999.

[33]中国地质调查局.中国岩溶地下水与石漠化研究论文集[C].南宁:广西科技出版社,2003.

[34]郑军南.生态足迹理论在区域可持续发展评价中的应用【D】.杭州:浙江大学硕士学位论文,2006.

[35]王德炉.喀斯特石漠化的形成过程及防治研究[D].南京:南京林业大学博士学位论文,2003.

[36]郑红雷.重庆南川石漠化地区可持续发展模式研究[D]重庆:西南

大学硕士学位论文,2010.

[37]李瑞玲.贵州岩溶地区土地石漠化形成的自然背景及其空间地域分异[D].贵阳:中国社会科学院地球化学研究所博士论文,2004.

[38]国家行政学院经济学部.构建西部地区生态补偿机制面临的问题和对策[R].经济研究参考,2007.

[39]国家林业局.岩溶地区石漠化状况公报[N].中国绿色时报,2006—06.

[40]胡锦涛.在省部级主要领导干部提高构建社会主义和谐社会能力专题研讨班上的讲话[N].人民日报,2005—06—27.

[41]张殿发,欧阳自远,王世杰.中国西南喀斯特地区人口、资源、环境与可持续发展[J].中国人口资源与环境,2001(1)

[42]赵曦.中国西部贫困地区可持续发展研究[J].中国人口资源与环境,2001(1).

[43]周毅.西部生态脆弱与地区扶贫政策调整[J].天津行政学院学报,2003(5).

[44]苍铭.南方喀斯特山地及高寒山区生态移民问题略论[J].青海民族研究,2006(7).

[45]陈勇,陈国阶,王国谦.山区人口与环境互动关系的初步研究[J].地理科学,2002(6).

[46]蔡昉.人口、资源与环境,中国可持续发展的经济分析[J].中国人口科学,1996(6).

[47]蓝安军.喀斯特石漠化过程演化特征与人地矛盾分析[J].贵州师范大学学报,2002(2).

[48]李萍.贵州资源环境与人口协调发展研究[J].贵州民族研究,2003(1).

[49]冉红美,唐治诚.中国山区生态环境现阶段面临的问题及对策[J].水土保持研究,2004.

[50]苏维词,朱文孝.贵州喀斯特山区生态环境脆弱性分析[J].山地学报,2000(10).

[51]田雪原.人口、资源、环境可持续发展宏观与决策选择[J].人口研究,2001(7).

［52］屠玉麟.贵州喀斯特地区生态环境问题及其对策［J］.贵州环保科技,2000(1).

［53］李禄胜.西部生态环境建设存在的问题及对策分析［J］.绿色经济,2002(4).

［54］温军.中国少数民族地区人口、资源、环境与社会协调发展问题研究［J］.资源科学,1999(3).

［55］史开国.新时期西南喀斯特地区资源的开发利用与可持续发展——以毕节试验区为例［J］.贵州师范大学学报(社会科学版),2010(2).

［56］马贤惠.西南生态脆弱区环境建设与经济协调发展问题的思考［J］.贵州财经学院学报,2003(4).

［57］陈国生,罗文.论西南地区的环境治理与可持续发展对策［J］.云南地理环境研究,1998(1).

［58］田秀玲,倪健.西南喀斯特山区石漠化治理的原则、途径与问题［J］.干旱区地理,2010(4).

［59］朱同林.池州喀斯特山区生态环境脆弱性与生态建设研究［J］.池州师专学报,2003(3).

［60］潘晓.清代贵州山区开垦与生态变迁［J］.郧阳师范高等专科学校学报,2008(6).

［61］张树安.科学发展观与民族地区人口可持续发展———以云南地区为例［J］.经济问题探索,2006 (9).

［62］李均智,骆华松,何沁璇.云南人口与经济、资源环境协调评价研究［J］.资源开发与市场,2011,27(01).

［63］杨晓航.贵州人口、资源、环境与发展问题研究［J］.贵州财经学院学报,2009(2).

［64］尹建中,李望.论人口与资源环境的系统关系［J］.西北人口,1996(2).

［65］周书祥,李光郑.广西人口、资源、环境与经济协调发展研究［J］.资源环境与发展,2008(1).

［66］屠玉麟.岩溶生态环境异质性特征分析［J］.贵州科学,1997,15(3).

［67］蔡运龙.中国西南岩溶石山贫困地区的生态重建［J］.地球科学进

展,1996,11(3).

[68]杨明德.论喀斯特环境的脆弱性[J].云南环境地理研究,1990,2(1).

[69]王世杰.喀斯特石漠化概念演绎及其科学内涵的探讨[J].中国岩溶,2002,21(2).

[70]苏维词.中国西南岩溶山区石漠化的现状成因及治理的优化模式[J].水土保持学报,2002,16(2).

[71]阳燕平,袁翔珠等.论西南山地少数民族保护水资源习惯法[J].生态经济,2010(5).

[72]马晓钰.基于生态足迹理论的生态人口过剩[J].广东社会科学.2007(5).

[73]王宇、高向东.多目标约束下的大连市适度人口[J].沈阳大学学报,2009(4).

[74]戈亚,董增川,陈康宁等,区域水资源综合规划可持续发展评价研究[J].河海大学学报2006,5(3).

[75]张继禹.道教对生态保护的启迪[J].中国宗教.1999(2).

[76]袁国友.中国少数民族生态文化的创新、转换与发展[J].云南社会科学,2007(1).

[77]吴应辉.基诺乡生态保护与农民利益调查[J].云南社会科学.1999年增刊.

[78]黄海燕,王永平.新阶段贵州农村贫困特征与反贫困策略调整[J].贵州农业科学,2010(7).

[79]杨军昌.略论贵州农村的贫困与反贫困问题[J].农村经济,2002(10).

[80]张玉玺,庄天慧.贵州省农村贫困人口分布变化趋势及其扶贫政策启示[J].贵州农业科学,2011(1).

[81]王晓东,王秀峰.贵州省民族地区的贫困问题及其反贫困策略[J].广东农业科学,2012(14).

[82]杨宇.农村人力资本非农化与农村经济发展[J].决策论坛,2007(3).

[83]杨颖,胡娟.贵州扶贫开发成效、历程及挑战思考[J].开发研究,

2013(2).

[84]申茂平.贵州省民族自治地区的贫困与反贫困[J].贵州文史丛刊,
2003(4).

[85]李盈."决战"绝对贫困[J].当代贵州,2011(7).

[86]徐中民,张志强,程国栋.甘肃省1998年生态足迹计算与分析[J].
地理学报,2000,55(5).

[87]张志强,徐中民,程国栋.生态足迹的概念及计算模型[J].生态经
济,2000(8).

[88]徐中民,张志强,程国栋,等.中国1999年生态足迹计算与发展能
力分析[J].应用生态学报,2003,14(2).

[89]席建超,葛全胜,成升魁,等.旅游消费生态占用初探——以北京市
海外入境旅游者为例[J].自然资源学报,2004,19(2).

[90]刘宇辉.中国1961-2001年人地协调度演变分析——基于生态足
迹模型的研究[J].经济地理,2005,25(2).

[91]紫檀,潘志华.内蒙古武川县生态足迹分析[J].中国农业大学学
报,2005,10(1).

[92]杨桂华,李鹏.旅游生态足迹:测度旅游可持续发展的新方法[J].
生态学报,2005,25(6).

[93]刘红姣,常胜.基于生态足迹的土地利用可持续性评价[J].湖北民
族学院学报(自然科学版),2008,26(2).

[94]常胜.基于生态足迹的湖北省耕地安全研究[J].湖北民族学院学
报(自然科学版),2008,26(4).

[95]齐明珠,李月.北京市人口生态足迹变动定量分析[J].城市问题,
2012(10).

[96]陈东景,李培英.基于生态足迹和人文发展指数的可持续发展评
价——以我国海洋渔业资源利用为例[J],中国软科学,2006(5).

[97]常志华,陆兆华,甘莉,等.生态足迹方法研究及应用展望[J].环境
与可持续发展,2006(6).

[98]温晓霞,魏俊,杨改河.陕西省生态足迹动态评价研究[J],西北农
林科技大学学报(自然科学版),2006(10).

[99]徐中民,程国栋,张志强.生态足迹方法的理论解析[J].中国人口

·资源与环境,2006,16(6).

[100]杨柳,张明举.基于生态足迹方法的区域发展可持续性评估[J].西南农业大学学报,2009(6).

[101]杨开忠,杨咏,陈洁.生态足迹分析理论与方法[J].地球科学进展2000,15(6).

[102]扈剑晖.广西2002年至2009年生态足迹与产业发展分析[J].国土与自然资源研究,2012(5).

[103]魏媛,吴长勇.基于生态足迹模型的贵州省生态可持续性动态分析[J].生态环境学报,2011,20(1).

[104]张群生.贵州省耕地人口及粮食安全研究[J].安徽农学通报,2010,16(15).

[105]安和平,卢名华.贵州省退耕还林绩效与持续发展研究术[J].亚热带水土保持,2008,20(3).

[106]田存志,彭浩.影响生态足迹模型计算结果的因素分析——以云南省为例[J].昆明理工大学学报(社会科学版),2011(5).

[107]谢欣,吴华超.重庆直辖十年可持续发展状况的生态足迹分析[J].重庆工商大学学报(西部论坛),2008(5).

[108]王闫平,崔克勇,陈凯,赵月红.山西省可持续发展状况生态足迹分析[J].中国生态农业学报,2006,14(3).

[109]周洁,王远,安艳玲,陆根法,王群.基于生态足迹法的铜陵市可持续发展竞争力评价[J].生态经济,2005(9).

[110]潘安兴,张文秀.四川省生态足迹与土地可持续利用[J].新疆农垦经济,2006(11).

[111]齐明珠,李月.北京市人口生态足迹变动定量分析[J].城市问题,2012(10).

[112]陈德敏.循环经济的核心内涵是资源循环利用——兼论循环经济概念的科学运用[J].中国人口资源与环境,2004,14(2).

[113]王世杰.喀斯特石漠化概念演绎及其科学内涵的探讨[J].中国岩溶,2002,21(2):101~105.

[114]夏卫生,雷廷武,潘英华,等.南方坡耕地石漠化现状及防治的初步研究[J].水土保持通报,2001,21(4).

[115]王瑞江,姚长宏,蒋忠诚,等.贵州六盘水石漠化的特点、成因与防治[J].中国岩溶,2001,20(3).

[116]潘红丽,张利,文智猷,等.石漠化治理研究进展[J].四川林业科技,2012,33(3).

[117]朱震达,崔书红.中国南方的土地荒漠化问题[J].中国沙漠,1996,16(4).

[118]彭艳,朱健,朱宇.西南石漠化地区生态恢复及恢复模式浅谈[J].科技创新导报,2010(36).

[119]王世杰,季宏兵,欧阳自远,等.碳酸盐岩风化成土作用的初步研究[J].中国科学(D辑),1999,29(5).

[120]李阳兵,王世杰,容丽.关于中国西南石漠化的若干问题[J].长江流域资源与环境,2003,12(6).

[121]苏维词.中国西南岩溶山区石漠化的现状成因及治理的优化模式[J].水土保持学报,2002,16(2).

[122]王宏远,韩志敏,刘子琦.中国喀斯特地区石漠化成因及其危害研究概述[J].安徽农业科学,2011,39(11).

[123]董宾芳.我国西南岩溶地区石漠化问题研究——以滇黔桂三省区为例[J].西北师范大学学报(自然科学版),2006,42(2).

[124]黄秋燕,吴良栋.喀斯特石漠化与人类活动响应的定量研究——以广西都安县为例[J].安徽农业科学,2008,36(21).

[125]张殿发,王世杰,周德全,等.土地石漠化的动机制:以贵州省喀斯特山区为例[J].农村生态环境,2002,18(1).

[126]蒋忠诚,袁道先.西南岩溶区的石漠化及其综合治理综述[J].

[127]黄秋昊,蔡运龙,王秀春.我国西南喀斯特地区石漠化研究进展[J].自然灾害学报,2007,16(2).

[128]覃小群,朱明秋,蒋忠诚.近年来我国西南岩溶石漠化研究进展[J].中国岩溶,2006,25(3).

[129]王济,蒋志毅,蔡景行."多位一体"农村循环经济模式的探索[J].中国农业资源与区划,2007,28(4).

[130]李继晖,廖佳泉,丁一玲.彭水县石漠化现状及主要治理模式[J].重庆林业科技,2012,95(2).

［131］肖时珍,肖华. 喀斯特地区石漠化综合治理的经验与启示——以贵州省赫章县石漠化治理工程为例［J］. 人民长江 2012,43(7).

［132］卢彪,刘应江,杨兴权. 关岭县花江喀斯特石漠化综合防治对策探讨［J］. 人民珠江,2006(2).

［133］吴孔运,蒋忠诚,罗为群,等. 喀斯特峰丛山地立体生态农业模式实施效果研究——以广西平果县果化示范区为例［J］. 中国生态农业学报,2008,16(5).

［134］梅再美. 熊康宁. 贵州喀斯特山区生态重建的基本模式及其环境效益［J］. 贵州师范大学学报(自然科学版),2000,18(4).

［135］蔡会德,胡宝清,农胜奇,莫奇京. 广西石漠化治理现状及其分区施策［J］. 广西师范学院学报(自然科学版). 2011,28(3).

［136］罗金丁. 滇桂黔石漠化片区扶贫开发路径探析——以百色石漠化综合治理和扶贫开发试验区为例［J］. 中共桂林市委党校学报. 2012,12(3).

［137］William Rees. Understanding Sustainable Development：Natural. Capital and the new world Order［R］. UBC School of Community and Regional Planning,Vancouver,Canada,1992.

［138］Wackernagel M,Onisto L,Bello Peta1. Ecological footprints of nations：How much nature do they use? How much nature do they have? ［R］. Commissioned by the earth Council for the Rio + 5 Form ［M］. Toronto：International Council for Local Environmental Initiatives. 1997.

［139］Wackernagel M,Rees W E. Our Ecological Footprint：Reducing Human Impact on the Earth［M］. Gabriola Island：New Society Publishers,1996.

［140］Yuan Daoxian. Rock desertification in the subtropical karst of south China ［J］. Z Gromorph N F , 1997.

［141］Wackernagel M,Onisto L,Bello P,et a1. National natural capital accounting with the ecological footprint concept［J］. Ecological Economics,1999,29(3).

［142］Wackernagel M,Onisto L,Bello Peta1. National natural capital accounting with the ecological footprint concept［J］. Ecological Economics,1999,29(3).